高等职业教育安全保卫专业群新形态教材

安防网络技术

陈 瑶 主 编
孔庆仪 李晓龙 副主编

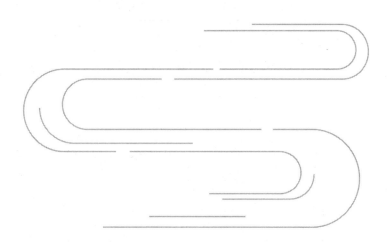

清华大学出版社
北京

内容简介

本书根据高等职业教育的培养目标、特点和要求编写,融合宇视公司"1+X智慧物联系统实施与运维职业技能等级证书"中网络部分的知识和技能,内容具有一定的通用性和安防专业特色。本书分为计算机网络技术基础、计算机安全技术、安防网络综合应用三篇,共14章。本书以理论为基础,以任务为驱动,注重学习者的理论素养的提升和实战能力培养。

本书内容深入浅出、图文并茂、理实结合,既可作为高等职业院校和应用型本科院校的安防、计算机等相关专业的教材,也可作为相关行业技术人员的培训和自修的参考书。

本书封面贴有清华大学出版社防伪标签,无标签者不得销售。
版权所有,侵权必究。举报: 010-62782989, beiqinquan@tup.tsinghua.edu.cn。

图书在版编目(CIP)数据

安防网络技术/陈瑶主编. —北京:清华大学出版社,2023.9
高等职业教育安全保卫专业群新形态教材
ISBN 978-7-302-64080-6

Ⅰ. ①安⋯　Ⅱ. ①陈⋯　Ⅲ. ①安全监控系统－视频系统－监视控制－计算机网络管理－高等职业教育－教材　Ⅳ. ①TP277 ②X924.3

中国国家版本馆 CIP 数据核字(2023)第 126802 号

责任编辑：刘翰鹏
封面设计：刘艳芝
责任校对：刘　静
责任印制：刘海龙

出版发行：清华大学出版社
　　　　网　　址：http://www.tup.com.cn, http://www.wqbook.com
　　　　地　　址：北京清华大学学研大厦A座　　邮　　编：100084
　　　　社 总 机：010-83470000　　邮　　购：010-62786544
　　　　投稿与读者服务：010-62776969, c-service@tup.tsinghua.edu.cn
　　　　质量反馈：010-62772015, zhiliang@tup.tsinghua.edu.cn
　　　　课件下载：http://www.tup.com.cn, 010-83470410
印 装 者：北京同文印刷有限责任公司
经　　销：全国新华书店
开　　本：185mm×260mm　　印　张：19.25　　字　数：466千字
版　　次：2023年10月第1版　　　　　　印　次：2023年10月第1次印刷
定　　价：59.00元

产品编号：101214-01

前言

习近平总书记在党的二十大报告中强调:"推进国家安全体系和能力现代化,坚决维护国家安全和社会稳定。"安防行业是构建立体化社会治安防控体系、维护国家安全及社会稳定重要的安全保障性行业,近年来发展迅猛,相关从业人员市场需求量大。目前安防领域技术的发展已经转向智能化、网络化、集成化,其中智能化和集成化是安防技术发展的总体方向,而网络化是其发展的重要技术基础。智能安防领域中的视频监控、人脸识别、存储、大数据等新技术的应用都需要结合或基于网络技术来实现。为了适应时代发展,教育部已将"安防网络技术"列为专业基础课程。同时在教育部的推动下,职业教育与相关企业联合开展"1+X"职业能力等级证书的培训与取证工作,促进了相关专业课程与取证工作的高度融合,其中就包含相关的网络部分的知识和技能,相应地加大了对于相关教材的需求。

本书由具有多年教学和实践经验的专业教师联合企业专家共同设计和编写,融合宇视公司"'1+X'智慧物联系统实施与运维职业技能等级证书"中网络部分的知识和技能,内容具有一定的通用性和安防专业特色。本书共分计算机网络技术基础、计算机安全技术、安防网络综合应用三篇,共14章。本书通过对理论知识深入浅出地介绍与梳理,使学习者形成扎实的知识体系框架;再以任务为驱动,设计了与理论内容配合默契的实训项目,使学习者能够在学中做、做中学,高效地吸收知识、掌握技能。本书内容设计理实结合、突出专业特色、助力课证融合,适应职业教育的教学改革,对学生的理论素养提升和实战能力培养均具有很强的实际意义。

本书由陈瑶任主编,孔庆仪、李晓龙任副主编,参加编写的还有李梅芳、陈明士、刘春生、马伟芳、黄漫玲、徐文浩。其中陈瑶、刘春生、李梅芳、陈明士编写第一篇,陈瑶、马伟芳、黄漫玲编写第二篇,孔庆仪、李晓龙、徐文浩编写第三篇,全书由陈瑶统稿。

本书的编写得到了北京政法职业学院的大力支持和资助,以及浙江宇视科技有限公司的大力支持,在此表示真诚感谢!本书参阅了相关的国家标准和书刊资料、浙江宇视科技有限公司的技术资料等,引用了部分参考文献的内容,在此谨向这些资料的作者和提供者表示衷心的感谢。

由于编者水平和经验有限,书中难免有不足之处,恳请广大读者批评、指正。

编 者

2023 年 6 月

第一篇　计算机网络技术基础

第 1 章　计算机网络概述 ··· 1
1.1　计算机网络的应用 ··· 1
1.1.1　企业应用 ··· 1
1.1.2　大众应用 ··· 2
1.2　计算机网络的定义和功能 ··· 3
1.2.1　计算机网络的定义 ··· 3
1.2.2　计算机网络的功能 ··· 3
1.3　计算机网络的产生和发展 ··· 4
1.4　计算机网络的分类 ··· 7
1.5　计算机网络的拓扑结构 ·· 8
1.6　通信概述 ·· 10
1.6.1　通信的含义 ··· 10
1.6.2　通信要素 ··· 10
1.6.3　数据交换技术 ·· 11
本章小结 ·· 14
本章习题 ·· 14

第 2 章　计算机网络体系结构 ·· 15
2.1　计算机网络体系结构概述 ·· 15
2.2　OSI 参考模型 ··· 15
2.3　TCP/IP 参考模型 ·· 17
2.4　两种参考模型的比较 ·· 18
2.5　基于五层参考模型的数据传输过程 ·· 20
本章小结 ·· 21
本章习题 ·· 21

第 3 章　物理层 ··· 22
3.1　物理层概述 ·· 22
3.1.1　物理层功能 ··· 22

  3.1.2 物理层主要设备 ………………………………………………………… 23
 3.2 数据通信基本知识 …………………………………………………………… 24
  3.2.1 信道通信方式 …………………………………………………………… 24
  3.2.2 信号传输方式 …………………………………………………………… 25
  3.2.3 多路复用技术 …………………………………………………………… 26
  3.2.4 数据通信的主要技术指标 ……………………………………………… 26
 3.3 传输介质 ……………………………………………………………………… 27
  3.3.1 有线介质 ………………………………………………………………… 27
  3.3.2 无线介质 ………………………………………………………………… 30
 3.4 宽带接入技术 ………………………………………………………………… 32
  3.4.1 xDSL 技术 ……………………………………………………………… 32
  3.4.2 HFC 技术 ………………………………………………………………… 34
  3.4.3 FTTx 技术 ……………………………………………………………… 35
  3.4.4 无线宽带接入技术 ……………………………………………………… 36
 3.5 项目实训 双绞线跳线的制作 ……………………………………………… 37
本章小结 ……………………………………………………………………………… 39
本章习题 ……………………………………………………………………………… 40

第 4 章 数据链路层 …………………………………………………………… 41

 4.1 数据链路层概述 ……………………………………………………………… 41
  4.1.1 数据链路层功能 ………………………………………………………… 41
  4.1.2 帧 ………………………………………………………………………… 43
  4.1.3 数据链路层主要设备 …………………………………………………… 44
 4.2 介质访问控制方法 …………………………………………………………… 45
  4.2.1 共享介质 ………………………………………………………………… 46
  4.2.2 非共享介质 ……………………………………………………………… 47
 4.3 局域网技术 …………………………………………………………………… 47
  4.3.1 局域网技术概述 ………………………………………………………… 47
  4.3.2 局域网参考模型及标准 ………………………………………………… 48
  4.3.3 以太网协议 ……………………………………………………………… 49
  4.3.4 以太网交换技术 ………………………………………………………… 51
  4.3.5 常见局域网 ……………………………………………………………… 63
 4.4 广域网技术 …………………………………………………………………… 67
  4.4.1 广域网技术概述 ………………………………………………………… 67
  4.4.2 PPP 协议 ………………………………………………………………… 68
  4.4.3 常见广域网技术 ………………………………………………………… 69
 4.5 项目实训 基于端口的 VLAN 划分 ……………………………………… 70
本章小结 ……………………………………………………………………………… 74
本章习题 ……………………………………………………………………………… 74

第 5 章 网络层 ··· 75

5.1 网络层概述 ··· 75
5.1.1 网络层功能 ··· 75
5.1.2 网络层的主要设备 ··· 76
5.2 IPv4 协议 ··· 77
5.2.1 IPv4 协议特点 ··· 77
5.2.2 IPv4 的报文格式 ··· 78
5.2.3 IPv4 地址 ··· 79
5.3 IPv6 协议 ··· 85
5.3.1 IPv6 的报文格式 ··· 86
5.3.2 IPv6 地址的表示方法 ··· 87
5.3.3 IPv6 地址分类 ··· 88
5.3.4 IPv6 的过渡策略 ··· 90
5.4 网络层路由选择协议 ··· 91
5.4.1 直连路由 ··· 91
5.4.2 静态路由 ··· 92
5.4.3 动态路由 ··· 92
5.5 网络层其他协议 ··· 95
5.5.1 地址解析协议（ARP） ··· 95
5.5.2 因特网控制报文协议（ICMP） ··· 96
5.5.3 因特网组管理协议（IGMP） ··· 97
5.6 项目实训 IPv4 地址规划及配置 ··· 97
本章小结 ··· 98
本章习题 ··· 99

第 6 章 传输层 ··· 100

6.1 传输层概述 ··· 100
6.1.1 传输层功能 ··· 100
6.1.2 传输层协议 ··· 101
6.1.3 端口 ··· 101
6.2 TCP 协议 ··· 103
6.2.1 TCP 协议概述 ··· 103
6.2.2 TCP 报文格式 ··· 104
6.2.3 TCP 连接管理 ··· 106
6.2.4 TCP 传输策略 ··· 107
6.2.5 常用的 TCP 端口 ··· 109
6.3 UDP 协议 ··· 110
6.3.1 UDP 协议概述 ··· 110

6.3.2　UDP 报文格式 ··· 110
　　6.3.3　UDP 的主要特征 ··· 110
　　6.3.4　常用的 UDP 端口 ··· 111
6.4　项目实训　TCP 和 UDP 的通信分析 ·· 111
本章小结 ·· 115
本章习题 ·· 115

第 7 章　应用层 ··· 116

7.1　应用层概述 ··· 116
　　7.1.1　应用层功能 ··· 116
　　7.1.2　应用层通信方式 ··· 116
7.2　应用层服务 ··· 117
　　7.2.1　WWW 服务 ··· 117
　　7.2.2　DNS 域名服务 ·· 119
　　7.2.3　文件传输服务 ·· 121
　　7.2.4　电子邮件服务 ·· 121
　　7.2.5　即时通信服务 ·· 122
　　7.2.6　BBS 服务 ·· 123
　　7.2.7　远程登录服务 ·· 123
7.3　应用层协议 ··· 123
　　7.3.1　HTTP ·· 123
　　7.3.2　FTP ·· 124
　　7.3.3　SMTP 和 POP ··· 124
　　7.3.4　Telnet ·· 126
　　7.3.5　DHCP ·· 126
7.4　项目实训　FTP 服务器的搭建 ··· 128
本章小结 ·· 134
本章习题 ·· 134

第二篇　计算机安全技术

第 8 章　计算机安全概述 ·· 135

8.1　计算机安全的重要性 ·· 135
8.2　计算机安全的基本概念 ··· 136
8.3　计算机安全技术的体系结构 ··· 137
8.4　计算机安全的设计原则 ··· 139
8.5　计算机系统的安全等级标准 ··· 140
8.6　计算机安全技术的发展趋势 ··· 141
本章小结 ·· 141

本章习题 ··· 142

第 9 章　密码技术 ··· 143

9.1　密码技术概述 ··· 143
9.2　传统的加密方法 ··· 145
　　9.2.1　替代密码 ··· 145
　　9.2.2　换位密码 ··· 146
9.3　常用加密技术 ··· 146
　　9.3.1　DES 算法 ·· 146
　　9.3.2　IDEA 算法 ··· 147
　　9.3.3　RSA 算法 ·· 147
9.4　数字签名 ·· 148
　　9.4.1　数字签名概述 ·· 148
　　9.4.2　数字签名的基本原理及实现 ··· 149
9.5　公钥基础设施 ··· 150
　　9.5.1　公钥基础设施概述 ·· 150
　　9.5.2　数字证书 ··· 151
9.6　项目实训　常用数据安全加密方法 ····································· 151
　　9.6.1　任务 1：使用压缩工具加密 ··· 151
　　9.6.2　任务 2：Office 文档的加密与解密 ······························· 153
　　本章小结 ··· 157
　　本章习题 ··· 158

第 10 章　操作系统安全技术 ··· 159

10.1　操作系统安全技术概述 ··· 159
　　10.1.1　操作系统安全的重要性 ·· 159
　　10.1.2　Windows 安全体系结构 ·· 159
10.2　Windows 权限 ·· 160
10.3　Windows 注册表 ·· 164
10.4　项目实训　Windows 系统常用安全配置 ························ 165
　　10.4.1　任务 1：账户安全管理 ··· 166
　　10.4.2　任务 2：网络安全管理 ··· 170
　　10.4.3　任务 3：IE 浏览器 ··· 178
　　10.4.4　任务 4：注册表 ·· 182
　　10.4.5　任务 5：组策略 ·· 185
　　10.4.6　任务 6：权限 ·· 188
　　10.4.7　任务 7：安全审计 ·· 193
　　本章小结 ··· 197
　　本章习题 ··· 197

第 11 章 计算机网络安全技术 … 198

11.1 计算机网络安全技术概述 … 198
- 11.1.1 网络安全面临的威胁 … 198
- 11.1.2 网络安全的目标 … 199
- 11.1.3 网络安全的特点 … 200

11.2 黑客攻击 … 201
- 11.2.1 黑客攻击概述 … 201
- 11.2.2 黑客攻击的目的和手段 … 202
- 11.2.3 黑客攻击的步骤 … 203
- 11.2.4 黑客攻击的常用方法 … 203

11.3 计算机病毒 … 205
- 11.3.1 计算机病毒概述 … 205
- 11.3.2 计算机病毒的分类 … 207
- 11.3.3 计算机病毒的检测与防范 … 208
- 11.3.4 典型计算机病毒简介 … 209

11.4 防火墙技术 … 214
- 11.4.1 防火墙技术概述 … 214
- 11.4.2 防火墙分类 … 216

11.5 项目实训 网络安全常用技术 … 219
- 11.5.1 任务1：常用网络调试命令 … 219
- 11.5.2 任务2：宏病毒的创建与清除 … 226
- 11.5.3 任务3：防范网页木马 … 227
- 11.5.4 任务4：通过端口监控网络安全 … 229
- 11.5.5 任务5：Windows 防火墙配置 … 231

本章小结 … 236
本章习题 … 236

第 12 章 应用安全技术 … 238

12.1 Web 应用安全技术 … 238
- 12.1.1 Web 应用安全技术概述 … 239
- 12.1.2 Web 应用安全基础 … 243

12.2 网上银行账户安全 … 244
- 12.2.1 网上银行账户安全概述 … 245
- 12.2.2 网上银行面临和存在的安全问题 … 245

12.3 电子商务安全 … 246
- 12.3.1 电子商务安全概述 … 246
- 12.3.2 电子商务交易的安全技术 … 247

12.4 电子邮件安全 … 248

         12.4.1　电子邮件加密 248
         12.4.2　防垃圾邮件 248
    12.5　项目实训　常用应用安全技术 249
         12.5.1　任务 1：XSS 跨站攻击技术 249
         12.5.2　任务 2：WinHex 的简单使用 252
    本章小结 255
    本章习题 255

第三篇　安防网络综合应用

第 13 章　IP 数字监控系统中的网络技术 257

    13.1　接入技术 257
         13.1.1　前端单元单链路接入 258
         13.1.2　前端单元环网接入 259
         13.1.3　长距离以太网 LRE 接入 261
         13.1.4　前端单元 EPON 接入 261
         13.1.5　前端单元其他接入方式 263
         13.1.6　POE 供电模式 264
         13.1.7　接入方式选择 265
    13.2　组播技术 266
         13.2.1　组播技术工作原理 266
         13.2.2　组播地址和端口 267
         13.2.3　组播协议 267
         13.2.4　组播的典型应用 268
    13.3　监控网络的流量模型 269
    13.4　IP 数字监控系统中组网方案 270
    本章小结 272
    本章习题 273

第 14 章　安防监控网络设计与实现 274

    14.1　监控系统业务需求分析 274
         14.1.1　监控系统业务需求总览 274
         14.1.2　监控系统基本需求分析 275
         14.1.3　监控系统设计要素 275
    14.2　IP 监控系统设计 276
         14.2.1　前端设备选型及设计 276
         14.2.2　传输网络分析及设计 277
         14.2.3　存储设备选型及设计 284
         14.2.4　系统规模分析及方案选型 287

14.3　项目实训　安防监控组网综合实训 …………………………………………… 291

本章小结 …………………………………………………………………………… 294

本章习题 …………………………………………………………………………… 295

参考文献…………………………………………………………………………………… 296

第一篇　计算机网络技术基础

计算机网络概述

学习目标
(1) 了解计算机网络的应用；
(2) 理解计算机网络的定义和功能；
(3) 了解计算机网络的产生和发展；
(4) 掌握计算机网络的分类及拓扑结构；
(5) 了解计算机网络通信的含义及相关技术。

1.1 计算机网络的应用

当今世界正处于一个信息及相关技术飞速发展的时代，其中发展较快、影响较大的就是计算机网络技术。计算机网络被应用于各个领域，从信息浏览、电子邮件、网络游戏，到远程办公、远程教育、金融、航天、工业自动化，等等，已经深深融入人们的日常工作、生活中，成为不可或缺的重要技术手段。计算机网络的应用主要体现在以下几方面。

1.1.1 企业应用

许多企业都拥有一定数量的计算机，它们帮助企业记录各种企业信息，进行信息的管理。通过网络将一定数量的计算机连接在一起，可以大大提高企业办公效率，进一步提升经济效益。

1. 实现资源共享

一般的企业、机构、学校都拥有和使用很多计算机，通常分布在工厂、办公楼、校园内。同时，这些机构还可能各自拥有许多分支机构，分布在不同地区，大都相距很远。为了实现对各种办公、生产、经营等信息的收集、分析、管理，一般需要将分支机构的计算机各自组建局域网,并将地理位置分散的局域网互联起来,构成一个大型的信息化网络系统。通过这个网络系统,可以实现跨地区、跨机构的资源共享。企业通过计算机网络完成对信息资源的访问与管理,完成对企业的全面管理。

2. 提高可靠性

通常情况下,企业会将重要文件复制在多台计算机上。在网络环境中,可以利用网络实现多台计算机互为备份,如果其中一台设备发生故障,还可以使用其他计算机中的备份文件,避免造成系统工作中断。

3. 节约经费

微机的性价比很高,大型机的运行速度可以是微机的几十倍,但它的价格与运行维护费用却是微机的几百倍。因此在系统设计时,通常将一台或几台性能较强、配置较高的微机/大型机作为服务器,用于处理、存放数据,每个用户配置一台性价比高的微机作为客户机,从而构成客户端/服务器模型(C/S模型)。在这种模型中,客户机向服务器发送请求信息,服务器为其提供相应信息检索、处理等服务。

4. 提高系统的可扩展性

随着企业规模的扩大,计算机网络应用的规模也将随之增大。当企业需求的信息量和访问量增加时,可以增加服务器的数量;当企业用户的数量增加时,可以增加客户机的数量。在网络环境中,网络规模的扩大、服务器与客户机数量的增加是很容易实现的。

5. 实现远程通信

在网络环境中,企业的工作人员可以远程访问企业的网络资源,实现远程办公;可以与其他工作人员使用电子邮件、微信、QQ等工具,实现远程交流。发达的网络环境使工作与交流变得非常方便、快捷。

1.1.2 大众应用

进入20世纪90年代,计算机网络开始为普通个人和家庭用户提供服务,为大众提供了生活便利和娱乐体验。

1. 远程访问信息

个人计算机连入Internet,可以通过浏览器访问各类互联网资源,如政府、学校、娱乐、科技、旅游、购物等各方面的信息。随着报纸、杂志等成为在线式,它们也可以根据人们的喜好提供个性化的信息服务。

2. 远程通信

进入21世纪,网络通信成为人们通信的基本手段。电子邮件可以包含文本、声音、图像等各种多媒体信息,它以非常低廉的价格、非常快速的方式,与世界上任何一个角落的网络用户联系。BBS(论坛)可以为网络用户提供针对某一问题进行交流、讨论的平台。社交软件,如微信、QQ、MSN、Facebook、Twitter等,可以将文字、语音、影像、文件等实时传输给对方,受到广大用户的欢迎。

3. 娱乐工具

家庭娱乐在网络产业中拥有巨大且不断发展的市场。人们可以在家里点播视频/音乐、直播电视节目、玩多人网络游戏等,它们都正发展为或者已经是交互式的网络资源。

随着计算机和网络技术的不断普及和发展,计算机网络应用的范围也在不断扩大,应用领域也越来越宽广,许多新的网络应用不断涌现出来,如工业自动化、军工航天、交通物流、远程教育、数字图书馆、网上购物、网上银行等。计算机网络的广泛应用促进了网络、软件、信息产业与服务业等相关产业的高速发展,也推动了产业结构和从业人员结构的变化。

1.2 计算机网络的定义和功能

计算机网络给人们的生活和工作带来了极大的便利,如网上办公、网上购物、网上银行、网上通信、网上娱乐等。计算机网络不仅可以传输文本,还可以传输图像、声音、视频等多媒体信息。目前,计算机网络已广泛应用于政治、经济、文化、科技、生活的各个领域。1997年比尔·盖茨在美国拉斯维加斯的全球计算机技术博览会上提出一个精辟论点——"网络就是计算机",在信息时代,计算机网络起着非常重要的基础作用。

1.2.1 计算机网络的定义

目前,计算机网络的定义并未统一,以下给出详细和简单两种定义。

详细定义:计算机网络由地理位置分散的具有独立功能的多个计算机系统,利用通信设备和传输介质互相连接,并配以相应的网络软件,以实现数据通信和资源共享的系统。该定义比较全面、详细地描述了网络的物理特性、组成及功能。

简单定义:计算机网络是一些互相连接的、自治的计算机的集合。该定义简单、直接地描述了网络的基本特征:计算机网络有多台计算机,它们通过某种方式连接在一起(网络设备和传输介质),并且每台计算机都能够独立工作。以上特征是判断计算机网络的基本依据。

计算机网络系统由硬件系统和软件系统组成,具体包括计算机系统、通信线路、网络协议、网络软件等。

1.2.2 计算机网络的功能

计算机网络应用广泛,在我们的工作和生活中起着非常重要的基础作用。计算机网络的最基本和最重要的功能是数据通信和资源共享。

1. 数据通信

数据通信是计算机网络最主要的功能之一。数据通信是依照一定的通信协议,利用数据传输技术在两个终端之间传递数据信息的一种通信方式和通信业务。它可实现计算机和计算机、计算机和终端以及终端和终端之间的数据信息传递,是继电报、电话业务之后的第三种最大的通信业务。

2. 资源共享

资源共享是人们建立计算机网络的主要目的之一。计算机资源包括硬件资源、软件资源和数据资源。硬件资源的共享可以提高设备的利用率,避免设备的重复投资,如利用计算机网络建立网络打印机;软件资源和数据资源的共享可以充分利用已有的信息资源,减少软件开发过程中的劳动,避免大型数据库的重复建设。

3. 提高系统可靠性

如果一个系统对于一台计算机的依赖性过高,可能会出现因设备故障而致使系统瘫痪的情况。在计算机网络环境中,可通过两台或多台计算机互为备份,实现系统的冗余备份功能,从而提高整个系统可靠性。

4. 集中管理

计算机网络技术的发展和应用,使得现代的办公手段、经营管理等发生了变化。目前,已经有了许多管理信息系统、办公自动化系统等,通过这些系统可以实现日常工作的集中管理,提高工作效率,增加经济效益。

5. 协调运算

计算机在设计之初就是为了提高计算效率。科学领域的研究始终离不开计算,甚至由于有些计算的题目过大,致使一台计算机难以完成。此时,就可通过计算机网络系统或应用软件的统一管理和协调,使多台计算机协同工作,共同完成计算任务,提高系统性能。

6. 均衡负荷

均衡负荷是指工作被均匀的分配给网络上的各台计算机系统。网络控制中心负责分配和检测,当某台计算机负荷过重时,系统会自动转移负荷到较轻的计算机系统去处理。

7. 实现分布式处理

网络技术的发展,使得分布式处理成为可能。对于大型的课题,可以分为许许多多小题目,由不同的计算机分别完成,然后再集中起来,解决问题。

1.3 计算机网络的产生和发展

计算机网络发展迅猛、应用甚广,纵观其发展大致经历了以下四个阶段。

1. 面向终端的计算机网络

计算机是20世纪最先进的科学技术发明之一,对人类的生产活动和社会活动产生了极其重要的影响,并以强大的生命力飞速发展。最初的计算机主要应用于军事科研,价格昂贵,数量很少。那时,因技术所限,一台计算机只供一个人使用,应用时必须来到计算机机房,在计算机控制台上进行操作。这种方式并不能充分利用计算机资源,而且用户使用极不方便。随着计算机软硬件的发展,出现高速大容量存储器、多道程序和分时操作系统,使计算机能够同时处理多个应用进程,并允许多个用户通过终端同时访问一台计算机。但由于终端是通过异步串行口与计算机相连的,因此仍然需要到计算机机房的终端进行操作。后来,为了实现对计算机的远程操作,研究人员利用通信技术,实现了计算机和终端的远程连接,使用户可以通过自己办公室的终端使用计算机机房的计算机。

这种将地理位置分散的不同终端,通过传输介质及相应的通信设备与一台计算机相连,即以单台计算机为中心的联机系统,被称为第一代计算机网络——面向终端的计算机网络(见图1-1),为计算机技术的进一步发展奠定了良好的理论基础和技术基础。

面向终端的计算机网络的实质是一台主机与多个终端连接的网络,在每个终端和主机之间都有 条专用的通信线路。这种系统的线路利用率很低,而且主机兼具数据处理和通信处理两大功能,加重了主机负担。为了解决这些问题,系统中加入了集中器(terminal controller,终端控制器)和前端机(front-end processor,前端处理器)。集中器用于连接控制多个终端,使多台终端共用一条通信线路与主机通信。前端机置于主机前端,承担通信处理功能,以减轻主机的负担。

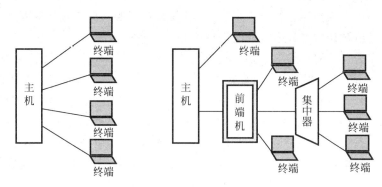

图 1-1　面向终端的计算机网络

面向终端的计算机网络的第一个典型实例,是 20 世纪 50 年代,美国麻省理工学院林肯实验室为美国空军设计的 SAGE 半自动化地面防空系统。该系统分为 17 个防区,每个防区的指挥中心装有两台 IBM 公司的 AN/FSQ-7 计算机,通过通信线路连接防区内各雷达观测站、机场、防空导弹和高射炮阵地,共计连接 1000 多个远程终端,形成联机计算机系统,由计算机程序辅助指挥员决策,自动引导飞机和导弹进行拦截。SAGE 系统最先采用了人机交互作用的显示器,研制了小型计算机的前端机,并提供了高可靠性的多种路径选择算法。这个系统被认为是计算机技术和通信技术结合的先驱。

最早将计算机通信技术应用于民用的,是 20 世纪 60 年代,美国航空公司与 IBM 公司设计的分机订票系统 SABRE-1。该系统由 1 台中央计算机与全美范围内的 2000 多个终端组成,具有交互式处理和批处理能力,人们可通过该系统在远程终端预订机票。

面向终端的计算机网络的主要特征如下。

(1) 终端到计算机的连接,不是计算机到计算机的连接。终端是连接到计算机主机的装置,如显示器、键盘、鼠标等。用户通过终端键盘输入命令等,将信息传送给主机,主机则执行并将结果回送给终端显示器上显示。在分时系统中,多个用户可通过各自的终端"同时"使用一台主机,就好像每个用户独享主机资源。面向终端的计算机网络就是终端到计算机主机的连接,共享主机资源,但终端不能独立工作。因此,严格地说,面向终端的计算机网络并不是真正意义上的计算机网络。

(2) 主机负荷较重。多个终端共享一台主机,主机既要承担通信功能,又要处理所有终端提交的任务,承担大量的数据处理工作,因此主机负荷较重、效率低。

(3) 通信线路的利用率低。分散的终端都要独占一条通信线路,费用高。在终端聚集的地方,可采用集中器,尽量减少通信费用。

(4) 集中控制,可靠性低。所有终端连接在一台主机,由主机统一控制管理,终端对于主机的依赖性很高。如主机出现故障,将导致整个系统瘫痪。

第一代计算机网络——面向终端的计算机网络,没有资源共享的目的,但通过将计算机技术与通信技术相结合,使用户终端可以远程连接主机,从而实现远程通信功能,这可以认为是计算机网络发展的初级阶段。

2. 以资源共享为目标的网络

20 世纪 60 年代,随着计算机性价比的提高,许多机构已拥有多台计算机。为了进一步加强通信,充分利用本地和远程系统的软硬件资源、信息资源,人们提出将地理位置分散且具有独立功能的计算机互相连接起来,共同完成数据处理和通信功能。这种以资源共享为目标的计算机网络被认为是计算机网络发展的第二个阶段。

以资源共享为目标的网络的第一个典型代表,是20世纪60年代后期,由美国国防部高级研究计划局(ARPA)资助,由一些大学和公司共同合作研究开发的ARPANET。最初该网络是只有4个节点的实验性网络,以电话线路作为主干网络,两年后建成15个节点,进入工作阶段。ARPANET发展很快,它是因特网的雏形,是因特网初期的主干网。

最初ARPANET的网络结构如图1-2所示。图中IMP由通信线路连接,构成通信子网。它负责通信处理,具有路径选择和存储转发功能。主机之间的信息交换需要通过IMP完成。

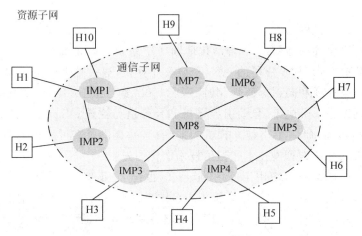

H:host,计算机主机;IMP:interface message processor,接口信息处理机。

图1-2 ARPANET的网络结构

ARPANET是计算机网络发展的一个里程碑,它的出现标志着以资源共享为目标的计算机网络的诞生,为网络的发展奠定了非常重要的实践基础和理论基础。它的主要贡献表现在以下几个方面。

(1)第一个以资源共享为目标的计算机网络。

(2)使用TCP/IP协议作为通信协议,使网络具有很好的开发性。

(3)实现了分组交换的数据交换方式。

(4)提出了计算机网络的逻辑结构由通信子网和资源子网组成。

3.标准化网络

ARPANET出现后,计算机网络发展迅猛,人们对组网的技术、方法和理论的研究日趋成熟。为了促进网络产品的开发,20世纪70年代,各大计算机公司相继推出自己的网络体系结构及实现这些结构的软硬件产品。如IBM公司的SNA(系统网络体系结构)、DEC公司的DNA(分布式网络体系结构)、Univac公司的DCA(数据通信体系结构)等,但各个公司的网络标准和技术差异很大。由于没有统一的标准,不同厂商的产品之间互联很困难。因此,建立开放式的网络,实现网络标准化,已成为必然的趋势。

1977年,国际标准化组织(International Standard Organization,ISO)为适应网络标准化发展的需要,成立了TC97(计算机与信息处理标准化委员会)下属的SC16(开放系统互联分技术委员会)。SC16 在研究分析各公司网络体系结构的基础上,开始制定开放系统互联的一系列标准。1984 年,ISO 颁布了"开放系统互联参考模型"(open system interconnection/reference model,OSI/RM)的正式文件,即著名的国际标准 ISO 7498。该标准已被国际社会广泛认可,它极大地推动了网络标准化进程,促进了计算机网络理论体系的形成和技术的进步。它的出现标志着计算机网络进入了第三阶段——标准化网络阶段。网络标准化推动了网络的迅速发展和推广。

4. 高速网络(Internet 互联网)

因特网是全球性的、最具影响力的计算机互联网络,它是使用路由器将分布在世界各地的、数以千万计的、规模不一的计算机网络互联起来的大型网际网。因特网也是在一个巨大的通信系统平台上而形成的一个全球范围的信息资源网,已经成为覆盖全球的信息基础设置。

因特网的管理机构是 Internet 协会,它是一个完全由志愿者组成的组织,其目的是推动 Internet 技术的发展与促进全球化的信息交流。在 Internet 协会中,有专门负责协议因特网技术管理与技术发展的分委员会 IAB(Internet 体系结构委员会)。IAB 的主要职责是:根据因特网的发展需要制定 Internet 技术标准、发布相关工作文件,进行 Internet 技术方面的国际协调,与规划因特网发展战略。

中国于 1994 年正式接入因特网,并在同年开始建立与运行自己的域名体系。因特网在我国发展迅速,全国已建起具有相当规模与技术水平的因特网主干网,如中国教育与科研计算机网(CERNET)、中国公用计算机互联网(CHINANET)、中国科学技术网(CSTNET)、中国金桥信息网(CHINAGBN)、中国联通网(UNINET)、中国移动网(CMNET)等。其中,中国公用计算机互联网已覆盖我国大部分省市,中国教育与科研网已联通了上百所大专院校,金桥网将中国经济信息展示给全世界。

1997 年 6 月 3 日,中国互联网信息中心(CNNIC)在北京成立,负责管理我国的 Internet 主干网。其主要职责是:域名/IP 地址分配等注册服务,网络技术、政策法规等信息服务,网络通信目录、主页目录、各种信息库等目录服务。

互联网以其开放性改变了人们的生活,为人们带来了便利,互联网技术的应用渗透到工作生活的方方面面。人们利用互联网传递信息、共享资源,工作效率和生活质量都得到了显著提高。随着计算机网络技术的不断进步,计算机网络正向着更快的传输速率、更强的功能、更安全的使用环境、更丰富的资源的趋势不断发展进步。

1.4 计算机网络的分类

计算机网络从不同角度有不同的分类方法,常见的分类方法主要有:按照网络覆盖的地理范围分类、按照传输介质分类、按照传输技术分类、按照所使用的网络操作系统分类、按照拓扑结构分类等。下面将选择最常用的分类方式进行介绍。

按照网络覆盖的地理范围进行分类,计算机网络可分为局域网、城域网、广域网。

1. 局域网

局域网(local area network,LAN)是最常见、应用最广的一种网络。局域网随着整个计算机网络技术的发展和提高得到充分的应用和普及,几乎每个单位都有自己的局域网,有的家庭中甚至都有自己的小型局域网。所谓局域网,就是在局部地区范围内的网络,它所覆盖的地区范围较小。局域网在计算机数量配置上没有太多限制,少的可以只有两台,多的可达几百台。一般来说在企业局域网中，工作站的数量在几十台到两百台。

局域网的地理覆盖范围从几十米到几千米，一般用于一个办公室、一栋楼、一个公司的有限范围内，将各种计算机、终端及外部设备互联成网络，不存在寻径问题，不包括网络层的应用。局域网按照采用的技术、应用范围和协议标准的不同，可分为共享局域网和交换局域网。

局域网的主要特性有：网络地理覆盖范围较小、传输速率高（最快速率可达 10Gb/s）、误码率低、拓扑结构简单（常用的拓扑结构有总线型、环型、星型等）。

IEEE（Institute of Electrical and Electronics Engineers，电气和电子工程师协会）的 802 标准委员会定义了多种主要的局域网：以太网（Ethernet，IEEE 802.3）、令牌环网（token ring，IEEE 802.5）、光纤分布式接口网络（FDDI，IEEE 802.8）、异步传输模式网（ATM）以及最新的无线局域网（WLAN，IEEE 802.11）。

2. 城域网

城域网（metropolitan area network，MAN），地理覆盖范围从几十千米到一百千米，一般是在一个城市范围内。城域网可以说是局域网网络的延伸，通过局域网之间的互连，如连接政府机构的局域网、医院的局域网、电信的局域网、公司企业的局域网等。城域网连接的计算机数量更多，可以实现大量用户之间信息的传输。由于光纤连接的引入，使城域网中高速的局域网互联成为可能。城域网的主要特性介于局域网和广域网之间。目前，城域网的发展越来越接近局域网，通常采用局域网和广域网技术构成宽带城域网。

3. 广域网

广域网（wide area network，WAN），地理覆盖范围从几百千米到几万千米，可跨省市、地区、国家、洲及全球，因此又称为远程网。广域网一般通过中间设备（路由器）和通信线路，实现城域网、局域网之间的互联。广域网的主要特性有：地理覆盖范围大、传输速率较低、网络拓扑结构比较复杂。

1.5 计算机网络的拓扑结构

拓扑结构是几何学中的一个概念，它将现实中的实体抽象成点（节点），将实体之间的连接抽象成线，从而便于研究实体之间的关系。计算机网络拓扑结构是指计算机网络节点和通信线路所组成的几何形状，反映出网络在物理上或逻辑上的布置方式或关系，即计算机网络中实体之间的网络结构。典型的计算机网络拓扑结构有：总线拓扑结构、环状拓扑结构、星状拓扑结构、树状拓扑结构、网状拓扑结构。

1. 总线拓扑结构

总线拓扑结构采用 1 根同轴电缆（1 条信道，即总线）作为主干线，网络中所有节点都通过相应的硬件接口连接到总线上，通过总线进行数据传输，如图 1-3 所示。

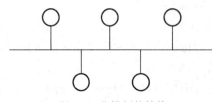

图 1-3　总线拓扑结构

总线拓扑结构网络采用广播式传输技术，任何一个节点都可以发送数据到总线上。因为所有节点共享 1 条公用的传输信道，所以一次只能由 1 个节点发送数据，数据沿总线传输，可以被其他所有节点接收。各节点在接收数据后，根据其目的物理地址决定是接收还是丢弃。总线拓扑结构的典型代表是粗细同轴电缆所组成的以太网。

总线拓扑结构的主要特征如下。

(1) 所需线缆少,设备投入量少,成本低。

(2) 结构简单灵活,易布线和维护,易扩展。

(3) 资源共享能力强,便于广播式传输。

(4) 网络节点间响应速度快,传输速率高。

(5) 各节点平等,都有权争用总线,不受某节点仲裁。

(6) 采用分布式协议,不能保证信息的及时传送,实时性较差。

(7) 网络效率和带宽利用率低,并且当负荷过重时性能迅速下降。

2. 环状拓扑结构

在环状拓扑结构中,各节点通过环路接口连在一条首尾相连的闭合环状通信线路中,每个节点只与两侧的两个节点之间有点到点的连接,如图 1-4 所示。信号在环中从一个节点到另一个节点单向传输,直至到达目的地。环状拓扑结构有两种:单环结构和双环结构。单环结构的典型代表是令牌环(token ring),双环结构的典型代表是光纤分布式数据接口(FDDI)。

环状拓扑结构的主要特征如下。

(1) 各节点间无主从关系,结构简单,易于管理维护。

(2) 信号沿环单方向传输,延迟固定,实时性较好。

(3) 两节点间路径唯一,简化了路径选择。

(4) 可靠性差,任何节点或线路的故障都会引起全网故障,且故障检测困难。

(5) 可扩充性差。

3. 星状拓扑结构

星状拓扑结构是由中心节点和通过点到点通信链路连接到中心节点的各个节点组成,如图 1-5 所示。中心节点执行集中式通信控制策略,任何两个节点之间的通信都必须通过中心节点。中心节点可以是集线器、中继器、交换机。目前局域网大多采用星状拓扑结构。

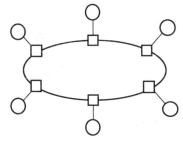

图 1-4 环状拓扑结构

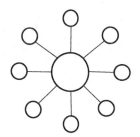

图 1-5 星状拓扑结构

星状拓扑结构的主要特征如下。

(1) 结构简单,连接方便,易管理和维护,易扩展、升级。

(2) 易实现结构化布线。

(3) 每个节点直接连到中心节点,故障易检测、易隔离。

(4) 通信线路专用,电缆成本高,且通信线路利用率不高。

(5) 由中心节点控制和管理网络,可靠性依赖于中心节点,一旦中心节点出现故障,则整个网络瘫痪,因此对中心节点要求很高。

(6) 中心节点负担重,易成为信号传输的瓶颈。

4. 树状拓扑结构

树状拓扑结构是总线拓扑结构或星状拓扑结构演变出来的,如图1-6所示。树状拓扑结构采用分级的集中控制方式,它的顶端节点称为根节点,其传输介质可有多条分支,分支还可有子分支,但不形成闭合回路,信号在上、下节点间传递。

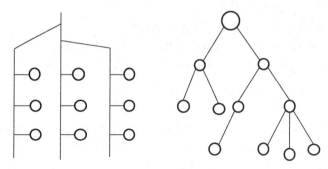

图1-6 树型拓扑结构

树状拓扑结构的主要特征如下。
(1) 易于扩展。
(2) 易隔离故障,可靠性高。
(3) 天然分级结构,各节点按层次连接。
(4) 各个节点对根的依赖性大,一旦根节点发生故障则全网瘫痪。
(5) 电缆成本高。

5. 网状拓扑结构

网状拓扑结构又称完整结构,各节点与通信线路互联成不规则形状,节点间没有固定的连接形式。一般每个节点至少与其他两个节点相连,即每个节点至少有两条链路与其他节点相连,如图1-7所示。网状拓扑结构一般用于大型网络。

图1-7 网状拓扑结构

网状拓扑结构的主要特征是:可靠性高、管理复杂。

1.6 通信概述

1.6.1 通信的含义

通信是人与人之间通过某种媒体,以某种方式进行信息的交流与沟通,如面谈、电话、电报、书信、网上交流等。无论是哪种通信方式,都必须遵循一定的规则:标识通信双方(发送方和接收方)、通信双方一致同意或遵守的通信方法、采用一致或通用的语言和语法;通信时一致的信息传输的时间和速度、有保障信息传输质量的机制等。只有双方共同遵循相同的规则,才可能进行有效的通信。

1.6.2 通信要素

计算机网络通信是通过网络将各自独立的设备进行连接,通过信息交换实现人与人、人与计算机、计算机与计算机之间的通信。实现要计算机网络通信,需要四个基本要素:协议、消息、介质、设备。

1. 协议

网络协议是计算机在网络中实现通信时必须遵守的约定(规则、标准),也就是通信协议。网络协议主要对信息传输的速率、传输代码、代码结构、传输控制步骤、出错控制等作出规定并制定标准,即协议用来管理通信(消息如何发送、定向、接收和解释)。

网络协议由以下三个要素组成。

(1) 语义:解释控制信息每个部分的意义。它规定了需要发出何种控制信息,以及完成什么样的动作与做出什么样的响应,其目的是确保接收端能够收到正确完整地数据,包括协调用的控制信息和差错管理。

(2) 语法:用户数据与控制信息的结构与格式,以及数据出现的顺序,类似人类语言的语法,包括数据格式和信号电平。

(3) 时序:对事件发生顺序的详细说明,包括时序控制、速率匹配和定序。

可以形象地把这三个要素描述为:语义表示要做什么,语法表示要怎么做,时序表示做的顺序。

常见的网络通信协议有 TCP/IP 协议、IPX/SPX 协议、NetBEUI 协议等。

2. 消息

消息是指网络通信中传输的数据,如文本、音频、视频、图片等。消息的展现形式多样,但都会以二进制编码的数字信号进行传输。

3. 介质

介质是指传输消息的载体,即通信线路,如电话线、网线、有线电视信号线、光纤、无线电等。

4. 设备

设备是用来发送、转发和接收信息的,如计算机、交换机、路由器等。这些设备协调工作,共同实现数据的发送与接收。

1.6.3 数据交换技术

在数据通信系统中,当终端与计算机之间,或者计算机与计算机之间不是直通专线连接,而是要经过通信网的接续过程来建立连接的时候,那么两端系统之间的传输通路就是通过通信网络中若干节点转接而成的所谓"交换线路"。数据交换技术就是在两个或多个数据终端设备之间建立数据通信的暂时互连通路的各种技术。数据交换技术主要有电路交换和存储转发交换。

1. 电路交换

电路交换(circuit switching)也称为线路交换,是一种直接的交换方式。电路交换为一对通信节点(如电话或计算机)之间创建一条临时的专用通道,既可以是物理通道,也可以是逻辑通道(使用时分或频分复用技术)。这条通道是经过适当选择、连接而建立的,是一条由多个节点和节点间传输路径组成的链路,这条链路一直保持到通信结束才拆除。目前,在公用电话交换网(PSTN)中广泛采用电路交换的方式。

由于电路交换在通信之前要在通信双方之间建立一条被双方独占的专用通路(由通信

双方之间的交换设备和链路逐段连接而成),因而电路交换具有以下特点。
- 实时性强。由于通信线路为通信双方专用,电路一旦建立,数据以固定的速率传输,传输数据经过节点的时延非常小,可以忽略,所以适用于实时大批量连续数据的传输。
- 无失序问题。双方通信时按发送顺序传送数据,不存在失序问题。
- 电路交换既适用于传输模拟信号,也适用于传输数字信号。
- 透明通路。在通信过程中,不论进行什么样的数据传输,交换机完全不干预地提供透明传输,但通信双方必须采用相同速率和相同的字符代码。
- 呼叫建立时间长,且存在呼损。电路交换的平均连接建立时间相比计算机通信来说较长。在电路建立过程中,由于被呼叫用户正在与其他用户通信或交换网繁忙等原因而使建立失败,交换网需要拆除已建立的部分电路,则用户要挂断重播,这称为呼损。
- 信道利用率低。电路交换连接建立后,传输数据,直至拆除,信道被通信双方独占,因而信道利用率低。
- 适用于连续、大批量的数据传输。

2. 存储转发交换

存储转发交换方式分为报文交换和分组交换。

1) 报文交换

报文交换是以报文为数据交换的单位,由传输的数据和报头组成,每个报文都携带目标地址和源地址等信息,在交换节点采用存储转发的传输方式。节点根据报头中的目标地址进行路径选择,并进行相应处理,如差错检查和纠错、调节输入/输出速度进行数据速率转换、进行流量控制、转换编码方式等。

在报文交换方式中,网络节点需具有足够的外存,以便存储接收到的整个报文。节点接收报文后,判断其目标地址以选择下一个节点,在下一个节点空闲时,将数据转发给下一个节点,如此往复,直至报文到达目标节点。所以报文交换是在两个节点间的链路上逐段传输的,不需要预先建立多节点组成的电路通道。

报文交换具有以下特点。
- 与电路交换相比,报文交换不需要为通信双方预先建立一条专用的通信线路,不存在连接建立和拆除电路的时延,用户可随时发送报文。
- 交换节点具有路径选择功能。当某条传输路径发生故障时,可重新选择另一条路径传输数据,提高了传输的可靠性。
- 提供多目标服务。即一个报文可以同时发送到多个目的地址,这在电路交换中是很难实现的。
- 通信线路的利用率高。节点间可根据电路情况选择不同的速度传输,能高效地传输数据。
- 数据传输的可靠性高。每个节点在存储转发中进行差错检查和纠错。
- 节点要具备足够的报文数据存储能力。
- 只适用于数字信号。
- 不适合传送实时或交互式业务的数据。在报文交换中,由于采用了对完整报文的存储/转发,从而引起转发时延(包括接收报文、检验正确性、排队、发送时间等),而且网络的通信量越大,造成的时延就越大,因此报文交换的实时性差。

由于报文长度没有限制,而每个中间节点都要完整地接收传来的整个报文,当输出线路不空闲时,还可能要存储几个完整报文等待转发,这就要求网络中每个节点有较大的缓冲区。为了降低成本,减少节点的缓冲存储器的容量,有时要把等待转发的报文存在磁盘上,从而进一步增加了传送时延,不利于实时交互信息。为了减少数据传输的时延,提高数据传输的实时性,产生了分组交换。

2) 分组交换

分组交换也是一种存储转发交换方式,但它是将报文划分为标准长度的分组,以分组为单位进行存储转发。分组交换有两种常用方法:数据报文分组交换和虚电路分组交换。

(1) 数据报文分组交换。数据报文分组交换,简称数据包传输。它是将每个分组作为单独的"小报文"处理,每个小报文(分组)都携带有源、目的地址和编号信息,逐个被发送出去。其工作方式如图1-8所示。

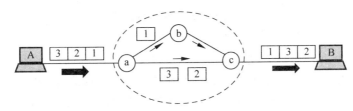

图 1-8　数据报文分组交换工作方式

数据报文分组交换具有以下特点。

- 每个报文在传输过程中,都必须携带有源地址、目标地址。
- 同一报文的不同分组可能通过不同的路径到达目的节点。
- 同一报文的不同分组到达目的节点时,可能出现失序、丢失或重复分组的现象,要对分组按编号进行排序等工作。
- 数据报文分组交换方式的传输延迟较大,不适于长报文、会话式通信。由于分组短小,更适用于突发式的数据通信。通过采用优先级策略,便于及时传送一些紧急数据。

(2) 虚电路分组交换。虚电路分组交换是通信双方在开始通信前,必须先建立起逻辑上的联接(虚电路),所有分组都必须沿着事先建立的虚电路传输。这种方式存在一个虚呼叫建立阶段和拆除阶段(清除阶段),其工作方式如图1-9所示。

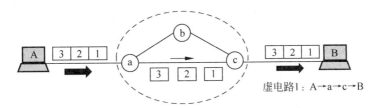

图 1-9　虚电路分组交换工作方式

虚电路分组交换具有以下特点。

- 虚电路分组交换方式类似于电路交换,传送数据前需预先建立一条逻辑联接,即包括虚电路建立、数据传输和虚电路拆除3个阶段。但虚电路不是专用电路,而是选定路径进行传输,分组经过的所有节点都对它们进行存储转发,而电路交换无此功能。

- 所有分组都从选定的虚电路上通过,因此分组只需携带虚电路号,而不必带源地址和目标地址等辅助信息,无须做路径选择,只需做差错检测。
- 分组到达目的节点不会出现丢失、重复和乱序的现象。

电路交换、数据报文分组交换、虚电路分组交换各有特点,因而各有适用场合,并可互相补充。与电路交换相比,分组交换电路利用率高,可实现变速、变码、差错控制和流量控制等功能。与报文交换相比,分组交换时延小,具备实时通信特点。分组交换还具有多逻辑信道通信的能力。但分组交换获得的优点是有代价的。把报文划分成若干个分组,每个分组前要加一个有关控制与监督信息的分组头,增加了网路开销。所以,分组交换适用于报文不是很长的数据通信,电路交换适用于报文长且通信量大的数据通信。虚电路分组交换具有分组交换和电路交换两种方式的优点,因此在计算机网络中得到了广泛的应用。

本章小结

1. 计算机网络由地理位置分散的具有独立功能的多个计算机系统,利用通信设备和传输介质互相连接,并配以相应的网络软件,以实现数据通信和资源共享的系统。

2. 计算机网络是一些互相连接的、自治的计算机的集合。计算机网络的主要功能有数据通信、资源共享、提高系统可靠性、集中管理、协调运算、负荷均衡、实现分布式处理等。

3. 计算机网络发展大致经历了四个阶段:面向终端的计算机网络、以资源共享为目标的网络、标准化网络、高速网络。

4. 按照网络覆盖的地理范围进行分类,计算机网络可分为局域网、城域网、广域网。

5. 典型的计算机网络拓扑结构有:总线拓扑结构、环状拓扑结构、星状拓扑结构、树状拓扑结构、网状拓扑结构。

6. 计算机网络通信的四个基本要素是协议、消息、介质、设备。

7. 数据交换技术主要有电路交换和存储转发交换两种。存储转发交换方式分为报文交换和分组交换。分组交换有两种常用方法:数据报文分组交换和虚电路分组交换。

本章习题

1. 简述计算机网络的定义。
2. 计算机网络的发展大致经历了哪些阶段?
3. 计算机网络主要有哪些功能?
4. 列举常见的计算机网络拓扑结构,并简述它们的特征。
5. 常用数据交换方式有哪些?试比较它们优缺点。

第 2 章

计算机网络体系结构

学习目标

(1) 理解计算机网络体系结构的相关知识;
(2) 掌握 OSI 参考模型的相关知识;
(3) 掌握 TCP/IP 参考模型的相关知识;
(4) 了解 OSI 和 TCP/IP 两种参考模型的异同点。

2.1 计算机网络体系结构概述

为了更好地理解和研究计算机网络的结构,适应标准化的需求,人们提出了网络体系结构的概念。网络体系结构是对计算机网络应该实现的功能进行精确定义,而这些功能是由硬件或软件来实现的,体系结构是抽象的,实现是具体的。

计算机网络是一个复杂的系统。人们对于复杂问题,通常将其分解为易于处理的小问题,使问题简单化。计算机网络体系结构采用层次结构模型,是一个抽象的概念模型。计算机网络的分层体系结构具有以下特征。

(1) 每层功能相对独立。上下层之间通过接口实现通信。下层为上层提供服务,上层建立在下层基础上,但不需知道下层如何实现,仅使用下层提供的服务。

(2) 相同的层与层之间进行通信,遵守共同的协议。

(3) 具有较好的灵活性。当任何一层发生变化时(如技术改进),只要接口保持不变,则其他层不受影响。如不再需要某层提供的服务时,甚至可将该层取消。

(4) 易于实现和维护,有利于促进网络标准化。通过采用分层结构,并精确定义各层功能与提供的服务,使得一个庞大而复杂的系统变得易于控制,也促进了网络的标准化。

到目前为止,比较普遍且具有代表性的计算机网络体系结构有两个,即国际标准化组织 ISO 提出的 OSI 参考模型、事实上的工业标准 TCP/IP 参考模型。

2.2 OSI 参考模型

OSI 参考模型作为计算机网络通信体系的模型,是由国际标准化组织 ISO 指定并构架的开放的协议标准。OSI 参考模型由 7 层构成,从高到低的顺序为:应用层、表示层、会话层、传输层、网络层、数据链路层、物理层,如图 2-1 所示。

OSI 参考模型的分层原则如下。

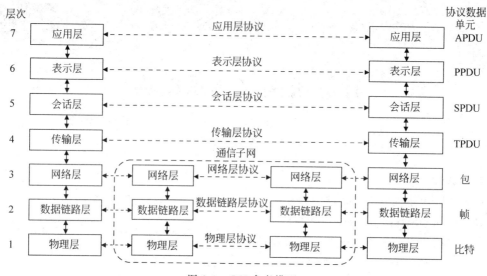

图 2-1 OSI 参考模型

（1）根据不同层次的抽象分层。

（2）每层应实现一个定义明确的功能。

（3）每层功能的选择应有助于指导网络协议的国际标准。

（4）各层边界的选择应尽量减少跨过接口的通信量。

（5）层数应足够多，以避免不同的功能混杂在同一层中，但也不能太多，否则体系结构会过于庞大。

OSI 参考模型各层基本功能如图 2-2 所示。

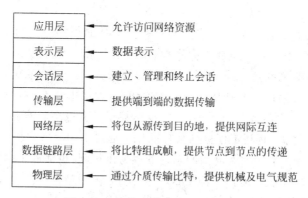

图 2-2 OSI 参考模型各层基本功能

1. 物理层

物理层是 OSI 参考模型中的底层（第 1 层），主要功能是利用传输介质为数据链路层提供物理连接，负责数据流的物理传输工作。物理层不是传输介质，而是传输介质与数据链路层之间的接口。物理层传输的基本单位是由 0 和 1 组成的比特流，也就是最基本的电信号或光信号，是最基本的物理传输特征。物理层主要定义了系统的电气、机械、过程和功能标准。如电压、物理数据速率、最大传输距离、物理连接器和其他的类似特性。

2. 数据链路层

数据链路层是 OSI 参考模型中的第 2 层,主要负责传输链路上相邻节点间的无差错传输,传输的基本单位为"帧"。数据链路层要实现物理寻址、差错控制、流量控制等功能,以保证为网络层提供无差错的透明传输及两个节点间传输速度的匹配,同时当多个节点共享通信链路时,能确定在什么时间由哪个节点发送数据。

3. 网络层

网络层是 OSI 参考模型中的第 3 层,主要功能是将数据包从源点传送到目的点。网络层是在数据链路层提供的服务基础上,实现不同网络中节点间的数据包传输,即把包从源网络传输到目标网络。它为数据在节点之间传输创建逻辑链路,通过路由选择算法为分组选择最佳路径,从而实现拥塞控制、网络互联等功能。互联网是由多个网络组成在一起的集合,正是借助了网络层的路由(路径选择)功能,才能使得多个网络之间的连接得以畅通,信息得以共享。

4. 传输层

传输层是 OSI 参考模型中的第 4 层,是通信子网和资源子网的接口,是 OSI 参考模型的关键一层,主要负责协调通信连接与应用实现,实现从源到目标的"端到端"(end-to-end)的通信。传输层向高层屏蔽了下层数据的通信细节,使用户完全不用考虑物理层、数据链路层和网络层工作的详细情况。传输层使用网络层提供的网络连接服务,依据系统需求可以选择数据传输时使用面向连接的服务或是面向无连接的服务。

5. 会话层

会话层是 OSI 参考模型中的第 5 层,主要功能是利用传输层提供的端到端的数据传输服务,提供会话机制的建立、管理和终止会话,确保传输不中断,以及管理数据交换等功能。会话层还可以通过对话控制来决定使用何种通信方式,全双工通信或半双工通信。会话层通过自身协议对请求与应答进行协调。

6. 表示层

表示层是 OSI 参考模型中的第 6 层,主要负责为用户信息提供表示方法的服务,即处理在两个通信系统中交换信息的表示方式,主要包括数据格式变化、数据加密与解密、数据压缩与解压等。表示层提供的数据加密服务是重要的网络安全要素,确保了数据的安全传输。

7. 应用层

应用层是 OSI 参考模型中的第 7 层,也是最高层。应用层直接面向用户,是计算机网络与用户之间的接口。应用层在低 6 层提供的各种服务的基础上,提供给最终网络应用所需要的服务和协议,主要有文件传输、电子邮件、远程登录、网络管理等。

2.3 TCP/IP 参考模型

TCP/IP 是计算机网络早期的典型 ARPANET 和现在的因特网所使用的参考模型。虽然不是 ISO 标准,但由于因特网的普及,其使用已经越来越广泛,可以说 TCP/IP 是一个"事实上的标准"。

TCP/IP 参考模型由四层构成,从高到低的顺序为:应用层、传输层、网际层、网络接口

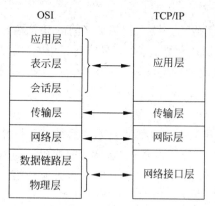

图 2-3　OSI 参考模型和 TCP/IP 参考模型的对应关系

层。OSI 参考模型对应关系与 TCP/IP 参考模型如图 2-3 所示。

1. 网络接口层

网络接口层(也称为网络接入层、网络访问层、主机至网络)是 TCP/IP 参考模型中的底层(第 1 层),与 OSI 参考模型中的物理层和数据链路层相对应。它负责监视数据在主机和网络之间的交换,处理与传输介质相关的问题,比如线缆、接口,建立链路通信。TCP/IP 标准并没有定义具体的该层协议,而是由参与互连的各网络使用自己的物理层和数据链路层协议,然后与 TCP/IP 的网络接入层进行连接。这种方式使 TCP/IP 标准更加灵活,可以适应各种网络类型,如 LAN、MAN 和 WAN。这也说明了 TCP/IP 协议可以运行在任何网络上。

2. 网际层

网际层(也称为网际互联层、网络层)是在 Internet 标准中正式定义的第一层,是 TCP/IP 参考模型中的第 2 层,对应 OSI 参考模型的网络层。网际层主要解决主机到主机的通信问题,将来自传输层的分组形成数据包(IP 数据包),并为该数据包进行路径选择,最终将数据包从源主机发送到目的主机。网际层通过重新赋予主机一个 IP 地址来完成对主机的寻址,还负责数据包在多种网络中的路由。该层有三个主要协议:网际协议(IP)、互联网组管理协议(IGMP)和互联网控制报文协议(ICMP)。其中 IP 协议是网际层最重要的协议,提供无连接的数据包传递服务。其他一些协议用来协助 IP 的操作。

3. 传输层

传输层(也称为主机至主机层)是 TCP/IP 参考模型中的第 3 层,对应 OSI 参考模型的传输层。它负责为应用层实体(主机到主机之间)提供端到端的通信功能,保证了数据包的顺序传送及数据的完整性。该层定义了两个主要的协议:传输控制协议(TCP)和用户数据报协议(UDP)。

4. 应用层

应用层是 TCP/IP 参考模型中的最高层(第 4 层),对应 OSI 参考模型的高 3 层。它负责处理特定的应用程序细节,为用户提供所需要的各种服务,如文件传输(FTP)、远程登录(TELNET)、域名服务(DNS)和简单网络管理(SNMP)等。

2.4　两种参考模型的比较

世界上任何地方的任何系统只要遵循 ISO 制定的开放系统互联标准 OSI,就可进行相互通信。TCP/IP 最早是作为 ARPANET 使用的网络体系结构和协议标准,以它为基础的 Internet 是目前国际上规模最大的计算机网络。因此,OSI 参考模型是理论上的标准,而 TCP/IP 是事实上的标准。

两种参考模型有很多相似之处。它们的共同点主要表现在以下方面。

（1）都是计算机通信的国际性标准。

（2）都可以解决异构网的互联，实现世界上不同厂家生产的计算机之间的通信。

（3）都采用了协议分层方法，将庞大且复杂的问题划分为若干个较容易处理的、范围较小的问题。各层功能大体相似，都存在网络层、传输层和应用层。

（4）都是基于一种协议集的概念，协议集是一组完成特定功能的相互独立协议。

（5）都能够提供面向连接和无连接的两种通信服务机制。

除了这些基本的相似之处外，两个模型也有很大差别。主要表现在以下方面。

1. 基本概念的差别

OSI 模型的最大贡献就是明确了"服务、接口、协议"这三个概念。

- 每一层都为它的上层提供服务。服务定义该层做什么，而不用管上层做什么。
- 某一层的接口告知上层的进程如何访问它。它定义需要什么参数以及预期结果。
- 某一层中使用的对等协议是该层的内部事务。它可使用任何协议，只要能完成工作（服务）。也可改变使用的协议而不影响上层。

TCP/IP 参考模型最初没有明确区分这三个概念，后期试图改进它以便接近 OSI 参考模型，但还是做得不够，没有很好地区分规范和实现。对于使用新技术来设计新网络，TCP/IP 参考模型不是一个很好的模型。

因此，OSI 参考模型中的协议比 TCP/IP 参考模型的协议具有更好的隐蔽性，在技术发生变化时能相对比较容易地替换掉。这种替换是最初协议分层的主要目的之一。

2. 模型的提出与设计的差别

OSI 参考模型是在具体协议制定之前提出并设计的，对具体协议的制定进行了约束，造成模型设计考虑不周，导致模型需不断修补。如数据链路层最初只用于处理点对点的通信网络，当广域网出现后，又存在一点对多点的问题，OSI 参考模型不得不在模型中插入新的子层来解决问题。当 OSI 参考模型及其协议集用于建立实际网络时，才发现它们与需求的服务规范存在不匹配的问题，最后只能以增加子层的方法来弥补缺陷。

TCP/IP 参考模型正好相反，协议在先，模型在后（模型是对已有协议的抽象描述），不存在与协议不匹配的问题。

3. 效率的差别

作为国际标准，OSI 参考模型是由多个国家共同制定的。因此需要照顾各个国家的利益，造成标准大而全、性能效率却低，目前其各项标准已超过 200 个。

TCP/IP 参考模型并不是作为国际标准开发的，而是对已有标准的概念性描述。所以影响它设计的因素少，使得协议简单高效、可操作性强。

4. 应用的差别

OSI 参考模型因考虑因素过多，OSI 参考模型出台后迟迟无成熟的产品推出，很长时间不具有可操作性，影响了其市场占有率和未来发展。

TCP/IP 参考模型在 OSI 参考模型出现之前就已经是市场主流，性能差异、市场需求的优势促使众多用户选择了 TCP/IP 参考模型，并称其为"既成事实"的国际标准。

5. 对可靠性的强调的差别

OSI 参考模型认为数据传输的可靠性应该由点到点的数据链路层和端到端的传输层来共同保证。

TCP/IP 参考模型认为可靠性是应该由主机完成,即由端到端的传输层来决定。因此它允许单个的链路或机器丢失或数据损坏,网络本身不进行数据恢复,对丢失或损坏数据的恢复是在源节点设备与目的节点设备之间进行的。

6. 层数及层级调用关系的差别

OSI 参考模型分为 7 层。层级关系严格,两个实体间通信,必须严格遵守下层向上层提供服务,上层通过接口调用下层的服务,层间不能越级调用。严格按照分层模型编写的软件效率极低。

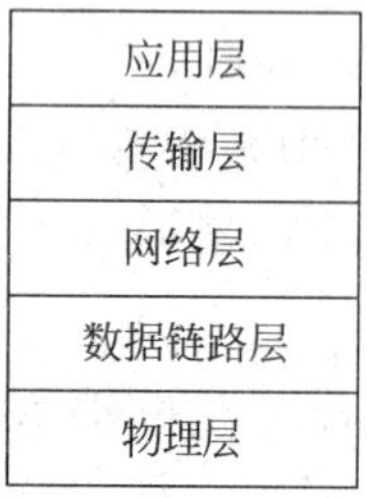

TCP/IP 参考模型分为 4 层,除网络层、传输层和应用层外,其他各层与 OSI 参考模型都不相同。为了提高效率,TCP/IP 参考模型允许越级而直接使用更低或更高层次提供的服务。

综合以上对比,除自身的一些问题外,OSI 参考模型(去掉会话层和表示层)对于讨论计算机网络是很有用的,但协议并未流行。TCP/IP 参考模型正相反,模型实际上不存在,但协议被广泛使用。为确保计算机网络教学的科学性和实用性,本书将采用 Andrew S. Tanenbaum 建议的五层参考模型,如图 2-4 所示,这种模型基本上是以 TCP/IP 参考模型为主。

图 2-4 五层参考模型

2.5 基于五层参考模型的数据传输过程

以五层参考模型为基础,说明一个进程的数据在各层之间的传递过程,如图 2-5 所示。

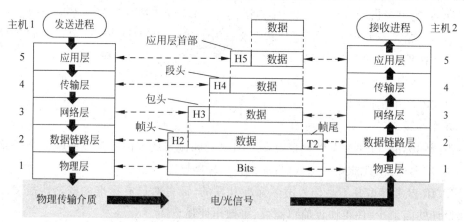

图 2-5 数据传输过程

(1) 在发送方(源终端设备)的应用层创建原始数据。
(2) 数据按层次从上往下传送,并在每层封装该层的头部信息。
(3) 在物理层生成可传输的数据(比特流)通过介质进行传输。
(4) 接收方(目的终端设备)在物理层接收数据。

（5）数据按层次从下往上传送，并在每层解封发送方相应层次所进行的封装。

（6）在接收方（目的终端设备）的应用层还原成原始数据。

本章小结

1. 国际标准化组织（ISO）制定的OSI参考模型是国际标准。OSI参考模型采用7层模型：应用层、表示层、会话层、传输层、网络层、数据链路层、物理层。

2. TCP/IP参考模型是事实上的标准。TCP/IP参考模型采用4层模型：应用层、传输层、网际层、网络接口层。

3. 两种参考模型各有优劣。共同点主要表现在：在国际性标准、解决异构网的互联、采用了协议分层方法、基于一种协议集的概念、面向连接和无连接的两种通信服务机制等方面；不同点主要表现在：基本概念、模型的提出与设计、效率、应用、对可靠性的强调、层数及层级调用关系等方面存在较大差异。

本章习题

1. 简述OSI和TCP/IP的分层模型。
2. 试比较OSI参考模型和TCP/IP参考模型的异同点。

第 3 章

物 理 层

学习目标
(1) 理解物理层的功能、作用及特性；
(2) 了解数据通信的基础知识；
(3) 了解传输介质的种类及特性；
(4) 了解常见的宽带接入技术。

3.1 物理层概述

物理层是 OSI 参考模型的低层(第 1 层)，是整个开放系统的基础。物理层为设备之间的数据通信提供传输媒体及互连设备，为数据传输提供可靠的环境；它向上层(数据链路层)提供服务，向下直接与传输媒体相连，保证数据比特流在通信信道上传输，并建立、维护和释放数据链路实体间的连接。CCITT(国际电报电话咨询委员会)对物理层作了如下定义：利用物理的、电气的、功能和规程特性在 DTE(数据终端设备)和 DCE(数据通信设备)之间实现对物理信道的建立、保持和拆除功能。

3.1.1 物理层功能

物理层的主要功能是尽可能的屏蔽计算机网络中的硬件设备和传输媒体的差异，从而为数据链路层提供物理连接，实现比特流在传输介质上的透明传输。也就是说，物理层的任务是将代表数据链路层帧的二进制数字编码转换成信道所需要的信号，并通过连接网络设备的物理介质(铜缆、光缆和无线介质)发送和接收这些信号。

物理层并不是指物理传输介质，它是介于数据链路层和物理传输介质之间的一层。在 OSI 参考模型中，实现数据链路层到物理传输介质之间的逻辑接口。实质上，物理层是建立在通信介质基础之上，物理层的协议是物理接口的标准，它定义了物理层与物理传输介质之间的接口，主要包括四个特性：机械特性、电气特性、功能特性、规程特性。

机械特性：也叫物理特性，规定了通信实体间硬件连接物理接口的机械特点，如接口所用接线器的形状和尺寸、引线数目和排列、固定和锁定装置等。例如，计算机的典型串行口 RS-232，其串口引脚 9 针和 25 针两类。

电气特性：规定了在物理连接上传输二进制位流时物理接口上信号电压、阻抗匹配、传输速率及持续时间等电气参数。例如，RS-232C 协议规定中：逻辑"1"为 $-3V$ 到 $-15V$，逻辑"0"为 $+3V$ 到 $+15V$。

功能特性：规定了物理接口上各条信号线的功能和作用。物理接口信号线一般分为数据线、控制线、定时线和地线。例如，RS-232C 协议规定（以 9 针为例），接口的第 2 个引脚用于数据发送，第 3 个引脚用于数据接收，第 5 个引脚用于地线，第 7 个引脚用于请求发送，第 8 个引脚用于允许发送。

规程特性：规定了利用接口传输比特流的全过程及各项用于传输的事件发生的合法顺序，包括事件的执行顺序和数据传输方式，即在物理连接建立、维持和交换信息时，DTE/DCE 双方在各自电路上的动作序列。

由于物理连接的方式很多，传输介质的种类也很多，因此具体的物理层协议相当复杂。针对不同的连接与不同的介质，物理层协议是不同的。

3.1.2 物理层主要设备

1. 中继器

中继器(repeater,RP)是工作在 OSI 参考模型的物理层上的连接设备，适用于完全相同的两个局域网网络的互连，主要功能是通过对数据信号整形并放大再转发出去，以消除信号由于经过一长段电缆，因噪声或其他原因而造成的失真和衰减，使信号的波形和强度达到所需要的要求，来扩大网络传输的距离。

中继器常用于两个网络节点之间物理信号的双向转发工作。由于存在损耗，在线路上传输的信号功率会逐渐衰减，衰减到一定程度时将造成信号失真，因此会导致接收错误。中继器就是为解决这一问题而设计的。它完成物理线路的连接，对衰减的信号进行放大，保持与原数据相同。

中继器是局域网环境下用来扩大网络规模的最简单最廉价的互联设备。使用中继器连接起来的几个网段仍然是一个局域网。中继器若出现故障，对相邻两个网段的工作都将产生影响。

一般情况下，中继器的两端连接的是相同的介质，但有的中继器也可以完成不同介质的转接工作。但由于中继器工作在物理层，没有存储转发功能，所以不能连接两个具有不同速率的局域网。中继器两端的网段必须有同一个协议。

从理论上讲中继器的使用是无限的，网络也因此可以无限延长。事实上这是不可能的，因为网络标准中都对信号的延迟范围作了具体的规定，中继器只能在此规定范围内进行有效的工作，否则会引起网络故障。

2. 集线器

集线器(Hub)是早期局域网构建过程中常用的连接设备，属于数据通信系统中的基础设备。虽然现在它已不是主要的网络设备，但它为现在一些网络设备的发展提供了基础。集线器是指将多条以太网双绞线或光纤集合连接在同一段物理介质下的设备。集线器工作在 OSI 参考模型的物理层，它本质上就是一台多端口的中继器。集线器的主要功能是对接收到的信号进行再生整形放大，以扩大网络的传输距离，同时把所有节点集中在以它为中心的节点上。集线器采用 CSMA/CD（载波侦听多路访问/冲突检测）介质访问控制机制。

集线器主要用于使用双绞线组建的共享式网络，在逻辑上仍然是一个总线网络，每个端口连接的网络部分是同一个网络的不同网段。它是纯硬件网络底层设备，基本上不具有类似于交换机的"智能记忆、学习"能力，也没有交换机所具有的 MAC 地址表，所以发送数据时都是没有针对性的,而是采用广播方式发送。即当集线器要向某节点发送数据时,不是直接把数据发送到目的节点,而是把数据包发送到与集线器相连的所有节点,很可能带来数据通信的不安全因素。另外,由于所有数据包都是向所有节点同时发送,加上其共享带宽方式(如果两个设备共享10Mb/s的集线器,那么每个设备就只有5Mb/s的带宽),就更加可能造成网络塞车现象,更加降低了网络执行效率。

集线器只能够在半双工下工作,网络的吞吐率因而受到限制。集线器的同一时刻每一个端口只能进行一个方向的数据通信,而不能像交换机那样进行双向双工传输,网络执行效率低,不能满足较大型网络通信需求。

早期的Hub属于一种低端的产品,且不可管理。随着技术的发展,部分集线器在技术上引进了交换机的功能,可通过增加网管模块实现对集线器的简单管理(SNMP),以方便使用。但需要指出的是,尽管同是对SNMP提供支持,不同厂商的模块是不能混用的,同时同一厂商的不同产品的模块也不同,而且提供SNMP功能的Hub售价较高。

3.2 数据通信基本知识

3.2.1 信道通信方式

数据在信道上传输是有方向的,按照信号传送方向与时间的关系,信道的通信方式可以分为以下三种。

1. 单工通信

单工通信是指信号只能沿一个方向传输,发送方只能发送不能接收,而接收方只能接收而不能发送,任何时候都不能改变信号传送方向,即只能有一个方向的通信而没有反方向的交互,如图3-1所示。例如,无线电广播和有线电视都属于单工通信方式。

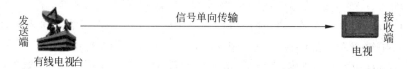

图 3-1 单工通信

2. 半双工通信

半双工通信是指信号可以沿两个方向传送,但同一时刻一个信道只允许单方向传送,两个方向的传输只能交替进行。即通信的双方都可以发送信息,但不能双方同时发送,当然也就不能同时接收。当改变传输方向时,要通过开关装置进行切换,如图3-2所示。例如,对讲机系统和无线电收发报机系统都属于半双工通信方式。

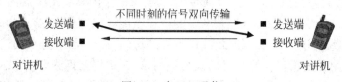

图 3-2 半双工通信

3. 全双工通信

全双工通信是指信号可以同时沿相反的两个方向进行双向传输。双向同时通信则都需要两条信道（每个方向各一条），显然传输效率最高，如图3-3所示。例如，两台计算机之间的通信就是一个全双工的通信过程。

图 3-3　全双工通信

3.2.2　信号传输方式

1. 基带传输

基带是指调制前原始信号所占用的频带，是原始电信号所固有的基本频带。在信道中直接传送基带信号时，称为基带传输，进行基带传输的系统称为基带传输系统。例如，电视信号的基本频带为 0~6MHz，数字信号的基本频带为 0 至若干 MHz。基带信号分为基带模拟信号和基带数字信号两种，信号的种类是由信源决定的。计算机网络系统是以计算机为主体的数据通信系统，信源是计算机或数字终端，由信源发出而产生的基带信号都是数字信号，所以计算机网络系统中所指的基带传输是特指对基带数字信号的传输。

在计算机网络通信中，表示二进制比特序列的数字信号是典型的矩形脉冲信号。矩形脉冲信号的固有频带被称为基带，而矩形脉冲信号被称为基带信号。也就是说，基带信号是将计算机发送的数字信号"0"或"1"用两种不同的电压表示后，直接送到通信线路上传输的信号。基带传输就是在数字信道上直接传输基带信号的方法。

基带传输是一种最简单、最基本的信号传输方式。基带传输系统安装简单、成本低、信号传输速率高、误码率低。但基带信号的传输距离较短，因此基带传输多用于局域网。

2. 频带传输

频带传输就是把基带数字信号经调制变换，使调制后的信号成为能在公共电话线上传输的模拟信号，将模拟信号在模拟传输媒体中传送到接收端后，再将信号还原成原来信号的传输。频带信号是基带信号经过调制后形成的频分复用模拟信号。频带传输是指在模拟信道上传输数字信号的方法。采用频带传输方式时，发送端和接收端都要安装调制解调器。利用频带传输，不仅可以实现在模拟信道上传输数字信号，而且可以实现多路复用，提高传输信道的利用率。例如，在计算机网络系统中，经常借助电话线路，使用频带传输方式来实现远程通信。

3. 宽带传输

宽带是指比音频带宽更宽的频带，包括大部分电磁波频普。利用宽带进行的传输称为宽带传输，这样的系统称为宽带传输系统。宽带传输系统属于模拟信号传输系统，能够在同一信道上进行数字信息和模拟信息服务。宽带传输系统可以容纳全部广播，并可进行高速数据传输。

局域网中，传输方式分基带传输和宽带传输。它们的区别在于：基带传输的主要是数字信号，宽带传输的是模拟信号；基带传输的数据传输速率为 0~10Mb/s，典型的数据传输速率为1~2.5Mb/s，宽带传输的数据传输速率范围为0~400Mb/s，通常使用的传输速率是5~10Mb/s。一个宽带信道还可以被划分为多个逻辑基带信道。宽带传输能把声音、图像和数据等信息综合到一个物理信道上进行传输，宽带传输采用的是频带传输技术，但频带传输不一定是宽带传输。

3.2.3 多路复用技术

数据通信系统中，设备间通信线路的频率带宽往往大于传输单一信号的需求。如果在一条物理信道上只传输一路信号，将是对资源的极大浪费。为了有效地利用通信线路，通常采用多路复用技术（multiplexing），利用一个物理信道同时传输多路信号，从而实现链路共享。多路复用技术就是将多个信号通过发送端多路复用器进行组合，然后将组合后的数据通过一条物理信道进行传输，接收端用多路分解器再对信号进行分离，分发到多个用户。在远距离传输时，采用多路复用技术可大大节省电缆的安装和维护费用，提高信道利用率。多路复用技术通常分为三种：频分多路复用（frequency division multiplexing，FDM）、时分多路复用（time division multiplexing，TDM）和波分多路复用（wave-length division multiplexing，WDM）。

3.2.4 数据通信的主要技术指标

1. 传输速率（R_b）

数据通信系统的传输能力可用传输速率来描述。传输速率是指单位时间内传输的二进制位的个数，单位为比特/秒（bit/s 或 bps），又称为比特率。例如，传统以太网的传输速率为10Mb/s，快速以太网的传输速率为100Mb/s，千兆以太网的传输速率可达1000Mb/s。

2. 误码率（P_e）

误码率是在通信系统中衡量系统传输可靠性的重要指标。误码率是指二进制码元在传输系统中被传错的概率，又称为误比特率。从统计的理论讲，当所传送的数字序列无限长时，误码率近似地等于错误二进制码元数与总传输码元数之比。在计算机网络通信系统中，要求误码率低于10^{-6}。对于误码率的要求应考虑均衡可靠性和提高通信效率两个方面的因素，误码率越低，设备也就越复杂。

误码率的计算公式：$P_e = N_e/N$，其中，N表示传输的二进制码元总数，N_e表示错误码元数。

3. 信道带宽（W）和信道容量（C）

信道带宽本来指某个信号具有的频带宽度。信道带宽（W）是指信道中传输的信号在不失真的情况下所占用的频率范围，即信号频谱的宽度，单位用赫兹（Hz）表示。信道带宽限定了允许通过信道的信号下限频率和上限频率，也就是限定了一个频率通带，因此也称为信道的通频带。信道带宽是由信道的物理特性所决定的。例如，在传统的通信线路上传送的电话信号的标准带宽是3.1kHz（从300Hz到3.4kHz，即话音的主要成分的频率范围）。信道带宽是由信道的物理特性所决定的。

任何实际信道都不是理想的，不可能以任意高的速率进行传送，在传输信号时会产生各种失真以及受到多种干扰，传输速率越高或信号传输的距离越远，信道输出端的波形失真就越严重,信道容量就是用于描述这种信道传输数据能力的技术指标。信道容量(C)是指单位时间内信道上所能传输的最大比特数,即信道能无错误传送的最大传输速率,用比特率(bit/s)表示。当传输速率超过信道的最大信号速率时就会产生失真。

对于模拟信道,信息论的创始人香农(Shannon)推导出了用于非理想信道(有噪声情况)的香农公式来计算信道的极限信息传输速率,即信道容量:$C=W\log_2(1+S/N)$,其中,W为信道的带宽(单位为 Hz),S为信号的平均功率,N为噪声的平均功率,S/N为信号噪声比,信道内部的高斯噪声功率。对于数字信道,物理学家奈奎斯特(Nyquist)给出了用于理想信道(无噪声情况)的奈奎斯特信公式:$C=2W\log_2 M$,其中,M为信号采用的进制数。通常,信道容量和信道带宽具有正比的关系,带宽越大,容量越高。所以要提高信号的传输速率,信道就要有足够的带宽。

3.3 传输介质

传输介质是指在数据通信过程中传输信息的载体,是数据传输的物理基础,也称为传输媒体。常用的传输介质分为有线介质和无线介质两大类。不同的传输介质的特性各不相同,这些特性对数据通信质量和通信速度有较大影响。

3.3.1 有线介质

在有线介质中,信号是沿着固态介质的方向传播并被局限在介质的物理边界内。常见的有线介质有双绞线、同轴电缆和光纤。

1. 双绞线

双绞线是目前网络中最常用的传输介质,由两根绝缘铜导线相互缠绕而成。将两根绝缘的铜导线按一定密度绞合在一起,可以降低信号传输中的串扰及电磁干扰影响的程度。实际使用时,通常会将若干对双绞线包在一个绝缘套管里,被称为双绞线电缆,如用于网络传输的典型双绞线是 4 对的,也可将更多对双绞线放在一个电缆套管里。在双绞线电缆内,不同线对具有不同的扭绞密度,一般情况下,扭绞得越密,其抗干扰能力就越强。

双绞线可以传输模拟信号,也可以传输数字信号。与其他传输介质相比,双绞线在传输距离、信道宽度和数据传输速率等方面均受到一定限制,但价格较便宜且安装使用容易,因此得到广泛应用。双绞线适合比较短距离的信息传递,通常用于电话和局域网通信的传输介质。当传输距离超过几千米时,信号因衰减可能会产生畸变,此时可使用中继器放大信号和再生波形。

根据双绞线电缆中是否具有金属屏蔽层,双绞线可分为非屏蔽双绞线(unshielded twisted pair,UTP)和屏蔽双绞线(shielded twisted pair,STP)。

(1) 非屏蔽双绞线(UTP)。非屏蔽双绞线中没有金属屏蔽层,其典型结构如图 3-4(a)所示。非屏蔽双绞线不能防止周围的电磁干扰和信号泄露,其优点在于价格非常便宜、结构简单、重量轻、易弯曲、易安装和维护,直径小占用空间少(无屏蔽外套),具有阻燃性、具有独立性和灵活性,非常适用于结构化综合布线。

(2) 屏蔽双绞线(STP)。屏蔽双绞线有是在双绞线和外层绝缘护套之间增加了金属屏蔽层,其典型结构如图 3-4(b)所示。金属屏蔽层主要由铝箔、金属丝或金属网几种材料构成。屏蔽双绞线的主要特点包括以下几方面。

- 由于屏蔽层可以减少辐射，防止信息被窃听，也可阻止外部电磁干扰的进入，因此相比同类非屏蔽双绞线具有更高的传输速率、传输质量和较高的安全性。
- 屏蔽双绞线主要用于电磁辐射严重或者对传输质量、安全性要求较高的网络环境中，如军事和股票网络等。
- 安装屏蔽双绞线时，必须正确接地，必须小心安装，以免弯曲电缆而使屏蔽层打褶或切断（如果屏蔽层被破坏，将增加线对受到的干扰）。
- 由于增加了屏蔽层，屏蔽双绞线电缆柔软性较差，比非屏蔽双绞线电缆安装困难，而且价格高于非屏蔽双绞线。

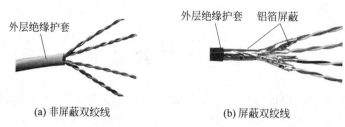

图 3-4 双绞线

随着网络技术及应用需求的发展和提高，电子工业协会（EIA）和电信工业协会（TIA）不断推出双绞线各个级别的工业标准，以满足日益增加的速度和带宽要求。EIA/TIA 按质量划分双绞线电缆等级，定义了 7 个类别标准：1 类线（CAT1）、2 类线（CAT2）、3 类线（CAT3）、4 类线（CAT4）、5 类线（CAT5）和超 5 类线（CAT5e）、6 类线（CAT6）和超 6 类线（CAT6A）及 7 类线（CAT7）。不同的等级对双绞线电缆中的导线数目、导线扭绞数量以及能够达到的数据传输速率等具有不同的要求。

2. 同轴电缆

同轴电缆是计算机网络中较早出现的一类传输介质，目前使用得越来越少。同轴电缆有两个同心导体，内导体是使用硬铜线作为芯材来传输信号；外导体用金属丝密织而成的网格或金属箔或两者的组合体作为屏蔽层，屏蔽干扰和辐射；内外导体之间用绝缘材料隔离，最外层包裹一层绝缘护套，其典型结构如图 3-5 所示。同轴电缆具有较高的带宽和极好的抗干扰性，信号传输质量好，传输距离较远，覆盖地域范围较大，但电缆硬，折曲困难，重量重，不适用于楼宇内的结构化布线，是传统局域网中常用的一种传输介质。

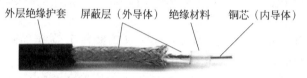

图 3-5 同轴电缆

目前有以下两种广泛使用的同轴电缆。

（1）基带同轴电缆。基带同轴电缆的特征阻抗值为 50Ω，用于传输数字信号，主要用于以太网组网。根据直径大小，基带同轴电缆分为细缆和粗缆两种。细缆的直径为 0.5cm，比较柔软，价格低，安装较容易，广泛用于传统局域网中，主要用于传统以太网 10Base-2 组网；

粗缆的直径为1cm,其抗干扰性能好,可作为网络的干线,但价格高,安装较复杂,主要用于传统以太网10Base-5组网。

(2) 宽带同轴电缆。宽带同轴电缆的特征阻抗值为75Ω,用于传输模拟信号,主要用于有线电视信号的传输。在局域网中,可以通过调制解调器将数字信号转换成模拟信号后送入宽带同轴电缆中传输。

同轴电缆的这种结构使它具有高带宽和极好的噪声抑制特性。同轴电缆的带宽取决于电缆长度。1km的电缆可以达到1～2Gbps的数据传输速率,还可以使用更长的电缆,但是传输速率要降低或使用中间放大器。目前,同轴电缆大量被光纤取代,但仍广泛应用于有线电视和某些局域网。

3. 光纤

光纤是光导纤维的简称,是一种由石英玻璃纤维或塑料制成的直径很细、能传导光信号的介质。光缆就是由光纤组成的,一般包含有多条光纤。光纤主要由纤芯、包层和护套构成,其典型结构如图3-6所示。光纤的最内层是纤芯,由一根或多根非常细的玻璃或者塑料制成纤维组成,用来传导光信号;每一根纤维都由各自的包层包裹,包层是玻璃或者塑料涂层,纤芯的折射率高于包层,从而形成一种光波导效应,使大部分光被束缚在纤芯中传输;最外层是护套,它包着一根或一束已加包层的纤维,护套是由塑料或其他材料制成的,用来改善光纤的温度特性、防潮、防止擦伤、减轻外界压力,增加光纤的抗压和抗拉能力等。

光纤通过内部全反射来传输光信号。由于光纤纤芯的折射率高于包层,当光从折射率高(纤芯)的一侧射入折射率低(包层)的一侧时,只要入射角达到超过某一临界值时,就会发生全反射现象,光就会继续在纤芯内向前传送,如图3-7所示。光纤常用的光波波段的中心波长是0.85μm、1.31μm和1.55μm,它们的带宽都为25000～30000GHz,因此光纤通信的容量是很大的。

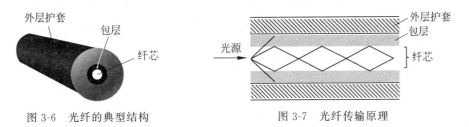

图3-6 光纤的典型结构　　　　图3-7 光纤传输原理

光纤在任何时间只能用于单向传输,因此要实现全双工系统应采用两根光纤,一根用于发送,一根用于接收。光纤两端需接到光学接口上。光纤通信系统如图3-8所示,其中光发送机的主要功能是将电信号转换为光信号,再把光信号导入光纤;其光源有两种:发光二极管(LED)和注入式激光二极管(ILD)两种光源;光接收机可以由光电二极管构成,主要负责接收光纤上传输的光信号,并将其转换为电信号,经过解码后再作相应处理。

图3-8 光纤通信系统

根据使用的光源和传输模式,光纤分为多模光纤和单模光纤。光传输中的模式是指以特定角度进入光纤的具有相同波长的光束。

(1) 多模光纤。多模光纤的光源为发光二极管(LED),纤芯直径比光波波长大很多。多模光纤使用光的多种模式传送信号,允许多路光线以不同的角度进入纤芯,它们的传输路径各不相同,即光束是以多种模式在纤芯内不断反射而向前传输的,如图3-9(a)所示。多模光纤中是以多个模式同时传输,因此形成模分散,限制了带宽和距离。多模光纤的传输速度低、成本低,信号的距离只能达到2km。多模光纤导入波长为850nm和1300nm。多模光纤主要用于建筑物内的局域网干线连接。

(2) 单模光纤。单模光纤的光源为注入式激光二极管(ILD),纤芯直径非常接近于光波波长。单模光纤使用光的单一模式传送信号,即只允许一束光传播,光能以单一的模式无反射的沿轴向传播,如图3-9(b)所示。单模光纤中是以单一模式传输,没有模分散的特性,光信号损耗很低,离散也很小,传播距离远。单模光纤具有更高的带宽,更远的传输距离,可达到3km,而电信公司通过特殊设备可以使单模光纤达到65km的传输距离。单模导入波长为1310nm和1550nm。单模光纤主要用于建筑物之间的互联或广域网连接。

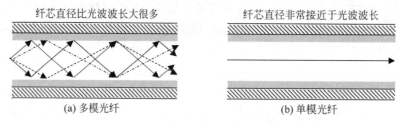

图3-9 多模光纤和单模光纤

国际电信联盟(International Telecommunication Union,ITU)标准规定室内单模光纤光缆的外层护套颜色为黄色,室内多模光纤光缆的外层护套颜色为橙色。

光纤主要用于长距离的数据传输和网络的主干线。与其他有线介质相比,光纤主要具有如下特点。

- 传输频带宽,通信容量大。
- 传输速率高,能超过1000MB/s。
- 传输衰减小,传输距离远,连接范围广。
- 抗电磁干扰能力强,无串音干扰,不易被窃听,安全保密性高。
- 重量轻,体积小,韧性好。
- 价格相对较高,初始投入成本比铜缆高。
- 安装比较困难,光纤的衔接和分支都比较困难,尤其是在分支时信号能量损失很大。

3.3.2 无线介质

在数据通信的过程中,可以不使用有线介质来传输信号(电磁波),而是利用空间广播信号,使信号可以不受介质导向的限制,被任何一个具有接收设备的人接收。无线介质通信就是通过电磁波在自由空间的传播来实现通信。

在自由空间传输的电磁波按频率由低到高的顺序可分为无线电、微波、红外线、可见光、紫外线、X射线、γ射线等。其中,用于数据通信的无线介质主要有无线电、微波、红外线。

1. 无线电

无线电(radio)又称广播频率(radio frequency,RF),工作频率范围为几十兆赫兹至200MHz。无线电很容易产生,传输距离很远,能轻易穿越建筑物。同时无线电是全向传播,即它能从源向任意方向传播,因此发射和接收装置不必在物理上准确对准,非常适合于广播通信。无线电波的特性与频率有关。低频信号能轻易穿越障碍物,但是随着传播距离的增大,信号衰减、急剧减小;高频信号趋于直线传播并受障碍物的阻挡,并且天气对其影响大于低频信号。在所有频率上无线电波容易受外界电磁场的干扰,如发动机等电子设备。由于无线电波能传输到很远距离,不同用户间的干扰也是一个问题。因此,对无线电频段的使用都是由各国政府的专门机构负责进行频段的分配和管理。

2. 微波

微波(microwave)是利用电磁波在对流层的视距范围内进行信息传输的一种通信方式,工作频率范围为300MHz~300GHz,通常使用2~40GHz的频率范围,通信容量大、质量好。微波在空间沿直线传播,只能在视距范围内实现点对点通信。微波信号易受环境(雨、雾、烟尘等)的影响,频率越高影响越大,且高频信号容易衰减。通常微波中继距离应在80km内,但地理条件、气候等环境因素会影响其具体的传输距离。

微波通信主要有以下两种方式。

1) 地面微波通信

微波是在空间沿直线传播,不能沿地球的曲面传播,因此其传输距离受到限制。为了延长通信距离,需要在微波通信信道的两个终端之间建立若干个中继站。中继站之间的距离一般为30~50km,若采用100m天线塔,则传输距离可增大到100km。通过中继站将信号放大后发送给下一段,实现接力传送,从而延长通信距离,如图3-10所示。

根据所使用的信道不同,微波通信可分为模拟微波通信和数字微波通信两种。模拟微波通信是基于频分复用(FDM)技术的多路通信体制,采用频移键控(FSK)调制方式,主要用来传输模拟电话信号和模拟电视信号,其传输容量可达30~6000个电话信道。数字微波通信是基于时分复用(TDM)技术的多路数字通信体制,采用相移键控(PSK)调制方式,每个信道可以传输速率为64kbps的数字信号,可以用来传输电话信号,也可以用来传输数据信号与图像信号,广泛应用于计算机之间的无线通信。

微波通信频带宽、信道容量大,可以用于各种电信业务的传送,如电话、电报、数据、传真以及彩色电视等均可通过微波电路传输。微波通信受外界干扰影响比较小,传输质量较高,但相邻站之间必须直视而不能有障碍物遮挡,因此被称为视距通信。在地面微波通信中,信号需要经若干中继站接力传递,可能会有失真。微波通信的信号是在空间传播,所以其隐蔽性和安全性比有线介质要差。此外,对于大量中继站的使用和维护,要耗费一定的人力和物力。

2) 卫星通信

卫星通信利用人造卫星作为中继站实现视距微波通信,其原理与地面微波通信相同。卫星通信是在地球站之间利用位于36000km高空的人造地球同步卫星作为中继器的一种微波接力通信,如图3-11所示。卫星通信中信号仍是直线传播,但因卫星很高,减弱了地球曲面引起的距离限制。一颗同步卫星可以覆盖地球1/3以上的表面,因此从技术角度看,至少3颗卫星(在地球赤道上方的同步轨道上且与其他两颗呈120°角),就可覆盖整个地球,实现全球通信服务。

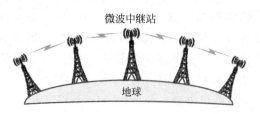

图3-10 地面微波通信

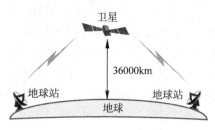

图3-11 卫星通信

卫星通信覆盖区域大,它提供了一种地球上无论远近在任何地点都能进行通信的方式。卫星通信频带很宽,通信容量很大,通信距离远,信号受到的干扰较小,通信比较稳定。卫星通信的通信费用高、信号的传输时延较大。在卫星通信中,不论地面站之间的距离是多少,信号都要经过卫星转发,因此通信距离很远,信号传输时延达到500~600ms,高于地面电缆通信的传播延迟几个数量级。卫星通信要求地球站有大功率发射机,高灵敏度接收机和高增益天线,但其成本与距离无关。

3. 红外线

红外线(infrared)是工作频率范围为 $10^{12} \sim 10^{14}$ Hz 的电磁波信号,有较强的方向性要求视距传输,易被强光源盖住,不能穿越固体物质,传输距离短。由于红外信号不能穿越固体物质,因此对邻近区域的类似系统也不会产生干扰且窃听困难,不会产生微波通信中的干扰和安全性等问题,因此使用红外传输,无须向专门机构进行频率分配申请。红外波的高频特性可以支持高速率的数据传输。红外线广泛应用于短距离、小范围内的设备之间的通信,目前主要用于家电产品的远程遥控、便携式计算机通信接口等。

3.4 宽带接入技术

随着互联网的迅猛发展,其提供的多媒体资源和服务越来越丰富,丰富的音视频资源、电子商务、视频会议、远程教学、远程医疗、在线直播等,人们期望连入互联网并获得更好的网络体验。随着这种需求的大幅度提高,网络也由低速向高速、由窄带向宽带迅速发展和转变。为了配合宽带技术的发展,相应的接入网技术也必须向宽带化、数字化、综合化方向发展。目前,被广泛推广使用的宽带接入技术是相对于窄带接入而言的,它具有更好的发展前景和应用体验。宽带接入技术主要包括铜线接入技术、光纤接入技术、混合光纤同轴(HFC)接入技术等多种有线接入技术,以及无线接入技术等。

3.4.1 xDSL 技术

数字用户线线路(digital subscriber loine,DSL)是一种较新的技术,它使用电信网络(如本地电话线)去完成数据、语音、视频等与多媒体的高速传递,因此是一种为满足宽带业务传输需求而发展起来的新型宽带铜线接入技术。传统的铜线(电话线)接入技术,即通过调制解调器拨号实现用户接入,速率为56kb/s(通信一方为数字线路接入),但是这种速率远不能满足用户对宽带业务的需求。DSL技术用数字技术对现有的传统电话用户线路进行改造,采用特殊的数字技术和调制解调技术,在传统铜线上传送宽带数字信号,使它能够承载宽带业务,为用户提供高速的端到端的全数字信道接入。DSL技术解决了经常发生在网络服务供应商和最终用户间的"最后一公里"的传输瓶颈问题,而且因其无须对电话线路进行改造,可以充分利用已经被大量铺设的电话用户线路,大大降低额外的开销,因此该技术受到广大用户欢迎。

标准模拟电话信号的频带被限制在300~3400kHz的范围内,但电话线本身实际可通过的信号频率已超过1MHz。因此,在DSL技术中,为传统电话业务保留0~4kHz的低端频谱,而原来未被利用的高端频谱用于传输用户上网数据。DSL是一系列技术,主要包括高比特率数字用户线路(HDSL)、对称数字用户线路(SDSL)、非对称数字用户线路(ADSL)、速率自适应数字用户线环路(RADSL)和甚高比特率数字用户线环路(VDSL)等。

1. 高比特率数字用户线路(high-bitrate DSL,HDSL)

HDSL是xDSL系列中开发比较早,技术较成熟的一种。它是一种对称传输的高速数字环路技术,即上行速率和下行速率相等。HDSL使用两对双绞线或3对铜双绞线,可以支持2.048Mb/s(E1)或1.544Mb/s(T1)的全双工数据传输,传输距离为3~5km。HDSL的互连性好、传输距离较远、投资少、见效快、传输质量优异、误码率低,并且对其他线对的干扰小,线路无须改造,安装简便、易于维护与管理。因此HDSL技术应用比较广泛,如局域网互联、高速互联网接入、数字交换机连接、高带宽视频会议、移动电话基站连接、PBX系统接入、专用数据网接入等用户宽带业务。

2. 对称数字用户线路(symmetric DSL,SDSL)

SDSL也是一种对称的宽带接入技术,即上行速率和下行速率相等。SDSL使用一对双绞线或电话线,可支持全双工、高速、可变速的连接,速率变化范围160kb/s~2.048Mb/s,可同时传输模拟语音和宽带数据,最大传输距离可达3.3km。与HDSL相比,SDSL只用一对双绞线,因而部署更为简单方便。SDSL技术比较适合宽带对称业务的传输,如局域网互联、文件传输、视频会议等数据收发量相当的应用。

3. 非对称数字用户线路(asymmetric DSL,ADSL)

ADSL是目前DSL系列中使用最多的一种宽带接入技术。ADSL是一种非对称的宽带接入技术,它的下行速率比上行速率高,这通常是用户所需要的。ADSL使用一对电话线或一对3类至5类双绞线,可同时传输模拟语音和宽带数据,传输距离可达5.5km。

为实现在电话线或双绞线的传输介质上同时传输模拟语音和宽带数据而互不干扰,ADSL采用频分复用(FDM)技术,将电缆频谱划分成三个频带:低频区、上行区和下行区,如图3-12所示。低频区(f1~f2)用于常规电话业务(传输模拟语音信号);上行区(f3~f4)用于传输上行数据,其速率可以是144kb/s、384kb/s或640kb/s;下行区(f5~f7)用于传输下行通信数据,其速率可以是2Mb/s、4Mb/s、6Mb/s或8Mb/s。

ADSL具有非对称性(下行速率远大于上行速率)、频带宽、性能优等特点,成为继MODEM、ISDN之后的又一种更快捷,更高效的接入方式。它非常适合于宽带非对称业务,如高速互联网访问、远程教育或专用的网络应用、视频点播(VOD)、电影、游戏等。ADSL能够充分利用现有PSTN电话网络,只需在线路两端加装ADSL设备即可为用户提供高速宽带服务(图3-13),无须重新布线,因而可极大地降低服务成本。

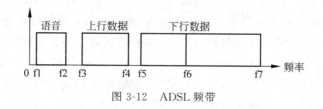

图 3-12 ADSL 频带

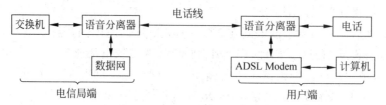

图 3-13 ADSL 用户接入

4. 速率自适应数字用户线路(rate adaptive DSL,RADSL)

RADSL 是在 ADSL 基础上发展起来的新一代接入技术。RADSL 是一种非对称的宽带接入技术,能够根据传输线路质量和传输距离自动调节传输速率,也可根据用户对宽带的要求来分配不同的速率,以达到最佳或符合需求的工作状态。RADSL 使用一对双绞线,上行速率为 128Kb/s~1Mb/s,下行速率为 640Kb/s~8Mb/s,传输距离可达 5.5km,可同时传输话音和宽带数据业务。RADSL 主要用于高速冲浪、视频点播和远程局域网接入等。

5. 甚高比特率数字用户环路(very high-bitrate DSL,VDSL)

VDSL 是 ADSL 的发展方向,是目前最先进的数字用户线路技术。VDSL 既可以实现对称传输,又可实现非对称传输,而且传输速率和传输距离都可以变化。VDSL 使用一对双绞线,其非对称传输的上行速率为 0.8~19.2Mb/s,下行速率为 6.5~55Mb/s,对称传输的上、下行速率均为 6.5~26Mb/s,传输距离为 300~1500m。VDSL 与 ADSL 技术一样,可同时传输语音和数据(高频传输数据、低频传输语音)。它常与光纤传输系统配合,用于图像信号的传输、局域网互联等。

总体说来,xDSL 技术是一种铜线宽带接入技术,可以支持丰富的业务类型。其主要优点是能在现有 90% 铜线资源上实现高速传输,解决目前光纤不能完全取代铜线"最后一公里"的问题。DSL 技术的不足之处是:其覆盖范围有限(只能在短距离内提供高速数据传输),一般是非对称的(通常下行带宽较高)。因此,该系列技术只适用于一部分应用场景,可作为宽带接入的过渡技术。

3.4.2 HFC 技术

光纤和同轴电缆混合接入技术(hybrid fiber coaxial,HFC),是在目前覆盖很广的有线电视系统(CATV)的基础上发展起来的一种新型用户宽带接入技术。HFC 可同时支持模拟信号和数字信号,是一种双向、交互式的综合传输系统,传输速率可达 20Mb/s 以上。除提供原有的模拟广播电视业务外,HFC 还能向用户提供数字电视广播(DVB)、视频点播(VOD)、远程教育、网络游戏、网上银行等各种服务。

HFC 采用频分复用技术 FDM 和专用电缆解调器,在宽带同轴电缆上传输数字、模拟信号——电话、广播、图像和数据等信号。目前尚未统一 HFC 频谱划分的国际标准,通常使用频谱分配如图 3-14 所示。HFC 采用非对称的数据传输速率,其上行数据区频带较窄,传输速率为 768kb/s 或 10Mb/s,主要用于低速用户控制信息、数据和电话业务;下行数据区频带较宽,传输速率可达 10~30Mb/s,分成三段分别用于广播(80~110MHz)、模拟 CATV(110~450MHz)、下行电话、数据和压缩数字视频信号(450~750MHz)业务。

HFC 技术以光缆作为传输网络干线,以有线电视台前端为中心形成星状或环状拓扑结构组网,通过许多光节点延伸到居民、办公小区,从光节点到最终用户使用宽带同轴电缆连接,每个光节点可服务 300~500 个用户。HFC 典型结构如图 3-15 所示。

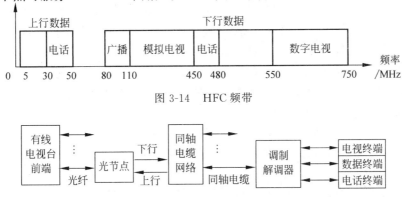

图 3-14 HFC 频带

图 3-15 HFC 典型结构

HFC 的主要优点是充分利用现有的有线电视网络,建设成本比光纤用户线路低;具有很好的数模兼容性,提供窄带、宽带及数字视频业务,传输带宽比双绞线宽,传输距离远,将来可方便地升级到光纤到户(FTTH)。其缺点是上行带宽过窄(5~50MHz),由于外界干扰,一般只能用到 18~42MHz;必须对现有有线电视网进行双向改造,以提供双向业务传送,且由于改造过程中居住人群密集和电缆老化等问题,使得回传系统易产生棘手的漏斗噪声问题,双向改造不易进行,用户群只能限于较小的范围内;HFC 标准目前还不统一,使得各系统之间不能很好地互连。

从发展的角度来看,基于同轴电缆和铜质双绞线的各种宽带接入技术都只是一种过渡性措施,可以暂时满足一部分比较有需求的新业务,但如果要真正解决宽带多媒体业务的接入问题,就必须将光纤引入接入网。

3.4.3 FTTx 技术

光纤通信具有容量大、衰减小、距离远、防电磁干扰和雷击、保密性好、体积小、重量轻等诸多优点,正在得到迅速发展和应用。目前,光纤在主干网线路已经得到迅速地推广和使用,在接入网中光纤的广泛应用也是一种必然趋势。光纤接入技术实际就是在接入网中全部或部分采用光纤传输介质,构成光纤用户线路(或称光纤接入网),实现用户高性能宽带接入的一种方案。

在光纤接入中,光网络单元(optical network unit,ONU)是起着非常重要作用的设备,如图 3-16 所示。它具有光/电转换、用户信息分接和复接以及向用户馈电和信令转换的功能。当用户终端为模拟终端时,ONU 还具有模拟和数字信号相互转换的功能。FTTx 是系列光纤接入技术,根据光网络单元(ONU)的位置不同,主要有光纤到路边(fiber to the curb,FTTC)、光纤到小区(fiber to the zone,FTTZ)、光纤到大楼(fiber to the building,FTTB)、光纤到户(fiber to the home,FTTH)、光纤到办公室(fiber to the office,FTTO)等几种类型。

```
┌────────┐ 主干线系统  ┌─────┐ 配线系统  ┌────────┐
│数据局端│────────────│ ONU │──────────│用户终端│
└────────┘    光纤     └─────┘   铜线    └────────┘
```

图 3-16　FTTx 用户接入

1. 光纤到路边(fiber to the curb,FTTC)

FTTC 是一种光缆/铜缆混合系统,将光网络单元放置在路边机箱中,主要是为住宅区的用户服务。从光网络单元到用户设备之间,可使用双绞线传送电话信号或提供 Internet 接入服务,也可使用同轴电缆传送有线电视(CATV)信号。FTTC 主要采用点到点或点到多点的拓扑结构,适合居民住宅用户和小型企事业单位用户。FTTC 宽带接入技术可充分利用现有铜缆网络资源,经济性好;通过预先敷设的靠近用户的潜在宽带传输链路,一旦有宽带业务需要,可以很快将光纤入户。由于该方式中 ONU 到用户的一段仍是铜缆,因此在室外需要设有源设备,不利于维护。综合多方因素,在需提供 2Mb/s 以下的窄带业务时,FTTC 是光纤接入技术中最经济的方式。若需要同时提供窄带和宽带业务,该方式则不太适合。

2. 光纤到小区(fiber to the zone,FTTZ)

FTTZ 与 FTTC 类似,也是一种光缆/铜缆混合系统,将光网络单元放置在小区的机箱中,主要是为小区的用户服务。

3. 光纤到大楼(fiber to the building,FTTB)

FTTB 是一种光缆/铜缆混合系统,将光网络单元放置在楼内,主要是为公寓大厦或商业大楼的用户服务。从光网络单元到用户,需经多对双绞线分别连接各户。FTTB 采用点到多点拓扑结构。光纤化程度比 FTTC/FTTZ 高,更适合于高密度用户区,更接近于 FTTH 的长远发展目标。

4. 光纤到户(fiber to the home,FTTH)

国际电信联盟(ITU)认为从光纤端头的光网络单元到用户桌面不超过 100m 的情况才是 FTTH。FTTH 是一种透明的光纤网络,将光网络单元放置在用户家中,从而使光纤的距离延伸到终端用户家里,使得从局端设备到用户终端设备之间全部采用光连接传输,不使用其他介质和有源电子设备。它可以为家庭用户提供多种宽带服务。但由于光纤和光元器件的费用较高,初始投入较大。

5. 光纤到办公室(fiber to the office,FTTO)

FTTO 与 FTTH 结构类似,只是应用的场合和结构有所不同。FTTO 也是一种全光纤连接网络,将 ONU 放置在企事业单位的终端设备处,并能提供一定范围的灵活业务。由于企业业务量大,FTTO 适合采用点到点结构或环形结构。

3.4.4　无线宽带接入技术

无线宽带接入(wireless broadband access,WBA)技术是指接入网的某一部分或全部采用无线传输媒介,以无线通信方式在宽带业务接口与用户之间实现宽带业务接入的技术,是目前数据通信和信息技术领域中发展比较快的技术之一。无线宽带接入技术具有建网开通快、维护简单、用户较密时成本低、覆盖范围广、扩容方便、可加密等特点。无线接入系统是本地通信网的一部分,是本地有线通信网的延伸、补充,是宽带接入技术的一种新的不可忽视的发展趋势。

目前常见的无线宽带接入技术可分为固定无线接入技术和移动接入技术两大类。移动接入技术主要是为移动用户和固定用户以及在用户之间提供通信服务,具体实现方式有蜂窝移动通信系统、卫星通信系统、无线寻呼、集群调度。固定无线接入技术主要是为位置固定的用户或仅在小范围移动的用户提供通信业务,其用户终端包括电话机、传真机或计算机等,它连接的骨干网是公共交换电话网(PSTN)。可以说固定无线接入技术是 PSTN 的无线延伸,目的是为用户提供透明的 PSTN 业务。

无线宽带接入技术相关技术有 LMDS(local multi-point distribution service,本地多点分布式业务)、MMDS(multi-channel multi-point distribution service,多点多信道分布式业务)和 LTE(long term evolution,长期演进)等。

3.5 项目实训 双绞线跳线的制作

1. 项目导入

双绞线是目前网络中最常用的传输介质。在网络布线时,通常需要使用双绞线跳线实现设备之间的连接。双绞线跳线是指两端带有 RJ-45 连接器的双绞线电缆。工程中有两种双绞线的制作标准:TIA/EIA 568A(简称 T568A)和 TIA/EIA 568B(简称 T568B),两种标准的线序如表 3-1 所示。目前综合布线工程中常用的是 T568B 标准。计算机网络中常用的双绞线跳线有两种直通线和交叉线。直通线是双绞线两端都按照 T568B 标准排线,如图 3-17 所示。直通线应用广泛,一般用于不同设备之间的连接,如将计算机连入交换机、交换机和路由器等不同类型接口的连接。交叉线是双绞线一端按照 T568A 标准排线,另一端按照 T568B 标准排线,如图 3-18 所示。交叉线一般用于相同设备之间的连接,如将计算机与计算机直接相连,也被用于路由器和路由器等衔铁类型接口的连接,现在很多设备也支持直通线,但建议使用交叉线。

表 3-1 T568A 和 T568B 线序

标准	1	2	3	4	5	6	7	8
T568A	白绿	绿	白橙	蓝	白蓝	橙	白棕	棕
T568B	白橙	橙	白绿	蓝	白蓝	绿	白棕	棕

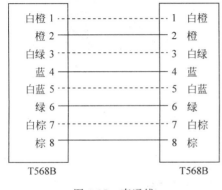

图 3-17 直通线

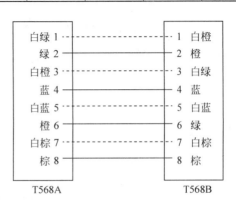

图 3-18 交叉线

请制作一根用于连接计算机和交换机双绞线跳线,并对其连通性进行测试。

2. 项目目的

(1) 理解直通线和交叉线的区别和适用场合。

(2) 掌握非屏蔽双绞线跳线的制作方法。

(3) 掌握相关工具及仪器的使用方法。

3. 实训环境

(1) 非屏蔽双绞线。

(2) RJ-45 连接器。

(3) RJ-45 压线钳。

(4) 网线测试仪。

4. 项目实施

(1) 取一段双绞线:根据实际情况,用压线钳的切线刀口截取一段非屏蔽双绞线,不少于 0.5m,如图 3-19 所示。

(2) 剥线:用压线钳的剥线切口,剥除 13~15mm 长度的双绞线外绝缘护套,如图 3-20 所示。

图 3-19 取一段双绞线

图 3-20 剥线

(3) 排线:将导线分别拆开,并按照 T568B 标准将线排列整齐,如图 3-21 所示。

(4) 剪线:用压线钳的切线刀口将排好的线剪齐线端,留 12mm 左右,如图 3-22 所示。

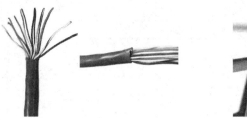
图 3-21 排线

图 3-22 剪线

(5) 插线:用手拿 RJ-45 连接器,将塑料弹簧片朝下,将 8 根导线插入 RJ-45 连接器,要将外绝缘护套插入连接器内,否则容易松动,如图 3-23 所示。

(6) 压线:将 RJ-45 连接器从无牙一侧推入压线钳夹槽,用力握紧压线钳,确保每一根突出的针脚全部压入 RJ-45 连接器内,如图 3-24 所示。压线时注意力度适中,如用力不足,则接触不良;如用力过大,则可能连接器变形报废。

(7)用同样的方法制作另一端。由于本次实训的双绞线跳线是用于连接计算机和交换机,应该制作直通线,因此另一端的线序也是 T568B。

(8)测试:将做好的双绞线跳的线的两端 RJ-45 连接器分别插入网线测试仪的主测试仪和远程测试仪中,如图 3-25 所示。打开开关,观察指示灯。如果主测试仪和远程测试仪的指示灯同步亮,则表示网线制作成功。

图 3-23　插线　　　　　　图 3-24　压线　　　　　　图 3-25　测试

思考:如果制作的是交叉线,指示灯的亮灯顺序会有什么变化?

5. 项目拓展

(1)请根据实际条件,了解和观摩超 5 类、6 类和 6A 类非屏蔽双绞线和屏蔽双绞线、单模光纤和多模光纤、室内光缆与室外光缆产品实物,对其外观、基本结构、颜色编码、产品标记等进行辨识。

(2)请根据实际条件,了解和观摩屏蔽双绞线跳线、各种光纤连接器和光纤跳线产品,观察其结构和标识。

本章小结

1. 物理层是 OSI 参考模型的底层,它的主要功能是为数据链路层提供物理连接,实现比特流在传输介质上的透明传输。物理层的协议定义了物理层与物理传输介质之间的接口,主要包括四个特性:机械特性、电气特性、功能特性和规程特性。

2. 物理层的主要设备有中继器和集线器等。

3. 信号是数据在传输过程中的电磁信号的表示形式,可以分为模拟信号和数字信号两种类型。

4. 数据通信方式分为串行通信方式和并行通信方式。

5. 数据在信道上传输是有方向的,按照信号传送方向与时间的关系,信道的通信方式可以分为三种:单工、半双工和全双工。

6. 通过通信介质发送信息之前,需要将数据转换成相应的信号。通过对原始数据进行相应的编码或调制,将原始数据变成与信道相匹配的数字/模拟信号后,送入信道传输。

7. 为了有效地利用通信线路,通常采用多路复用技术,实现链路共享。多路复用技术通常分为三种:频分多路复用、时分多路复用和波分多路复用。

8. 数据通信的主要技术指标有传输速率、误码率、信道带宽和信道容量等。

9. 传输介质是指在数据通信过程中传输信息的载体,常用的传输介质分为有线介质和无线介质两大类。常见的有线介质主要有双绞线、同轴电缆和光纤,无线介质主要有无线电、微波、红外线。

10. 宽带接入技术主要包括铜线接入技术、光纤接入技术、混合光纤同轴（HFC）接入技术等多种有线接入技术，以及无线接入技术等。

本章习题

1. 简述物理层的功能。
2. 试比较并简述三种常用有线传输介质（双绞线、同轴电缆与光纤）的特点。
3. 简述双绞线的分类及各自特性。
4. 常见的无线介质有哪几种？简述各自特性。
5. 列举常见的宽带接入技术。

第 4 章

数据链路层

学习目标
(1) 理解数据链路层的功能及作用;
(2) 了解数据链路层主要设备;
(3) 了解介质访问控制方法;
(4) 理解数据链路层协议相关知识;
(5) 了解局域网相关技术;
(6) 了解广域网相关技术。

4.1 数据链路层概述

4.1.1 数据链路层功能

数据链路层是 OSI 参考模型的第 2 层,介于物理层和网络层之间。数据链路层在物理层提供的服务的基础上,向网络层提供服务,将来自网络层的数据可靠地传输到相邻节点的目标机网络层。数据链路层主要提供两种基本服务:将上层数据包形成帧以访问介质或接受来自介质的帧;控制如何使用介质访问控制和错误检测之类的各种技术将数据放置到介质上。

数据链路层负责将数据放置到网络上并从网络接收和发送数据,规范数据帧在介质上的放置的方法,实现物理层对网络层的透明和可靠的传输,缓解了上层的压力。透明性指该层上传输的数据的内容、格式及编码没有限制,也没有必要解释信息结构的意义。可靠的传输使用户免去对丢失信息、干扰信息及顺序不正确等的担心。在物理层中这些情况都可能发生,在数据链路层中必须用纠错码来检错与纠错。数据链路层是对物理层传输原始比特流的功能的加强,将物理层提供的可能出错的物理连接改造成为逻辑上无差错的数据链路,使之对网络层表现为无差错的线路。

该层提供各种服务支持在各介质上进行数据传输的通信过程。如果没有该层,则网络协议(IP)必须提供连接到传送路径中可能存在的各种类型介质所需的连接。而且每当系统开发出新的网络技术或介质时,IP 必须做出相应的调整。这也是网络采用分层模型的意义所在。

概括地说,数据链路层的主要功能是使网络层数据包做好传输准备(封装)以及控制对物理介质的访问。把网络层交下来的数据形成帧并发送到链路上,把接收到帧中的数据取出并交给网络层。数据链路层通过实现同步控制、差错控制、流量控制等具体功能,为网络层提供可靠、物错误的数据信息。

1. 帧同步

帧同步是指接收方应当从收到的比特流中准确地区分帧的起始与终止。在数据链路层,数据的传送单位是帧,这是为使传输中发生差错后只将有错的有限数据进行重发。将比特流组合成包括数据、控制、校验、起始与结束码在内的组织结构,能使接收方明确帧的格式和有效地识别传输中的差错(包括可识别重传帧)。在数据链路层中,由于数据是以帧为单位传输,因此,当接收方识别出某一帧出现错误,只需重发此帧而不必将全部数据进行重发。

2. 链路管理

链路管理就是对数据链路层连接的建立、维持和释放的过程,主要用于面向连接的服务。链路管理犹如甲、乙双方打电话。在甲、乙双方通话前,必须先通过交换一些必要的信息,确认受话方已经准备好接电话;在甲、乙双方通话过程中要保持通话链路始终为"通"状态;当通话双方通话完毕后要释放链路,也就是释放连接。在数据链路层,当两个节点开始进行通信时,发送方必须通知接收方是处在准备接收数据的状态。为此,双方必须交换一些必要的信息,建立数据链路连接;同时在传输数据时要维持数据链路;当通信完毕时要释放数据链路。

3. 差错控制

在链路传输帧过程中,由于种种原因(物理链路性能、网络通信环境等因素)不可避免地会出现到达帧为错误帧或帧丢失的情况。而一个实用的通信系统必须具备发现(即检测)这种差错的能力,并采取某种措施纠正传输错误(重传),使差错被控制在所能允许的尽可能小的范围内,这就是差错控制过程,也是数据链路层的主要功能之一。差错控制的核心是差错控制编码,它可以检查和纠正传输过程中出现的错误。差错控制编码可以分为差错检测编码和差错纠错编码。常见的差错检查编码有奇偶校验码、水平垂直奇偶校验码、CRC 循环冗余码等。差错控制的方式主要有前向纠错 FEC、检错重发 ARQ、混合纠错检错 HEC、信息反馈 IRQ 等。

在计算机网络初期,网络通信较差,传输质量普遍不好,因而误码率较高,此时数据链路层协议就必须解决可靠传输的问题。然而随着网络通信技术的发展,误码率极大降低,数据链路层实行可靠传输的功能就是不必要的了,而把可靠传输的责任完全交给了传输层完成。

4. 流量控制

数据流链路层和传输层都具有流量控制功能,但流量控制的对象不同。传输层控制的是从源到最终目的之间端的流量。数据链路层控制的是相邻两节点之间数据链路上的流量。由于收发双方各自使用设备的工作速率和缓冲存储的空间的差异,可能出现发送方发送能力大于接收方接收能力的现象。如果此时不对发送方的发送速率(即链路上的信息流量)作适当的限制,前面来不及接收的帧将被后面不断发送来的帧"淹没",从而造成帧的丢失而出错。因此,流量控制实际上是对发送方数据流量的控制,使其发送速率不致超过接收方的承受能力,使双方速率匹配。实现流量控制的一个重要方法是滑动窗口机制。

5. 透明传输

在数据链路层中,无论所传输的数据是何种比特组合,都应该能够传输,这就是透明传输。如果存在所传数据中的比特组合恰好与某种控制信息完全一样,应该采取相应技术措施,把它与控制信息区分开;对于同一帧中的信息,也要做到将数据与帧中所包含的控制信息分开,以保证数据链路层的透明传输。

6. 寻址

在多点连接时,进行数据传输时,要保证每一帧被送到正确的目的节点,接收方能够知道谁是发送方,这需要数据链路层具有寻址功能。

4.1.2 帧

数据链路层负责将网络层数据报封装成合适在物理网络上传输的帧并传输,或将从物理网络接收到的帧解封,取出网络层数据报交给网络层。由此可知,帧是数据链路层的数据传输单位(即协议数据单元),同时需要相应的协议来实现该层的功能。

数据链路层协议是基于网络的逻辑拓扑及物理层的实施方式,并与网络层协议配合使用的。为了适应多样的链路类型,数据链路层协议的类型非常丰富。帧是数据链路层协议的关键,不同的数据链路层协议均需要封装成帧才能经过物理层使用介质传输数据包。数据链路层协议描述了通过不同介质传输数据包所需的功能,具体体现在帧中的控制信息。通过这些控制信息,才能使协议正常工作,控制信息可能提供哪些节点正在相互通信,如各节点之间开始和结束通信的时间、通信中发生的错误等信息。因此,数据链路层协议决定了帧的报文结构,帧的报文结构因不同的数据链路层协议而可能不同。但它们一般都有三个基本组成部分:帧头、数据和帧尾。数据链路层通过帧头和帧尾将来自上层的数据包封装成帧,以便可经本地介质传输数据包,如图4-1所示。

1. 帧头

帧头主要包含数据链路层协议的控制信息(特定逻辑拓扑、介质等)。对于每种数据链路层协议,帧的控制信息都是唯一的。数据链路层协议通过控制信息来提供通信环境所需的功能。数据链路层协议提供了通过共享本地介质传输帧时要用到的编址方法。数据链路层中的设备地址称为物理地址。帧头中都包含节点的物理地址,指定了帧在本网络中的目的节点地址,帧头也可能包含帧的源节点的物理地址。

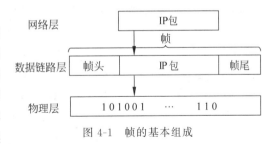

图 4-1 帧的基本组成

帧头因不同的数据链路层协议可能包含不同的字段。一般情况下,帧头中的字段主要包括以下内容。

- 帧起始定界字段:表示帧的起始位置,通知接收端确定帧的起始位置。
- 源和目的地字段:表示链路两端的源节点和目的节点的物理地址。
- 类型字段:表示帧中包含的上层服务。

另外,还可能包括优先级/服务质量、流量控制、拥塞控制等控制字段。

2. 数据

数据部分包含来自上层的数据包,即被封装帧的上层数据。以太网中最常使用的是数据链路层的上层(网络层)的IP数据报。

3. 帧尾

帧尾主要包括校验序列字段和结束字段。帧校验序列(FCS)字段用于确保目的节点接收的帧与离开源节点的帧的内容相匹配。检验方法采用循环冗余校验(CRC),即针对组成帧的内容创建一个逻辑摘要,从而获得循环冗余校验值;发送端数据链路层将该值放入帧的帧校验序列字段中,用以接收端检测帧内容有无传输差错。帧结束字段使用特殊的定界字符标识帧的结束,以通知接收端从连续的比特流中确定结束位置。

4.1.3 数据链路层主要设备

1. 网桥

网桥(bridge)也称为桥接器,工作在OSI参考模型的数据链路层(第2层),是连接两个局域网的存储转发设备,如图4-2所示。用它可以连接具有完全相同或相似体系结构的网络系统,这不仅能扩展网络的距离或范围,而且可提高网络的性能、可靠性和安全性。网桥根据MAC地址转发帧,可隔离碰撞,它可以看作一个"低层的路由器"。路由器工作在网络层,根据网络地址(如IP地址)进行转发。网桥的功能在延长网络跨度上类似于中继器,然而它能提供智能化连接服务,即根据帧的终点地址处于哪一网段来进行转发和滤除。网桥的功能主要表现在以下两个方面。

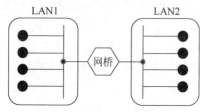

图4-2 网桥连接模式

(1) MAC学习:网桥刚工作时,是没有任何地址与端口的对应关系的,每发送一个数据,它都会关心数据包的来源MAC是从自己的哪个端口来的,通过学习,建立地址—端口的对照表(CAM表)。如网桥通过查看帧的源地址了解到A由端口1来,则在转发表中加入<A,1>项。

(2) 报文转发:每发送一个数据包,网桥都会提取其目的MAC地址,从自己的地址—端口对照表(CAM表)中查找由哪个端口把数据包发送出去。如网桥通过查看帧的目的地址发现转发表中存在B的项<B,2>,则该数据将通过端口2转发出去。

网桥的工作原理:当使用网桥连接两个局域网时,网桥对来自网段1的MAC帧,首先要检查其终点地址。如果该帧是发往网段1上某一站的,网桥则不将帧转发到网段2,而将其滤除;如果该帧是发往网段2上某一站的,网桥则将它转发到网段2,这表明,如果LAN1和LAN2上各有一对用户在本网段上同时进行通信,显然是可以实现的。这样可利用网桥隔离信息,将同一个网络号划分成多个网段(属于同一个网络号),隔离出安全网段,防止其他网段内的用户非法访问。可以看出,网桥在一定条件下具有增加网络带宽的作用。

图4-2是一个两端口的网桥,网桥流行的时候,一般都是两端口的网桥。随着网络技术的发展,很快就被交换机所替代了。

2. 交换机

交换机(switch)工作于OSI参考模型的第2层(数据链路层),因此通常称它为二层交换机。用于在通信系统中实现信息交换功能。它可以为接入交换机的任意两个网络节点提供独享的电信号通路。最常见的交换机是以太网交换机。其他常见的还有电话语音交换机、光纤交换机等。

交换机是由集线器升级换代而来,在外观上看和集线器没有很大区别。如果把集线器看成一条内置的以太网总线,交换机就可以看作由多条总线构成交换矩阵的互联系统。但其在工作原理上是体现了桥接的复杂交换技术。交换机与桥接器一样,交换机按每个包(如以太网的帧)中的 MAC 地址相对简单地决策信息转发。即比对交换机已经学习到的端口地址表,如果表里存在端口地址,直接在对应的端口转发出去。如果表里不存在,则会向剩下的每个端口(除送信息过来的端口)广播发送一条相同的信息。而这种转发决策一般不考虑包中隐藏的更深的其他信息。

与桥接器不同的是,交换机是一个具有简化、低价、高性能和高端口密集特点的交换产品。交换机有多个端口,每个端口都具有桥接功能,可以连接一个局域网或一台高性能服务器或工作站。交换机的连接模式如图 4-3 所示,它拥有一条高带宽的背部总线和内部交换矩阵,在同一时刻可进行多个端口对之间的数据传输。实际上,交换机有时被称为多端口网桥。它的

图 4-3　交换机的连接模式

转发延迟很小,操作接近单个局域网性能,远远超过了普通桥接互联网网络之间的转发性能。

交换机根据工作位置的不同,交换机可以分为广域网交换机和局域网交换机。广域网交换机主要应用于电信领域,提供通信用的基础平台。而局域网交换机则应用于局域网络,用于连接终端设备,如个人计算机及网络打印机等。

随着计算机及其网络技术的迅速发展,以太网成为迄今为止普及率最高的短距离二层计算机网络。而以太网的核心部件就是以太网交换机。根据市场需求,以太网交换机厂商还推出了三层甚至四层交换机。但无论如何,其核心功能仍是二层的以太网数据包交换,只是具有了一定处理 IP 层甚至更高层数据包的能力。

3. 交换机与网桥的区别

局域网交换机的基本功能与网桥一样,具有帧转发、帧过滤等功能。但是交换机与网桥相比还是存在一些不同。

(1) 端口的区别。网桥一般有两个端口,交换机具有高密度的端口。交换机工作时,允许多组端口间的通道同时工作,因此交换机的功能体现的是多个网桥功能的集合。

(2) 分段能力的区别。由于交换机能够支持多个端口,因此可以把网络系统划分成为更多的物理网段,这使得整个网络系统具有更高的带宽。而网桥仅仅支持两个端口,所以,网桥划分的物理网段是很有限的。

(3) 传输速率的区别。交换机的数据传输速率要快于网桥。

(4) 数据帧转发方式的区别。网桥在发送数据帧前,通常要接收到完整的数据帧并执行帧检测序列 FCS 后,才开始转发该数据帧。交换机具有存储转发和直接转发两种帧转发方式。直接转发方式在发送数据以前,不需要在接收完整个数据帧和校验检查后的等待时间。

4.2　介质访问控制方法

数据链路层主要实现了将数据封装成帧,以及将帧放置到各介质上和从各介质获取已封装帧(即控制对物理介质的访问)的功能。其中,用于将帧放置到介质上和从介质获取帧的技术称为介质访问控制方法。即介质访问控制方法定义了网络设备访问网络介质的过程以及在不同网络环境中传输帧的过程。

数据链路层所用的介质访问控制方法取决于介质共享方式和网络拓扑结构,介质共享定义了节点是否共享介质以及如何共享介质,网络拓扑结构是在数据链路层中各节点之间

的连接关系。介质的共享方式有两种：共享介质和非共享介质。

介质也可称为信道，即信号传输的媒介(介质)。数据链路层使用的信道主要有点对点信道和广播信道两种类型。点对点信道是一对一的通信方式，介质访问方式是非共享介质。广播信道是一对多的广播通信方式，介质访问方式是共享介质。在广播信道上，通信方式过程比较复杂，连接的主机很多，因此必须使用专用的共享信道技术来协调这些主机的数据发送。

4.2.1 共享介质

共享介质是指在网络拓扑结构中多个节点共享一个公共介质。如总线拓扑结构中，多个节点共用一根总线进行数据通信，就可能有同一时刻多个节点尝试收发数据的情况出现。因此需要一些规则来控制、管理其中的数据通信。对于共享介质，有两种基本介质访问控制方法：受控访问共享介质和争用访问共享介质。

1. 受控访问共享介质

受控访问也称为定期访问或确定性访问，要求网络设备依次访问介质。当使用介质的机会轮到某设备时，但它不需要访问介质，则它使用介质的机会将传递给等待中的下一设备。当某设备将帧放到介质上(介质正被使用)，则直到该帧到达目的地并被处理后，其他有使用介质机会的设备才能将帧放到介质上。受控访问共享介质控制方式常用于令牌环网和FDDI(双环网，光纤分布式数据接口)。

2. 争用访问共享介质

争用访问也称为非确定性访问，允许任意设备在其有需要发送的数据时尝试访问介质。因为公共介质是共享的，为防止因"争用"在介质上造成混乱，可采用载波侦听多路访问(carrier sense multiple access，CSMA)技术，先检测一下介质是否正在传送信号。如检测到介质上有来自其他节点的载波信号，则表示另一节点正在进行数据传输，即介质处于忙碌状态。当尝试传输的设备通过CSMA技术发现介质处于忙碌状态时，它将等待并在稍后继续尝试。如未检测到载波信号，设备将开始传输数据。争用访问共享介质控制方法常用于以太网和无线网络。

CSMA技术在控制介质访问过程中，由于信道传播存在时延，可能会有两个或多个节点都没有侦听到载波信号，在发送数据时仍可能会发生冲突，因为它们可能会在检测到介质空闲时同时发送数据，致使冲突发生(数据损坏)，这称为数据冲突。尽管CSMA可以发现介质争用冲突，但它并没有数据冲突检测和阻止功能，致使数据冲突发生频繁。

通常有两种方法配合CSMA来解决争用介质访问中的冲突问题，即两种CSMA的改进技术：载波侦听多路访问/冲突检测(CSMA/CD)和载波侦听多路访问/冲突避免(CSMA/CA)。

(1) 载波侦听多路访问/冲突检测(carrier sense multiple access with collision detection，CSMA/CD)。CSMA/CD相对CSMA来说的进步就是具有冲突检测功能。其工作原理如下。

① 当一个站点想要发送数据时，它首先检测信道是否有其他站点正在传输，即侦听信道是否空闲。

② 如果信道忙，则等待，直到信道空闲；如果信道空闲，则站点发送数据。

③ 在发送数据的同时,站点继续侦听网络,确信没有其他站点在同时传输数据才继续传输数据。因为有可能两个或多个站点都同时检测到网络空闲然后几乎在同一时刻开始传输数据。如果两个或多个站点同时发送数据,就会产生冲突。若无冲突则继续发送,直到全部数据发送完毕。若有冲突,则立即停止发送数据,但是要发送一个加强冲突的JAM(阻塞)信号,以便使网络上所有工作站都知道网上发生了冲突,然后,等待一个预定的随机时间,且在总线为空闲时,再重新发送未发完的数据。

CSMA/CD控制方式的优点是原理比较简单,技术上易实现,网络中各工作站处于平等地位,不需集中控制,不提供优先级控制。但在网络负载增大时,发送时间增长,发送效率急剧下降。CSMA/CD控制方式被广泛应用于IEEE 802.3标准的以太网。

(2) 载波侦听多路访问/冲突避免(carrier sense multiple access with collision avoid, CSMA/CA)。CSMA/CA是一种主动避免冲突而非使用被动侦测的方式来解决冲突问题。其特点是发送数据的同时不能检测到信道上有无冲突,只能尽量"避免"。其工作原理如下。

① 当一个站点想要发送数据时,它首先检测信道是否空闲。
② 如果信道忙,则等待;如果信道空闲,则发送一个通知(信道检测帧)并等待一段随机时间后,再次检测信道;如果此时信道空闲(即持续检测到信道空闲),就发送数据。
③ 接收端如果正确收到此帧,则经过一段时间间隔后,向发送端发送确认(ACK)帧。
④ 如发送端在规定的时间内没有收到确认帧,就必须重传;直到收到确认帧,确定数据正确传输,在经历一段时间间隔后,再发送数据;如经过若干次重传仍失败,则放弃发送。

CSMA/CA控制方式被广泛应用于IEEE 802.11标准的无线局域网。

CSMA/CD和CSMA/CA的主要区别在于:CSMA/CD注重于冲突的检测,当检测到冲突时,进行相应处理,要求设备能一边检测一边发送数据;CSMA/CA注重于冲突的避免,介质访问控制过程中,经常是等待一段时间再做动作,其间还会先发送一些特别小的信道检测帧来测试信道是否有冲突,通过多种方式尽量去避免冲突。

4.2.2 非共享介质

对于非共享介质,仅需要少量甚至不需要介质访问控制。其对应的协议具有更简单的介质访问控制规则和过程。例如,在点到点拓扑中,介质仅互连两个节点,不存在共享介质的情况。因此,数据链路层协议几乎不需控制非共享介质的访问。一些广域网技术的介质共享方式就是非共享介质。

4.3 局域网技术

4.3.1 局域网技术概述

随着计算机的普及和计算机及网络技术的不断发展,促进了局域网技术日渐成熟、不断发展,目前已经成为计算机网络中研究与应用的热点之一。局域网技术的发展经历了令牌环网、FDDI、以太网、无线局域网等。其中,令牌环网和FDDI受性能和通信效率的限制,已经被淘汰。目前广泛应用的局域网技术是以太网和无线局域网。当前局域网技术已经从一种共享介质、有争议的以太网技术发展成为今天的高宽带、全双工通信技术,并随着千兆、万兆以太网技术的出现和应用,促使局域网技术的应用范围更加广泛,正逐步地向着城域网和广域网方向发展。

局域网是在某一区域内将多台计算机互连在一起的通信网。其最主要的特点是网络一般为一个单位或组织所拥有,覆盖地理范围较小和拥有一定的数据通信设备。决定局域网特性的主要因素有三个:传输数据的传输介质、网络拓扑结构、介质访问控制方法。

4.3.2 局域网参考模型及标准

1. 局域网参考模型

随着局域网的发展,越来越多的新技术不断被加入进来,但随之也就产生了兼容性问题,解决的最好方法是推行局域网的标准化。目前,国际上与局域网标准化工作相关的机构主要有国际标准化组织(ISO)、美国电气电子工程师学会(IEEE)的 802 委员会和美国国家标准化协会(ANSI)等。其中,美国电气电子工程师学会(IEEE)在推动局域网技术的标准化发展中起到了重要的作用。IEEE 于 1980 年 2 月成立局域网标准化委员会(简称 802 委员会),专门对局域网的标准进行研究,提出 LAN 的定义,并推出一系列 IEEE 802 标准。LAN 是允许中等地域内的众多独立设备通过中等速率的物理信道直接互联通信的数据通信系统。具体地讲,局域网(LAN)就是将分散在有限地理范围内(如一栋楼宇、一个实验室)的多台计算机通过传输媒体连接起来的通信网络,通过功能完善的网络软件,实现计算机之间的相互通信和资源共享。IEEE 802 系列标准的推出,促进局域网的标准化发展,使不同生产厂家的局域网产品之间具有更好的兼容性,满足了各种不同型号计算机的组网需求,有利于产品成本的降低。

IEEE 802 标准的局域网参考模型与 OSI 参考模型的对应关系如图 4-4 所示,它只相当于 OSI 参考模型中通信子网的功能。为了简化系统结构,局域网的内部大多采用共享信道的技术,所以局域网通常不单独设立网络层,其高层功能是由具体的局域网操作系统来实现。因此,该模型对应于 OSI 参考模型的最低两层(物理层和数据链路层)的功能,同时还包括网间互联和管理功能。

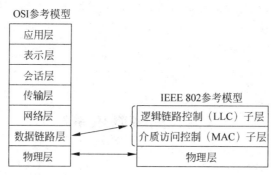

图 4-4 OSI 参考模型和 IEEE 802 参考模型

1) 物理层

物理层负责网络中各设备之间的物理连接以及比特流的发送和接收。它需要实现各种设备之间的电气、机械、功能和规程四大特性的匹配,建立、维持和拆除物理链路。一对物理层设备能确认两个 MAC 子层设备间同等层比特单元的交换。

2) 数据链路层

在 OSI 参考模型中,物理层负责整个通信过程中各设备间的物理连接以及比特流在介质上的传送;数据链路层负责把不可靠的物理传输信道转换成可靠的逻辑传输信道,传送带有校验的数据帧,采用差错控制和帧确认技术。但在局域网的发展过程中,物理层不断演变、形式多样,因此其介质访问方法不尽相同。为了使局域网中的数据链路层不过于复杂,通常将局域网的数据链路层划分为两个子层:介质访问控制(medium access control, MAC)子层和逻辑链路控制(logical link control, LLC)子层。

(1) 介质访问控制(MAC)子层:由于局域网采用共享介质的工作方式,因此其数据链路层必须设置介质访问控制功能。网络中传输介质和对应的介质访问控制方法的多样性,决定了将数据链路层分为两层(MAC 子层和 LLC 子层)的必要性。局域网中与各种传输介质和介质访问控制有关的问题都放在 MAC 子层,这样就使 LLC 子层与介质无关。当介质存取方法改变时,不至于影响其他较高层的协议。因此 MAC 子层支持数据链路功能,并为 LLC 子层提供服务。它支持 CSMA/CD、令牌环、令牌总线等介质访问控制方式,会判断哪个设备具有享用介质的权利以及介质操作所需要的寻址等。

(2) 逻辑链路控制(LLC)子层:数据链路层中与介质访问无关的部分都集中在 LLC 子层。LLC 子层向高层提供一个或多个逻辑接口(具有发送帧和接收帧的功能),具有帧顺序控制及流量控制等功能。LLC 子层还包括某些网络层功能,如数据报、虚电路控制和多路复用等。由于局域网中的数据是按编址的帧传送的,没有中间交换,因而不需要路由选择。

由于局域网共享传输介质,拓扑结构简单,内部不存在路由选择的问题,因此局域网可以省略网络层。

2. 局域网标准

IEEE 802 标准已被国际标准化组织(ISO)采纳,作为局域网的国际标准系列,称为 ISO 8802 标准。IEEE 802 标准涵盖了双绞线、同轴电缆、光纤和无线等多种传输介质和组网方式,同时包含网络测试和管理等内容。随着新技术的不断出现,该系列标准仍在不断变化更新中。IEEE 802 系列标准中最为常用的是 IEEE 802.3、IEEE 802.4 和 IEEE 802.5。在这些标准中,各种局域网的拓扑结构、媒体访问控制方法、数据帧格式等内容各有不同。IEEE 802 标准系列中各个子标准之间的关系如图 4-5 所示。

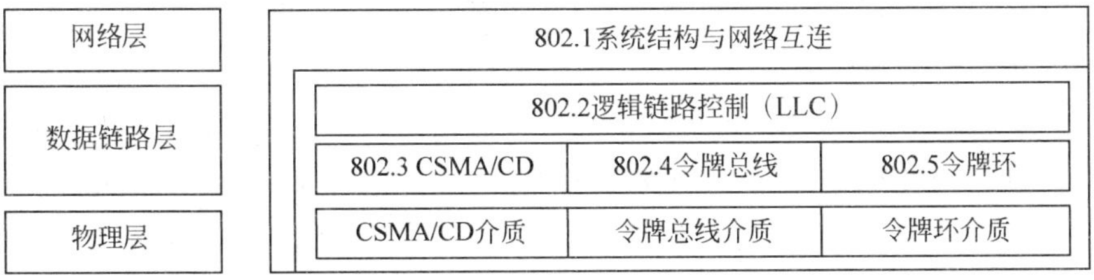

网络层	802.1系统结构与网络互连		
数据链路层	802.2逻辑链路控制(LLC)		
	802.3 CSMA/CD	802.4令牌总线	802.5令牌环
物理层	CSMA/CD介质	令牌总线介质	令牌环介质

图 4-5　IEEE 802 标准

目前,IEEE 802 系列标准中 IEEE 802.1～IEEE 802.6 已成为 ISO 的国际标准 ISO 8802-1～ISO 8802-6。

4.3.3　以太网协议

以太网(Ethernet)是近年来最著名和使用最广泛的局域网技术,全球 90% 以上的局域网都是以太网,其传输速率从 10Mb/s 发展到今天的 100Mb/s、1000Mb/s 和 10GM/s。

以太网的出现起始于1973年,施乐公司开发出的一个设备互联技术,并将基于此技术建立的网络命名为以太网(Ethernet)。1979年,DEC、Intel和Xerox共同开展了将此网络标准化的工作;并于1980年9月30日公布了著名的以太网蓝皮书,也称为DIX版以太网1.0标准;1982年修改标准为DIX V2。DIX集团虽已推出以太网标准,但还不是国际公认的标准。1983年,IEEE 802委员会在DIX V2的基础上制定了IEEE 802.3标准。因此,严格说来,"以太网"应当是指符合DIX V2标准的局域网。

DIX V2和IEEE 802.3虽然并不完全相同,但都采用CSMA/CD方式,拥有共同的特点:当网络结构简单、运行负载较轻时,网络延时小,但随着负载的增加,网络上发生冲突的概率变大,性能将会有明显下降。由此可见,DIX V2标准与IEEE 802.3标准差别很小的,因此也将IEEE 802.3局域网称为"以太网"。

为了使数据链路层能更好地满足多种局域网标准,IEEE 802委员会将局域网数据链路层分为两个子层:介质访问控制(MAC)子层和逻辑链路控制(LLC)子层。MAC子层负责传输介质有关的功能,其他与传输介质无关的功能都放到LLC子层。但由于因特网发展很快,TCP/IP网络体系经常使用的是DIX V2标准而不是IEEE 802.3标准,现在网络中LLC子层的作用已经不大,很多厂商生产的网卡就只装有MAC协议而没有LLC协议,因此,以下以太网协议的相关内容将不考虑LLC子层。

以太网采用的介质访问控制方法是CSMA/CD,即载波监听多路访问/碰撞检测,共享介质要求以太网数据包头使用数据链路层地址来确定源节点和目的节点,该地址称为节点的MAC地址,它是以太网上每台主机的唯一标识。该地址作为以太网通信地址(即数据链路层地址)被分配给每台主机的网络适配器(网卡),即以太网地址或称为网卡的物理地址、MAC地址。以太网地址长度为48位二进制编码,即6字节。其中,前3字节为厂商代码(IEEE分配给厂商),后3字节为网络适配器编号(厂商自行分配),如图4-6所示。通常表示为12个十六进制数,每两个十六进制数之间用冒号隔开,如08:00:20:0A:8C:6D。

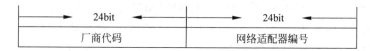

图4-6 MAC地址

IEEE负责为网络适配器生产商分配以太网地址块(MAC前3字节),各厂商为自己生产的网络适配器分配一个唯一的以太网地址。每块网络适配器出厂时,其以太网地址已被烧刻到网络适配器中,因此该地址也被称为烧录地址(burned-in-address,BIA)。

以太网帧由多个字段组成,主要包括前导码、帧开始码、目的地址、源地址、类型、数据、帧校验序列等字段,如图4-7所示。

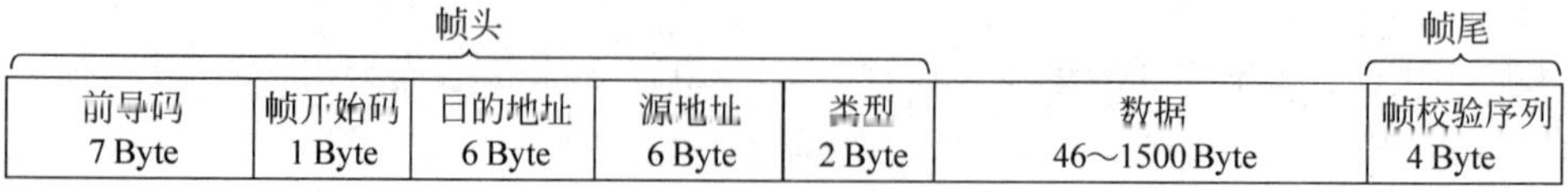

帧头						帧尾
前导码 7 Byte	帧开始码 1 Byte	目的地址 6 Byte	源地址 6 Byte	类型 2 Byte	数据 46~1500 Byte	帧校验序列 4 Byte

图4-7 以太网帧结构

- 前导码:占7字节,用于数据传输过程中的双方发送与接收的速率的同步。

- 帧开始符(SFD)：占 1 字节，表明下一个字节开始是真实数据(目的 MAC 地址)。
- 目的和源地址：各占 6 字节，分别指明帧的目的、源主机的 MAC 地址。
- 类型：占 2 字节，指明帧中数据的协议类型，比如常见的 IPv4 协议采用 0x0800。
- 数据：占 46～1500 字节，包含了上层协议传递下来的数据。原始以太网标准定义帧最小为 64 字节，最大为 1518 字节。如果加入数据字段后帧的长度不足 64 字节，会在数据字段加入"填充"至达到 64 字节。1998 年发布的 IEEE 802.3ac 标准将允许的最大帧扩展到 1522 字节。增加帧大小的是为了支持虚拟局域网(VLAN)技术。
- 帧校验序列(FCS)：占 4 字节，接收端依据该字段判断是否有传输错误（主要是检测数据字段）。如果发现错误，丢弃此帧。目前最为流行的用于 FCS 的算法是循环冗余校验(CRC)。

在数据链路层，所有速度的以太网帧结构几乎相同。然而，在物理层中不同以太网将各个位发到介质上的方法各有不同。

4.3.4 以太网交换技术

1. 概述

随着局域网覆盖区域的扩大以及网络通信技术的发展，在企业和单位的网络中以太网交换技术是网络发展中非常活跃的部分。随着以太网的发展，目前在城域网和广域网中也使用了以太网技术。因此，以太网交换技术在局域网中的地位越来越重要。

以太网交换技术是在传统共享式以太网的基础上发展而来，它是 OSI 参考模型中第二层(数据链路层)的技术。交换是指数据(帧)在通信子网中各节点间的数据传输过程，即数据(帧)的转发。使用交换技术的网络设备就是以太网交换机。

1) 交换技术原理

在数据通信中，所有的交换设备(即交换机)执行以下两个基本操作。
- 维护转发表。构造和维护转发表(MAC 地址表)。
- 交换数据帧。根据目的 MAC 地址和转发表转发数据帧，即将从输入介质上收到的数据帧转发至相应的输出介质。

交换机转发数据帧时，遵循以下规则：如果数据帧的目的 MAC 地址是广播地址或者组播地址，则向交换机所有端口转发(除数据帧的源端口)；如果数据帧的目的地址是单播地址，但是这个地址并不在交换机的地址表中，那么也会向所有端口转发(除数据帧的源端口)，这种行为被称为交换机的"泛洪"功能；如果数据帧的目的地址在交换机的地址表中，那么就根据地址表转发到相应的端口；如果数据帧的目的地址与数据帧的源地址都在转发表中，且对应同一个端口，即两个地址是同一个物理网段，它就会丢弃这个数据帧，交换也就不会发生，这种行为被称为交换机的"过滤"功能。

2) 交换的域

交换技术中比较容易混淆的两个术语是冲突域和广播域，它们是影响局域网性能的重要概念。

- 冲突域：一个网络范围。在这个范围内，同一时间只有一台设备能够发送数据，若有两台以上设备同时发送数据，即它们竞争访问相同的物理介质，就会发生数据冲突。工作在数据链路层的交换机可进行多端口对之间的数据转发，每个端口所连的网段都是一个冲突域,网段上的设备可以使用更多带宽。因此,交换机可隔离冲突域,并减少竞争带宽的设备数量。
- 广播域:一个网络范围。在这个网络范围内,任何一台设备发出的广播帧(广播帧指目的地址为 FFFF.FFFF.FFFF 的数据帧,它的目的是要让本地网络中的所有设备都能收到),区域内的其他所有设备都能接收到该广播帧,即广播帧从源端口之外的其他端口转发出去。默认情况下,通过交换机连接的网络是一个广播域。因此交换机不能隔离广播域。网络层设备如路由器,可隔离二层广播域。路由器可同时隔离冲突域和广播域。

局域网中的交换机接收到广播帧后,必须对所有端口泛洪。广播通信比较多时,可能会带来广播风暴。特别是在包含不同速率的网段,高速网段产生的广播流量可能导致低速网段严重拥挤,乃至崩溃。

3) 交换方式

按照交换机转发帧的模式,交换方式有以下三种。

(1) 存储转发方式:交换机在转发帧之前必须接收整帧数据,并检查其正确性;如无错误,再将该帧发往目的地址,从而保证其准确性。这种方式可以提供很好的数据转发质量,但是转发时延随帧长度的不同而变化。由于这方式不传播错误数据,因而更适合大型局域网。

(2) 直通交换方式:交换机在收到帧头后,只要查看到此帧的目的 MAC 地址,立即转发该帧,而无须等待帧全部的被接收,也不进行错误校验。这种方式的好处是速度快,转发所需时间短,但问题是可能把一些错误的、无用的帧也同时转发到目地端。

(3) 碎片隔离交换方式:也称为改进型直通式交换,将直接交换方式和存储转发方式结合起来,它在接收到前 64B 后,判断帧的长度(由帧头字段可知帧的长度)是否正确,如正确则转发。其原理是,每个以太网帧的长度为 64B~1518B,如果检查到小于 64B 或大于 1518B 的帧,它都会认为这些帧是"残缺帧"或"超长帧",那么也会在转发前丢弃掉。这种方式利用到直通交换的优势就是转发迟延小,同时会检查每个数据帧的长度,综合了两者的优势。很多高速交换机会采用,但是并没有存储转发方式普及广。

4) 多层交换

按照网络体系结构的分层模型,目前交换技术主要有二层交换、三层交换、四层交换、七层交换。

(1) 二层交换:以太网交换技术属于 OSI 参考模型的第二层(数据链路层)技术,即二层交换。普通的交换机就是实现二层交换功能的设备,一般称为二层网络交换设备,即二层交换机,主要实现根据 MAC 地址交换数据帧并维护转发表的操作,所接入的每个网络节点可独享带宽。它在操作过程中,需要不断收集信息去建立、维护自己转发表(MAC 地址表),需发布广播帧。使用二层交换的整个网络就是一个广播域。当网络规模增大的时候,网络广播严重,效率下降,不利管理。二层交换的弱点就是不能有效地解决广播风暴、异构网络互联和安全性控制等问题。它常用于企业园区网的接入层和小型局域网。

(2) 三层交换:在 OSI 网络参考模型的第三层(网络层)实现了分组的高速转发。三层交换技术就是"二层交换+三层路由转发"。实现三层交换功能的交换机,一般称为三层交换机,在保留二层交换机所有功能基础上,增加了对路由功能的支持,甚至可以提供防火墙等许多功能。虽然三层交换机能够实现对 IP 包的路由转发,但并不能完全取代路由器,因为它主要是为了实现处于两个不同子网的 VLAN 进行通信,而不是用于数据传输的复杂路径选择。

三层交换技术的出现,解决了局域网中网段划分之后网段中的子网必须依赖路由器进行管理的局面,解决了传统路由器低速、复杂所造成的网络瓶颈问题。它在网络分段、安全性、可管理性和抑制广播风暴等方面具有很大的优势。常用于企业园区网的汇聚层和核心层。

(3) 四层交换:在 OSI 参考模型的第四层(传输层)实现了端到端的智能应用交换。实现四层交换功能的交换机,一般称为四层交换机。它不仅基于 MAC 地址(二层交换)或 IP 地址(三层路由),同时也基于第四层(传输层)的端口地址来作为转发依据,可根据网络模型中的第四层(传输层)来区分数据包和控制流量,使用第四层信息包的报头信息,根据应用区间识别业务流,将整个区间段的业务流分配到合适的应用服务器进行处理。四层交换可以支持安全过滤,支持对网络应用数据流的服务质量管理策略 QoS 和应用层记账功能,优化了数据传输,被用于实现多台服务器负载均衡。

多层交换综合了第二层交换、第三层路由选择功能,并缓存了第四层的端口信息,多层交换通过专用集成电路(ASIC)提供了线速交换。

(4) 七层交换:随着多层交换技术的发展,人们还提出了七层交换的概念,即 OSI 网络参考模型的第七层(应用层),相应交换机被称为七层交换机。七层交换技术不仅仅依据 MAC 地址(第二层交换)、源/目标 IP 地址(第三层路由)以及 TCP/UDP 端口(第四层端口地址),而且可以根据内容(第七层应用层)进行智能交换,即对所有传输流和内容的控制。这样的处理更具有智能性,交换的不仅仅是端口,还包括了内容,能够根据实际的应用类型提供策略,因此,第七层交换机是真正的"应用交换机"。

5) 分层模型

在大型组织中,通常会看到由许多位置、设备、服务和协议组成的庞大而复杂的网络,管理这种复杂网络通常很困难。思科凭借其在网络设备方面以及管理自己网络的多年经验,定义了三层分层模型。该模型提供了一种构建网络的分层模块化方法,可以轻松实现网络的管理和扩展,使网络故障排除也更迅速。该模型将网络分为:接入层、汇聚层和核心层三个层次,如图 4-8 所示。每层具有特定的功能,这些功能界定了该层在整个网络中扮演的角色。

(1) 接入层:网络的边缘,负责将本地终端设备(如个人计算机、打印机等)连入网络。该层能够使用访问列表或者过滤器来提供对用户流量和安全的进一步控制。接入层通常使用二层交换机(常称为接入交换机或边缘交换机),主要实现共享带宽、交换带宽、MAC 层过滤等功能。用户所需的公共资源在此层可用,而对远程资源的访问请求则发送到汇聚层。

(2) 汇聚层:用来连接核心层和接入层,是二者的分界点,对网络的边界进行定义。该层实现了对数据包/帧的处理、地址或区域的汇聚、广播/组播域的定义、VLAN 之间的路由、协议之间的路由分配和安全策略的实施,包括防火墙,地址转换,数据包过滤等功能。因为汇聚层交换机是多台接入层交换机的汇聚点,它必须能够处理来自接入层设备的所有通信量,并提供到核心层的上行链路,因此汇聚层交换机与接入层交换机比较,需要更高的性能和交换速度以及更少的接口。汇聚层一般采用可管理的三层交换机或堆叠式交换机以达

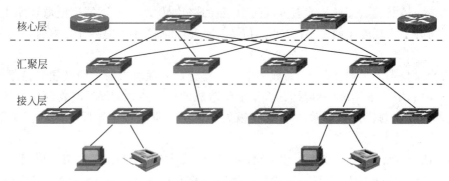

图 4-8 交换网络分层模型

到带宽和传输性能的要求。

（3）核心层：网络主干部分，是整个网络性能的保障。该层负责汇聚所有汇聚层设备发送的流量，也会包含一条或多条连接到企业边缘设备的链路，以接入互联网和广域网（WAN）。核心层是网际网络的高速主干，必须能够快速转发大量的数据，并具备高可用性和高冗余性。

核心层交换机的主要目的在于通过高速转发通信，提供快速、可靠的骨干传输结构，因此核心层交换机应该具有可靠性、高效性、冗余性、容错性、可管理性、适应性、低延时性等特性。因为核心层是网络的枢纽中心，重要性突出，因此核心层交换机应该采用拥有更高带宽、更高可靠性、更高性能和吞吐量的千兆甚至万兆以上可管理交换机。基于 IP 地址和协议进行交换的第三层交换机普遍应用于网络的核心层，也少量应用于汇聚层。部分第三层交换机也同时具有第四层交换功能，可以根据数据帧的协议端口信息进行目标端口判断。

2. 二层交换技术

二层交换技术从网桥发展而来，是多层交换技术的基础，它随着以太网技术的进步而得到飞速发展，其相关技术也得到了广泛的应用。如 VLAN、链路聚合等技术，在加强网络安全、优化网络可靠性和冗余性、链路组合、接入控制等方面起到了积极的作用，进而极大地推动了以太网技术的应用与发展。

1) VLAN 技术

VLAN（virtual local area network，虚拟局域网）是一种将局域网从逻辑上（不受物理位置的限制）按需要划分为若干个网段，在第二层上分割广播域，分隔开用户组，从而实现虚拟工作组的交换技术。一个 VLAN 就是一个广播域，可以隔离广播域。VLAN 技术的出现，使得管理员可根据实际应用需求，把同一物理局域网内的不同用户逻辑地划分成不同的广播域（VLAN），同一个 VLAN 内的各个终端不受物理位置的限制，即这些终端可以在不同物理 LAN 网段，如图 4-9 所示。每个 VLAN 都与物理上形成的局域网具有相同的属性，因此一个 VLAN 内部的广播和单播流量都不会转发到其他 VLAN 中，从而有助于控制流量、减少设备投资、简化网络管理、提高网络的安全性。

VLAN 是为解决以太网的广播问题和安全性问题而提出的一种方案，它在以太网帧的基础上增加了 VLAN 头，用 VLAN ID 标识划分的工作组，即每个 VLAN 对应一个工作组，以限制不同工作组的通信，每个工作组就是一个虚拟局域网（VLAN）。VLAN 是局域网提供给用户的一种服务，并不是一种新型局域网。它限制了广播范围，实现了对网络的动

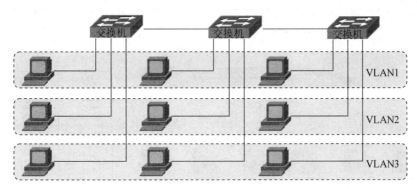

图 4-9　VLAN 示意图

态管理,进一步结合 IP 技术实现三层交换功能。VLAN 的应用将过去以路由器为广播域的边界扩展为以 VLAN 为广播域的边界。这一技术主要应用于交换机和路由器中,但主流应用是交换机,具有三层模块的交换机可以实现 VLAN 间的路由。

(1) VLAN 的划分方式。所有以太网帧在交换机内都是以 tagged frame(标签帧)的形式流动的,即某端口从本交换机其他端口收到的帧一定是 tagged(有标签的)的。某端口从对端设备收到帧,可能是 tagged 或 untagged(无标签的)的,如果收到的是 tagged frame,则进入转发过程;如果收到的是 untagged frame,则必须加上标签。给数据帧加上标签的方式,即 VLAN 的划分方式,主要有以下几种。

① 基于端口的 VLAN:明确指定各端口属于哪个 VLAN 的设定方法,即 VLAN 是端口的集合,如图 4-10 所示,网络管理员给交换机的每个端口配置默认 VLAN(port VLAN ID,PVID),如果收到的是 untagged 帧,则 VLAN ID 的取值为 PVID。这种方式是划分 VLAN 最简单也是最有效的方法,管理员只要管理和配置交换端口,而不管交换端口连接什么设备。缺点是当某用户终端从一个端口移动到另一个端口时,如果该用户不想改变工作组(即 VLAN),网络管理员必须对 VLAN 的成员进行重新配置。基于端口划分 VLAN 是目前最常应用一种方式,目前大多数支持 VLAN 协议的交换机都提供这种方式。

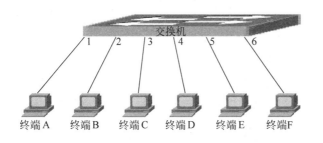

端口	VLAN ID
1	VLAN 10
2	VLAN 20
3	VLAN 10
4	VLAN 20
5	VLAN 10
6	VLAN 20

图 4-10　基于端口的 VLAN 划分

② 基于 MAC 地址的 VLAN:根据每个终端的 MAC 地址来划分,即对每个 MAC 地址的终端都配置它所属的分组(VLAN),如图 4-11 所示,网络管理员配置好 MAC 地址和 VLAN ID 的映射表,如果收到的是 untagged 帧,则依据该表添加 VLAN ID。这种划分 VLAN 方法的最大优点就是当用户终端物理位置移动时,VLAN 不用重新配置,所以,可以认为这种根据 MAC 地址的划分方法是基于用户的 VLAN。该方法的缺点是交换机初始状

态时,所有用户都必须进行配置,如果有几百个甚至上千个用户的话,配置是非常困难的。如果更换网卡,VLAN 就必须更改配置。

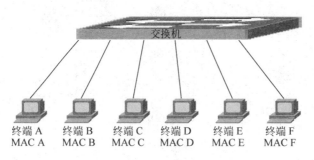

图 4-11　基于 MAC 地址的 VLAN 划分

③ 基于子网的 VLAN：根据终端所属的 IP 子网划分 VLAN,即对每个 IP 子网的主机都配置它所属的分组(VLAN),如图 4-12 所示,将根据收到报文中的 IP 地址信息,确定添加的 VLAN ID。虽然这种划分方法是根据 IP 地址,但它不是路由,与网络层的路由毫无关系。该方法的优点是用户终端的物理位置改变了,不需要重新配置所属的 VLAN,这使得网络管理和应用变得更加方便。

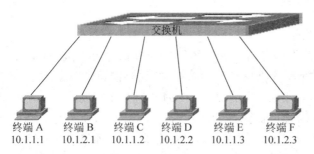

图 4-12　基于子网的 VLAN 划分

④ 基于协议的 VLAN：VLAN 按网络层协议来划分,可分为 IP、IPX、DECnet、AppleTalk 等 VLAN 网络。网络管理员配置好以太网帧中的协议域和 VLAN ID 的映射表,如果收到的是 Untagged 帧,则依据该表添加 VLAN ID。这种按网络层协议组成的 VLAN,可使广播域跨越多个 VLAN 交换机。该方法的优点是用户终端的物理位置改变了,不需要重新配置所属的 VLAN,这使得网络管理和应用变得更加方便；另外这种方法不需要附加的帧标签来识别 VLAN,这可以减少网络的通信量。该方法的缺点是效率低,因为检查每一个数据包的网络层协议是需要消耗处理时间的,一般的交换机芯片都可以自动检查网络上数据包的以太网帧头,但要让芯片能检查 IP 帧头,需要更高的技术,同时也更费时。

设备在同时支持多种 VLAN 划分方式时,其优先级为：基于 MAC 的 VLAN→基于子网的 VLAN→基于协议的 VLAN→基于的端口 VLAN。虽然基于端口的 VLAN 的优先级最低,但它却是最常用的 VLAN 划分方式。

(2) VLAN 相关术语。

① 默认 VLAN：交换机完成初始启动后,所有端口都加入默认 VLAN 中。一般默认 VLAN 是 VLAN1,它是自动创建的。VLAN1 具有基于 VLAN 的所有功能,但是不能重命

名和删除。默认 VLAN 具有一些特殊功能,如 Cisco 交换机的二层控制流量(如生成树协议流量)始终属于 VLAN1。

② 管理 VLAN:网络管理员在交换机上配置用于访问交换机管理功能的 VLAN 是管理 VLAN。在交换机上,可为管理 VLAN 分配 IP 地址和子网掩码;通过进一步配置,管理员就可以通过 HTTP、HTTPS、Telnet、SSH 和 SNMP 等管理交换机。一般管理 VLAN 是默认 VLAN,即 VLAN1。但 VLAN1 作为管理通常是不恰当的,网络管理员应根据网络建设情况,设计规划并创建管理 VLAN。

③ native VLAN:native VLAN 也称为本征 VLAN,是 IEEE 802.1q 所特有的,是分配给 IEEE 802.1q 中继端口,其作用是向下兼容传统 LAN 中无标记的流量,充当中继链路两端的公共标识。IEEE 802.1q 中继端口会将无标记的流量发送到 native VLAN,从而提高链路传输效率。它的工作原理是,当数据帧从 native VLAN 发出并通过 TRUNK 时,交换机不会做任何标记,当成一个普通的以太网帧。TRUNK 是端口聚合,用于实现不同交换机之间相同 VLAN 的互通。一般默认 native VLAN 为 VLAN1,而且只能有一个 native VLAN。在 Trunk 两端,交换机的 native VLAN 应该一致。在实际应用中,一般使用 VLAN1 以外不存在的 VLAN 作为 native VLAN,目的是避免 VLAN 跳跃攻击,提升网络安全性。VLAN 技术的出现,使得交换网中存在了带 VLAN 标签的以太网帧(tagged frame)和不带 VLAN 标签的以太网帧(untagged frame)。因此,相应地链路可分为接入链路和汇聚链路。

④ 接入链路(access link):连接用户主机和交换机的链路称为接入链路。接入链路上通过的帧为不带 tag 的以太网帧(untagged frame)。

⑤ 汇聚链路(trunk link):连接交换机和交换机的链路称为汇聚链路,也称为干道链路或干线链路。汇聚链路上通过的帧一般为带 tag 的 VLAN 帧(tagged frame),也允许通过不带 tag 的以太网帧(untagged frame)。

(3) VLAN 端口类型。基于对 VLAN 标签不同的处理方式,以太网交换机的端口按用途可分为接入(Access)端口和汇聚(Trunk)端口两种。

- Access 端口:通常用于连接计算机,以提供网络接入服务,它只能连接接入链路。在同一时刻,每个 Access 端口只能属于一个 VLAN(即接入端口的默认 VLAN),只允许属于这个 VLAN 的数据帧通过。Access 端口只接收以下三种帧:untagged (无标签)帧、VID 为 1(VLAN1)的 tagged 帧和 VID 为 Access 端口所属 VLAN 的帧。接收帧时,如果是 untagged frame,则给帧加上 tag 标记;发送帧时,将帧中的 tag 标记剥掉,即只发送 untagged 帧。默认所有端口都属于 VLAN1 且都是 Access 端口。

- Trunk 端口:Trunk 又称为干道链路或干线链路,由于汇聚链路承载了所有 VLAN 的通信流量,为了标识各数据帧属于哪一个 VLAN,需要对流经汇聚链路的数据帧打标(tag)封装,以附加上 VLAN 信息,这样交换机就可通过 VLAN 标识,将数据帧转发到对应的 VLAN 中。Trunk 端口一般用于交换机之间的连接。每个 Trunk 端口可允许多个 VLAN 通过,可指定其中一个是默认 VLAN。Trunk 端口在接收帧时,如果是 untagged frame,则加上该端口的默认 VLAN ID;如果是 tagged frame,则判断该端口是否允许该 VLAN 帧进入,如允许则进行下一步处理,否则丢弃该帧。在发送帧时，如果帧的 VLAN ID 跟该端口的默认 VLAN ID 相同，则先剥离 VLAN 再发送；如果不同，则直接发送。Trunk 端口的 PVID 只能属于一个 VLAN 且可修改，与所属 VLAN 无关，缺省值为 1。

（4）VLAN 协议标准。VLAN 技术目前有两种标准：ISL(inter-switch link)和 IEEE 802.1Q。前者是 Cisco 公司的私有技术，后者则是 IEEE 的国际标准，两种协议互不兼容。现在默认使用的是 IEEE 802.1Q，然而在一些旧的 Cisco 交换机中，默认使用的是 ISL。ISL 是一个在交换机之间、交换机与路由器之间及交换机与服务器之间传递多个 VLAN 信息及 VLAN 数据流的协议，通过配置 ISL 封装即可跨越交换机进行整个网络的 VLAN 分配和配置。

在不同厂商设备混用的情况下，一定要使用 IEEE 802.1Q。但是在此之前，由 Cisco 公司提倡使用的 IEEE 802.10，曾经在全球范围内作为 VLAN 安全性的统一规范。Cisco 公司试图采用优化后的 802.10 帧格式在网络上传输 framtagging 模式中所必需的 VLAN 标签。然而，由于该协议是基于 frametagging 方式的，大多数 IEEE 802 委员会的成员都反对推广 IEEE 802.10。1996 年 3 月，IEEE 802.1 Internetworking 委员会结束了对 VLAN 初期标准的修订工作。新出台的标准进一步完善了 VLAN 的体系结构，统一了 frametagging 方式中不同厂商的标签格式，并制定了 VLAN 标准在未来一段时间内的发展方向，形成的 802.1Q 的标准在业界获得了广泛的推广。它成为 VLAN 史上的一块里程碑。802.1Q 的出现打破了虚拟网依赖于单一厂商的僵局，从一个侧面推动了 VLAN 的迅速发展。

为支持虚拟局域网，IEEE 802.1Q 标准扩展了以太网帧的格式。VLAN 协议的以太网帧是在原以太网帧的基础上插入一个 4B(32b)的标识符，称为 VLAN 标记(tag)，用来指明发送该帧的节点属于哪一个 VLAN，因此以太网帧的最大长度由原来的 1518B 增至 1522B。VLAN 标记字段插入在以太网 MAC 帧的源地址字段和类型之间，如图 4-13 所示。

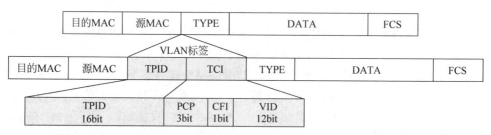

图 4-13　VLAN 以太网帧结构

① 前两个字节：TPID(标记协议标识符)，和原来的类型字段的作用一样，但它的值总是设为 0x8100，表明是 802.1Q 数据帧，称为 802.1Q 标记类型，这是用来区别未标签的帧。如果收到帧的设备不支持 IEEE 802.1Q，则将其丢弃。

② 后两个字节：TCI(标记控制信息)，由以下三个字段组成。

- PCP：占 3b，优先级字段，表示以太网帧的优先级(作为 IEEE 802.1P 优先权的参考)，取值范围是 0～7，数值越大，优先级越高。当交换机/路由器发生传输拥塞时，优先发送优先级高的数据帧。
- CFI：占 1b，规范格式标识符字段，表示 MAC 地址是否是经典格式。值为 0 时表示为经典格式，值为 1 时表示为非经典格式。该字段用于区分以太网帧、FDDI 帧和令牌环网帧,在以太网帧中,CFI 取值为 0。
- VID：占 12b,VLAN 标识符字段,取值范围是 0～4095,其中 0 和 4095 是保留值,不能给用户使用。值为 0 时,表示帧不属于任何一个 VLAN。此时 802.1Q 标签(VLAN 标签)代表优先权；值为 4095 作为预留值。

2）链路聚合

链路聚合(link aggregation)又称 Trunk 或端口聚合(以太通道),是指将多个物理端口捆绑在一起,形成一个逻辑端口,以实现出/入流量吞吐量在各成员端口的负荷分担,交换机根据用户配置的端口负荷分担策略决定网络封包从哪个成员端口发送到对端的交换机。当交换机检测到其中一个成员端口的链路发生故障时,就停止在此端口上发送数据,并根据负荷分担策略在剩下的链路中重新计算报文的发送端口,故障端口恢复后再次担任收发端口。链路聚合是一种封装技术,是一条点到点的链路,链路的两端可以都是交换机,也可以是交换机和路由器,还可以是主机和交换机或路由器。基于端口聚合(Trunk)功能,允许设备之间通过两个或多个端口并行连接同时传输,以提供更高带宽、更大吞吐量,大幅度提高整个网络性能。链路聚合在增加链路带宽、实现链路传输弹性和工程冗余等方面是一项很重要的技术。

3）堆叠技术

堆叠技术是在以太网交换机的扩展端口使用较多的一类技术,是一种非标准化技术。各个厂商之间不支持混合堆叠,堆叠模式为各厂商制定。交换机堆叠是通过厂家提供的一条专用连接电缆,从一台交换机的 UP 堆叠端口直接连接到另一台交换机的 DOWN 堆叠端口,以实现单台交换机端口数的扩充。当多个交换机通过堆叠连接在一起时,其作用就像一个模块化交换机,堆叠在一起的交换机可以当作一个单元设备来进行管理,即堆叠中所有的交换机从拓扑结构上可视为一个交换机。因此堆叠技术的最大的优点就是提供简化的本地管理,将一组交换机作为一个对象来管理。流行的堆叠模式主要有两种：菊花链式模式和星状模式。

菊花链式堆叠模式是一种基于级连结构的堆叠技术,对交换机硬件上没有特殊的要求。它利用专用的堆叠电缆,将多台交换机以环路方式串接起来,组建成一个交换机堆叠组,如图 4-14 所示。菊花链式堆叠模式中的冗余电缆只是冗余备份作用,也可以不连接。这种方式通过相对高速的端口串接和软件的支持,最终实现构建一个多交换机的层叠结构；通过环路,可以在一定程度上实现冗余。采用菊花链式堆叠模式,从主交换机到最后一台从交换机之间,数据包要历经

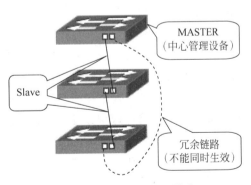

图 4-14　菊花链式堆叠模式

中间所有交换机,传输效率较低,因此堆叠层数不宜太多。菊花链式堆叠模式虽然保证了每个交换机端口的带宽,但是并没有使多交换机之间数据的转发效率得到提升,而且堆叠电缆往往距离较短,适用于高密度端口需求的单节点机构,可以使用在网络的边缘,如有大量计算机的机房。

星状堆叠模式是一种高级堆叠技术,对交换机而言,需要提供一个独立的或者集成的高

速交换中心(堆叠中心),要有足够的背板带宽,并且有多个堆叠模块,所有的堆叠主机通过专用的(也可以是通用的高速端口)高速堆叠端口上行到统一的堆叠中心,如图 4-15 所示。与菊花链式结构相比,它可以显著地提高堆叠成员之间数据的转发速率。同时,提供统一的管理模式,一组堆叠的若干台交换机可以视为一台交换机进行管理,只需赋予 1 个 IP 地址,就可通过该 IP 地址对所有的交换机进行管理,即一组交换机在网络管理中,可以作为单一的节点出现,从而大大减少了管理的难度。星型堆叠模式适用于要求高效率高密度端口的单节点局域网,但需要提供高带宽 Matrix,成本较高,而且 Matrix 接口一般不具有通用性,无论是堆叠中心还是成员交换机的堆叠端口都不能用来连接其他网络设备。由于涉及专用总线技术,电缆长度一般不能超过 2m,所以,星型堆叠模式下,所有的交换机需要局限在一个机架之内。星型堆叠模式是提供单节点端口扩展的简单管理模式,而通过集群管理实现的分布式堆叠将是下一代堆叠的主要方式。

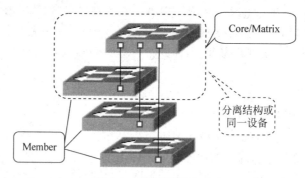

图 4-15　星型堆叠模式

　　交换机的堆叠是扩展端口最快捷、最便利的方式,同时堆叠后的带宽是单一交换机端口速率的几十倍。但是,并不是所有的交换机都支持堆叠的,这取决于交换机的品牌、型号是否支持堆叠;并且还需要使用专门的堆叠电缆和堆叠模块;而且要注意同一叠堆中的交换机必须是同一品牌。

3. 三层交换技术

　　三层交换技术是"二层交换技术＋三层路由转发技术",它解决了局域网中网段划分之后,网段中子网必须依赖路由器进行管理的局面,解决了传统路由器低速、复杂所造成的网络瓶颈问题。三层交换是在网络交换机中引入路由模块而取代传统路由器实现交换与路由相结合的网络技术,但并不是简单地把路由器设备的硬件及软件叠加在二层交换机上。三层交换是通过硬件的有机结合使得数据交换加速,优化的路由软件使得路由过程效率提高,除必要的路由决定外,大部分数据转发过程由二层交换处理。具有三层交换功能的设备是一个带有第三层路由功能的第二层交换机,是两者的有机结合。因此,三层交换除具有二层交换的全部功能和技术外,还需相关技术以支持三层功能,如路由、DHCP、VRRP、ACL、组播等技术。

1) 路由技术

　　三层交换中每个 VLAN 对应一个 IP 网段,在二层上 VLAN 之间是隔离的。不同 IP 网段之间的访问要跨越 VLAN,则使用三层转发引擎提供的 VLAN 间路由功能。在使用二层交换机和路由器的组网中,每个需要与其他 IP 网段通信的 IP 网段都需要使用一个路由器接口作为网关。而第三层转发引擎就相当于传统组网中的路由器,当需要与其他VLAN通信时也要在三层交换引擎上分配一个路由接口,用来做VLAN的网关;利用该路由接口实现子网间的路由转发。由此可见三层交换配置简单,只要设置VLAN和路由接口,就可实现数据流自动限定在子网内。

三层交换机不仅配置简单,而且路由速度快,因为它利用了专用的ASIC芯片实现硬件的转发。三层交换中采用的ASIC技术可使整个系统的转发性能成千倍地增加,远远高于传统路由器的性能,使它们非常适合于千兆网络这样的带宽密集型基础架构。

三层交换机可采用直连路由、静态路由和动态路由(如RIP、OSPF、IS-IS、BGP)等多种路由方式来实现子网间的路由。

2) DHCP技术

DHCP(dynamic host configuration protocol,动态主机配置协议)通常被应用在大型的局域网络环境中,主要作用是集中管理、分配IP地址,使网络环境中的主机动态的获得IP地址等相关配置信息,能够提升地址的使用率。

DHCP协议采用客户端/服务器模型。当DHCP服务器接收到来自网络主机申请地址的请求时,会向网络主机发送相关的地址配置等信息,以实现网络主机地址信息的动态配置。DHCP客户端以广播方式发送请求,因此只能与同一个子网内的DHCP服务器通信。当DHCP客户端与服务器不在同一个子网上,就必须有DHCP中继代理来转发DHCP请求和应答消息。DHCP中继代理接收到DHCP消息后,重新生成一个DHCP消息,然后转发出去,即DHCP中继代理就是在DHCP服务器和客户端之间转发DHCP数据包。在DHCP客户端看来,DHCP中继代理就像DHCP服务器;在DHCP服务器看来,DHCP中继代理就像DHCP客户端。

三层交换机或路由器既可以作为DHCP服务器,也可作为DHCP中继转发DHCP信息,但两种功能一般不能同时使用。

3) VRRP技术

局域网内的所有主机都会设置默认网关(默认路由),以明确路由数据包的下一跳,从而实现内网与外网的通信。当这个默认网关不能正常工作时,本网段内所有该网关的通信全部中断,即该网段中的所有设备不能与其他网络通信。通过采用VRRP技术就可以避免这种由默认网关引起的单点故障。

VRRP(virtual router redundancy protocol,虚拟路由冗余协议)是由IETF(the Internet Engineering Task Force,国际互联网工程任务组)提出的解决局域网中配置静态网关出现单点失效现象的路由协议,1998年已推出正式的RFC2338协议标准。VRRP将在同一个网段中的多个三层交换机端口/路由器编为一组,形成一个虚拟路由器,并为其分配一个IP地址,作为虚拟路由器的接口地址,该地址就是默认网关地址。当主控路由器发生故障时,将在备用路由器中选择优先级最高的路由器接替它的工作。同时还可以利用VRRP来实现线路的负载均衡。VRRP被广泛应用在边缘网络。

4) ACL技术

ACL(access control list,访问控制列表)是一种基于包过滤的访问控制技术,它可以根据设定的规则对接口上的数据包进行过滤,允许其通过或丢弃。访问控制列表被广泛地应用于路由器和三层交换机,借助于访问控制列表,可以有效地控制用户对网络的访问,从而最大限度地保障网络安全。

ACL 应用在路由器/三层交换机接口的指令列表，可包含多个规则。路由器/三层交换机通过这些规则对数据包进行分类过滤，由类似于源地址、目的地址、端口号等的特定指示条件来决定与规则相匹配的数据包是被接收还是拒绝。访问控制规则（ACE）是根据以太网报文的某些字段进行分类的，如二层的源/目的 MAC 地址字段、三层的源/目的 IP 地址字段、四层的 TCP/UDP 的源/目的端口地址字段等。

使用 ACL 可实现数据报文的过滤、策略路由以及特殊流量的控制。例如，ACL 可以根据数据包的协议，指定这种类型的数据包具有更高的优先级，同等情况下可预先被网络设备处理；ACL 可以限定或简化路由更新信息的长度，从而限制通过路由器某一网段的通信流量；在三层交换机/路由器端口处决定哪种类型的通信流量被转发或被阻塞等。访问控制列表从概念上来讲并不复杂，但对它的配置和使用是比较复杂的，许多初学者在使用访问控制列表时容易出现错误。

5) 组播技术

传统网络通信有两种方式：单播和广播。单播是在源主机与目的主机之间点对点的通信；广播是源主机与同一网段中所有其他主机之间点对多点的通信。如果要将信息发送给多个主机而非所有主机，若采用广播方式实现，不仅会将信息发送给不需要的主机而浪费带宽，也不能实现跨网段发送；若采用单播方式实现，重复的 IP 包不仅会占用大量带宽，也会增加源主机的负载。

组播是指一台主机发送的数据通过网络路由器和交换机复制到多个加入此组播的主机，是一种点对多点的通信方式。其基本思想是：源主机（即组播源）只发送一份数据，其目的地址为组播组地址；组播组中的所有接收者都可收到同样的复制数据，并且只有组播组内的主机可以接收该数据，而其他主机则不能收到。组播技术有效地解决了单点发送、多点接收的问题，实现了点到多点的高效数据传送，能够大量节约网络带宽、降低网络负载。作为一种与单播和广播并列的通信方式，组播的意义不仅在于此。更重要的是，可以利用网络的组播特性方便地提供一些新的增值业务，包括在线直播、网络电视、远程教育、远程医疗、网络电台、实时视频会议等互联网的信息服务领域。

组播目的地址是组地址——D 类地址（224.0.0.0～239.255.255.255），用于标识组播组。其中 224.0.0.1 表示子网中的所有组播的组播组，224.0.0.2 表示子网中的所有路由器。

将组播地址映射为以太网 MAC 地址是由数据链路层完成。IANA 将 MAC 地址范围 01:00:5E:00:00:00～01:00:5E:7F:FF:FF 分配给组播使用。具体的映射方法是将组播地址中的低 23 位放入 MAC 地址的低 23 位，如图 4-16 所示。由于 IP 组播地址的后 28 位中只有 23 位映射到组播 MAC 地址，有 5 个位未映射，这样会有 32 个 IP 组播地址映射到同一组播 MAC 地址上，即映射并不具有唯一性。

组播协议包括因特网组管理协议（IGMP）和组播路由协议。IGMP 是主机-路由器之间的协议，用于管理组播成员（主机）的加入和离开。组播路由协议是路由器-路由器之间协议，负责在路由器之间交互信息来建立组播树。组播路由协议又分为域内组播路由协议和域间组播路由协议。域内组播路由协议包括 PIM-SM、PIM-DM、DVMRP 等协议，域间组播路由协议包括 MBGP、MSDP 等协议。同时为了有效抑制组播数据在二层网络中的扩散，引入了 IGMP snooping 等二层组播协议。

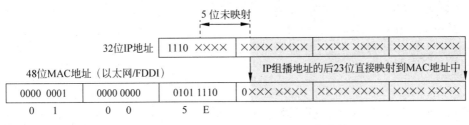

图 4-16　组播地址到组播 MAC 地址的映射

4.3.5　常见局域网

1. 传统以太网

目前局域网最常见的组网技术是以太网技术，数据传输速率已发展到 100Mb/s、1000Mb/s、10Gb/s。早期以太网的传输速率为 10Mb/s，被称为传统以太网。它采用总线型拓扑结构和广播式的传输方式，介质访问控制方法 CSMA（后期是 CSMA/CD），传输介质使用铜缆（粗缆、细缆）、双绞线或光缆，连接设备使用工作在物理层的中继器、连接器、收发器、集线器等，逻辑上是一个总线网络，最大传输速率为 10Mb/s。传统以太网存在多种组网方式，曾经广泛使用的规范有 10Base-5（标准以太网）、10Base-2（便宜以太网）、10Base-T（双绞线以太网）和 10Base-F（光纤以太网）等。

在传统以太网中，10Base-T 以太网是现代以太网技术发展的里程碑。它完全取代了 10Base-2 及 10Base-5 使用同轴电缆的总线型以太网，是快速以太网、千兆位以太网等组网技术的基础。

2. 高速以太网

通常把数据传输速率达到或超过 100Mb/s 及以上的以太网称为高速以太网，它为用户提供高网络带宽。

这个时期以太网的一个最大发展是交换机的出现并取代了集线器，大大增强了局域网的性能，推动了高速以太网的发展。交换机可以隔离每个端口，只将帧发送到正确的目的地而不是每台设备，有效地控制了数据流向。交换机减少了接收每个帧的设备数量，降低冲突。交换机及全双工通信的出现，促进了 1000Mb/s 及更高速以太网的发展。

1）高速以太网

数据传输率为 100Mb/s 的以太网称为高速以太网，标准为 IEEE 802.3u。它是由 10Base-T 发展而来，保留其所有特征，即相同的帧格式、相同的介质访问控制方法（CSMA/CD）和相同的组网方法、相同的错误检测机制等，不同之处是把每个比特发送时间由 100ns 降低到 10ns。由于使用了交换式集线器，可以在全双工方式下工作而无冲突产生，因此 CSMA/CD 协议对在全双工方式下工作的快速以太网是不起作用的（但在半双工方式下必须使用 CSMA/CD 协议）。快速以太网可支持多种传输介质，其规范主要有 100Base-T4、100Base-TX 与 100Base-FX 等。

2）千兆以太网

千兆以太网也称为吉比特以太网，是近些年发展起来的新的高速局域网，能提高有效核心网络性能，非常适合企业级的应用。千兆以太网允许在 1Gb/s 全双工和半双工（使用

CSMA/CD 协议)两种方式下工作,使用与传统以太网(IEEE 802.3 标准)相同的帧格式,与 10Base-T 和 100Base-T 技术向下兼容,可以从原有以太网平滑过渡到千兆以太网。千兆位以太网也可支持多种传输介质,目前千兆以太网规范主要有 1000Base-CX、1000Base-LX、1000Base-SX 和 1000Base-T 等。

3) 万兆以太网

万兆以太网也称为 10Gb/s 以太网。为了便于升级,它采用的帧格式与传统以太网、快速以太网和千兆以太网相同,保留了 IEEE 802.3 标准的以太网最小和最大帧长。但万兆以太网技术同以前的以太网标准相比还是有了很多不同之处。万兆以太网的传输介质主要使用光纤,传送距离可延伸到 10~40km;可提供广域网接口,可直接在 SDH(Synchronous Digital Hierarchy,同步数字体系)网络上传送,这也意味着以太网技术将可以提供端到端的全程连接;MAC 子层只能以全双工方式工作,不再使用 CSMA/CD 的机制,只支持点对点全双工的数据传送;采用 64/66B 的线路编码,不再使用以前的 8/10B 编码。

万兆以太网标准和规范都比较繁多,在标准方面,有 2002 年的 IEEE 802.3ae,2004 年的 IEEE 802.3ak,2006 年的 IEEE 802.3an、IEEE 802.3aq,2007 年的 IEEE 802.3ap 等。在规范方面,总共有 10 多个,可以分为三类:一是基于光纤的局域网万兆以太网规范;二是基于双绞线(或铜线)的局域网万兆以太网规范;三是基于光纤的广域网万兆以太网规范。

3. 无线局域网

1) 概述

无线局域网(wireless local area network,WLAN)是计算机网络与无线通信技术相结合的产物。无线局域网就是在计算机设备之间采用无线传输介质连接并进行通信,具有线局域网的所有功能。简单地说,采用无线传输介质的计算机局域网都可称为无线局域网。它的本质特点是不再使用通信电缆将计算机与网络连接起来,而是通过无线的方式连接,从而使网络的构建和终端的移动更加灵活高效。无线局域网的广泛应用为我们的工作、生活和学习等各方面都带来很大的便利,不仅能够快速传输人们所需要的信息,还能让人们的联系、办公、购物等更加快捷方便。

2) 无线局域网的协议标准

第一代无线局域网标准——IEEE 802.11,于 1997 年由 IEEE(电气电子工程师协会)推出。该标准定义了物理层和介质访问控制(MAC)子层的协议标准,速度只有 1~2Mb/s。为了支持更高的数据传输速度,IEEE 802.11 标准相继推出了多样的物理层标准,主要包括 IEEE 802.11b、IEEE 802.11a、IEEE 802.11g 和 IEEE 802.11n。

3) 无线局域网的硬件设备

无线局域网的硬件设备主要包括无线网卡、无线访问接入点、无线路由器和天线。

(1) 无线网卡。无线网卡的作用与有线网卡类似,它作为无线局域网的接口,能够实现无线局域网各客户机间的连接与通信。

(2) 无线访问接入点。无线访问接入点(access point,AP)相当于局域网中的集线器,因此也称为无线 Hub,它是在无线局域网环境中进行数据发送和接收的集中设备。通常一个 AP 可连接多个无线用户,覆盖范围为几十米至几百米。通过标准的以太网电缆,可将 AP 与传统有线网络相连,从而实现作为无线网络和有线网络的连接与通信。AP 还具有一定的安全功能,可对无线客户端及通过无线网络传输的数据进行验证和加密。

（3）无线路由器。无线路由器实际是 AP 与路由器的结合，即带有无线接入功能的路由器，因此它的主要作用是用户上网和无线接入。

（4）天线。天线的功能是将信号源发送的信号传送至远处。无线网络设备如无线网卡、无线路由器等一般都自带天线，当然也有单独的天线。因为无线设备本身的天线覆盖范围有限制，当超出范围时，就要通过外接天线来增强无线信号，达到延伸传输距离、扩大覆盖范围的目的。天线一般有定向性和全向性之分，前者较适合于长距离使用，而后者则较适合区域性的使用。

4）无线局域网的拓扑结构

目前无线局域网采用的拓扑结构主要有以下两种。

（1）无中心拓扑结构。无中心拓扑结构的网络也称为对等（peer to peer）网络或 Ad-hoc 网络，是一个全连通结构，任意两个无线站点之间均可直接进行通信，如图 4-17 所示。它覆盖的服务区称独立基本服务区。采用这种拓扑结构的网络一般使用公用广播信道，各站点都可竞争公用信道，而信道访问控制（MAC）协议大多采用 CSMA。该网络的特点是网络抗毁性好、建网容易、费用较低，适用于个人用户站点之间互联通信，但只能独立使用，无法连入有线网络中。

图 4-17　无中心拓扑结构

（2）有中心拓扑结构。有中心（Hub-based）拓扑结构的网络也称为结构化网络。这种网络中要求有一个无线接入点 AP 作为中心站，负责集中控制一组无线设备的接入。无线客户端要使用无线网，必须向 AP 申请成员资格，客户端必须具备匹配的 SSID（service set identifier，服务集标识）、兼容的 WLAN 标准、相应的身份验证凭证等才被允许加入。其优点是网络中站点布局受环境的限制较小，但因采用中心站，增加了网络成本且抗毁性较差。

该网络主要由无线访问点 AP、无线工作站 STA 以及分布式系统 DSS（连接多个 BSS 的网络构件）构成，覆盖的区域分基本服务集（basic service set，BSS）和扩展服务集（extended service set，ESS）。一个基本服务集 BSS 包含一个或若干个无线工作站，其中的接入点 AP 可称为基站。若 AP 没有连接有线网络，则可将该 BSS 称为独立基本服务集（independent basic service set，IBSS）；若 AP 连接到有线网络，则称为基础结构 BSS，如图 4-18 所示。一个 BSS 中所有无线工作站都可以直接通信，但在和该 BSS 以外的站通信时都要通过该 BSS 的 AP（基站），AP 的作用相当于网桥。基础结构 BSS 虽然可以实现有线和无线网络的连接，但无线客户端的移动性将被限制在其对应 AP 的信号覆盖范围内。扩展服务集 ESS 通过有线网络将多个 AP 连接起来，不同 AP 可以使用不同的信道，如图 4-17 所示。无线客户端使用同一个 SSID 在 ESS 所覆盖的区域内进行实体移动时，将自动连接到干扰最小、连接效果最好的 AP。

5）无线局域网的组网模式

根据无线局域网的网络结构和应用场合，其组网模式主要有以下四种。

（1）Ad-hoc 模式。Ad-hoc 模式也称为对等模式（peer to peer mode），该模式下所有的基站都能相互通信、地位平等，不需要单独具有总控接转功能的接入设备 AP，如图 4-19 所示。

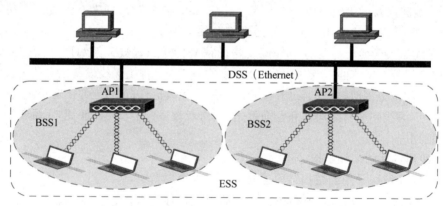

图 4-18 有中心拓扑结构

(2) 接入点模式。接入点模式(AP mode)是 AP 的基本工作模式,以星型拓扑为基础,构建以无线 AP 为中心的集中控制式网络,所有通信都通过 AP 来转发,类似于有线网络中的集线器的功能,如图 4-20 所示。在这种模式中,所有的基站通信都要通过 AP 控制和接转,相当于以无线链路作为原有的基干网或其一部分,相应地在 MAC 帧中,同时有源地址、目的地址和接入点地址,AP 方式是无线局域网最主要的组网模式。

图 4-19 对等模式　　　　　图 4-20 接入点模式

(3) 无线桥接模式。无线桥接模式是在接入点模式的基础之上,以两个无线网桥(AP)点对点(point to point)连接,如图 4-21 所示。由于独享信道,比较适合两个或多个局域网的远距离互连。架设高增益定向天线后,传输距离可达到 50km。需要注意的是,两个无线 AP 必须设置相同的工作频段,否则可能无法进行连接。

(4) 中继模式。无线中继模式可以使用多个无线网桥实现信号的中继和放大,从而延伸无线网络的覆盖范围,如图 4-22 所示。

6) 无线局域网的安全机制

由于无线局域网是以电磁波为载体在空中传输数据,在信号覆盖区域内的几乎任何人都可能窃听或干扰信息,因此无线局域网的安全问题严重影响它的健康发展。目前常见的无线网络安全措施主要有以下几种。

(1) 基于服务集标识(SSID)的网络访问控制。通俗地说,SSID 就是无线网络的名称,用于区分不同的无线网络。无线工作站提供正确的 SSID 的工作站才可以访问 AP,因此可

图 4-21 无线桥接模式　　　　　　　　图 4-22 中继模式

以认为 SSID 是一个简单的口令,从而提供一定的安全性。但如果配置 AP 向外广播其 SSID,那么安全程度将下降。

(2) 过滤 MAC 地址。由于每个无线网卡都有唯一的物理地址,因此可以在 AP 中手工维护一组允许访问的 MAC 地址列表,实现物理地址过滤。这个方案要求 AP 中的 MAC 地址列表必须随时更新,可扩展性差;而且 MAC 地址在理论上可以伪造,因此这也是较低级别的授权认证。这种方式只适合于小型网络规模。

(3) 有线等效保密协议(WEP)。有线等效保密协议(wired equivalent privacy,WEP)是对在两台设备间无线传输的数据进行加密的方式,提供与有线局域网等价的保密机制,用以防止非法用户窃听或入侵无线网络。WEP 采用 RC4 串流加密技术,密钥长 40 位,并使用 CRC32 校验和达到资料正确性。用户加密钥匙必须与 AP 的钥匙相同,并且一个服务区内的所有用户共享同一把钥匙。WEP2 采用 128 位加密秘钥,从而提供更高的安全性。

(4) 端口访问控制技术(802.1x)。该技术是用于无线局域网的一种增强性网络安全解决方案。当无线工作站 STA 与无线访问点 AP 关联后,是否可以使用 AP 的服务要取决于 802.1x 的认证结果。如果认证通过,则 AP 为 STA 打开这个逻辑端口,否则不允许用户上网。802.1x 要求无线工作站安装 802.1x 客户端软件,无线访问点要内嵌 802.1x 认证代理,同时它还作为 Radius 客户端,将用户的认证信息转发给 Radius 服务器。802.1x 除提供端口访问控制能力之外,还提供基于用户的认证系统及计费,特别适合于公共无线接入解决方案。

4.4　广域网技术

4.4.1　广域网技术概述

广域网(WAN)是一种连接不同地区局域网或城域网的跨地区的数据通信网络,通常可以覆盖一个城市、一个省、一个国家,也称为远程网。从网络技术的角度描述,广域网是由一些节点交换机、路由器、调制解调器以及连接这些设备的链路组成。节点交换机在单个网络执行分组的存储转发功能。路由器在多个网络节点之间存储转发分组,节点之间都是点到点连接,一个节点交换机通常和若干个节点交换机相连。连接在一个广域网(或一个局域网)的主机在该网内进行通信时,只需使用其网络物理地址。

广域网技术主要位于 OSI 参考模型的物理层、数据链路层和网络层。广域网中的最高层是网络层,网络层服务的具体实现是数据报(无连接的网络服务)和虚电路(面向连接的服务)的服务。

广域网中联网设备(如计算机)通常使用电信等运营商(ISP)提供的设备作为信息传输平台,例如,通过公用网(如电话网)连接到广域网,也可以通过专线或卫星连接。国际互联网是目前最大的广域网。

常见的广域网协议有PPP、HDLC、frame-relay等。

4.4.2 PPP协议

点到点协议(point to point protocol,PPP)是用于在直接连接的两个节点之间的链路上,传输数据包(帧)的数据链路层协议。这种链路提供全双工操作,并按照顺序传递数据包。设计目的主要是用来通过拨号或专线方式建立点对点连接发送数据,使其成为各种主机、网桥和路由器之间简单连接的一种共同的解决方案。

PPP协议是IETF(The Internet Engineering Task Force,国际互联网工程任务组)于1992年制定,经过修订后成为因特网的正式标准(RFC1661)。

PPP协议具有的主要功能如下。

① 封装上层数据成帧,其中加入帧界定符。

② 具有动态分配IP地址的能力,允许在连接时刻协商IP地址。

③ 支持多种网络协议,如TCP/IP、NetBEUI、NWLINK等。

④ 具有错误检测能力,但不能纠错。

⑤ 无重传机制,网络开销小,速度快。

⑥ 具有身份验证功能。

⑦ 可用于多种类型的物理介质上,包括串口线、电话线、移动电话和光纤等,PPP也用于Internet接入。

PPP协议常用于广域网连接,可用于各种物理介质(双绞线、光缆、卫星传输)和虚拟连接。用户电话拨号上网时,一般采用PPP协议,使用ADSL上网也多采用基于PPP的PPPoE协议(以太网上的PPP)。

PPP协议主要有将IP数据报封装到串行链路的方法、链路控制协议(link control protocol,LCP)、网络控制协议(network control protocol,NCP)和认证协议四部分组成。

(1) 将IP数据报封装到串行链路的方法。IP数据报在PPP帧中就是数据部分,长度受最大传送单元MTU的限制。PPP协议支持异步链路(面向字节)和同步链路(面向位)。PPP协议的帧格式如图4-23所示。

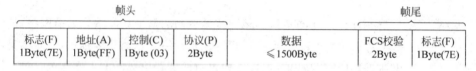

图4-23 PPP协议的帧格式

① 标志(F):PPP协议的帧的开始和结束各有一个标志(F)字段,各占1字节,规定为0x7E,表示一个帧的开始和结束,是PPP协议的帧的定界符。

② 地址(A):占1字节,规定为0xFF。

③ 控制(C)：占1字节，规定为0x03。

④ 协议(P)：占2字节，表示上一层协议(即协议字段不同，后面数据字段表示的数据类型不同)。如0x0021H表示数据字段是IP数据报，0x8021H表示数据字段是网络控制数据NCP，0xC021H表示数据字段是链路控制数据LCP，0xC023表示数据字段是安全性认证PAP，0xC025表示数据字段是链路质量报告LQR，0xC223表示数据字段是安全性认证CHAP。

⑤ 数据：该字段长度可变，要求长度不超过1500字节。若数据字段中出现7EH，则转换为(7DH,5EH)两个字符；当数据字段出现7DH时，则转换为(7DH,5DH)。当数据流中出现ASCII码的控制字符(即小于20H)，则在该字符前加入一个7DH字符。

⑥ FCS校验：占2字节，使用CRC的帧校验序列，用于对数据字段的校验。

(2) 链路控制协议LCP(link control protocol)。用来建立、配置、测试、管理数据链路。

(3) 网络控制协议NCP(network control protocol)。PPP可以同时支持多种网络层协议，其中每一个协议支持不同的网络层协议，如IP、OSI的网络层等。

(4) 认证协议。最常用的包括口令验证协议PAP(password authentication protocol)和挑战握手验证协议CHAP(challenge-handshake authentication protocol)。PAP的密码是明文传输的，而CHAP的密码是密文传输。PAP通过两次握手实现认证，而CHAP则通过3次握手实现。PAP认证是被叫提出连接请求，主叫响应，而CHAP则是主叫发出请求，被叫回复一个数据包，主叫确认无误后发送一个连接成功的数据包连接。因此，CHAP认证方式的安全性较比PAP高。

PPP协议使用分层体系结构。为满足各种介质类型的需求，该协议在两个节点间建立称为会话的逻辑连接。PPP会话向上层PPP协议隐藏底层物理介质。这些会话还为PPP提供了用于封装点对点链路上的多个协议的方法。链路上封装的各协议均建立了自己的PPP会话。

PPP协议的工作原理是：当用户拨号接入ISP时，路由器的调制解调器确认拨号并建立一条物理连接；计算机向路由器发送一系列的LCP分组(多个封装好的PPP帧)；这些分组及其响应选择一些PPP参数，并进行网络层配置(如有PAP或CHAP验证需先要通过验证)，NCP给新接入的计算机分配一个临时的IP地址，使计算机成为因特网上的一个主机；通信完毕时，NCP释放网络层连接，收回原来分配出去的IP地址；LCP释放数据链路层连接；释放物理层连接。

4.4.3 常见广域网技术

1. 帧中继

帧中继(frame relay, FR)是一种网络与数据终端设备(DTE)之间的有效数据传输技术，是综合业务数字网标准化过程中产生的一种重要技术，主要用在公共或专用网上的局域网互联以及广域网连接，传输速率一般为56kb/s～45Mb/s。

帧中继工作在OSI参考模型的数据链路层和物理层，用简化的方法传送和交换数据单元，是典型的包交换技术。它源于X.25分组交换技术，是X.25简化和改进后形成的一种快速分组交换技术。帧中继网络向上提供面向连接的虚电路管理、带宽管理和防止阻塞等服务。与传统的电路交换相比，可以对物理电路实行统计时分复用，即在一个物理连接上可以复用多个逻辑连接,实现了带宽的复用和动态分配,有利于多用户、多速率数据的传输,充分利用了网络资源。

由于帧中继协议十分简单,利用现有数据网中的硬件设备稍加修改,并进行软件升级就可实现,而且操作简便,因此其实现灵活简便、网络费用低廉。

帧中继为网络提供了高效的数据通信技术,主要用于公共网或企业专用网的网络连接中。

2. ATM

ATM(asynchronous transfer mode,异步传输模式)是一种面向连接的高速交换和多路复用技术,由 ATM 技术构成的网络是一种综合了电路交换和分组交换的优点而形成的网络。它适用于局域网和广域网,具有高速数据传输率,提供典型数据速率包括 25Mb/s、51Mb/s、155Mb/s、622Mb/s 及更高的数据速率。ATM 可支持各种带宽和 QoS 要求的话音、数据、图像以及多媒体业务,实现了为用户提供虚拟无限带宽的多路复用技术,是实现 B-ISDN 业务的核心技术之一。

ATM 技术复杂且价格较高,而且能够直接支持的应用不多。万兆以太网的问世,进一步削弱了 ATM 在因特网高速主干网领域的竞争能力。

由于 ATM 终端和信令复杂、价格较高,使其在用户话音业务方面不如 PSTN,支持数据业务不如千兆以太网。但在核心网和边缘接入网中,ATM 技术仍然具有一定的应用价值,它作为多业务平台的优势可以得到充分发挥。此外,ATM 技术与 IP 技术的结合将增加 ATM 的竞争能力。

4.5 项目实训 基于端口的 VLAN 划分

1. 项目导入

默认情况下,二层交换机所有的接口都在同一个广播域,不具有隔离广播帧的能力。为了解决二层交换的广播问题和安全性,目前很多二层交换机都支持 VLAN 功能。通过划分 VLAN,可以实现隔离广播域。

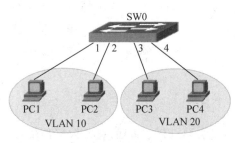

图 4-24 网络拓扑图

请构建如图 4-24 所示的以一台二层交换机为中心的办公网络,PC1～PC4 分别连接交换机的 1 号至 4 号快速以太网端口,并将该网络划分为 2 个 VLAN:VLAN 10 和 VLAN 20。该交换机的 1 号和 2 号快速以太网端口属于 VLAN 10,3 号和 4 号快速以太网端口属于 VLAN 20,最终实现两个计算机组之间(即两个 VLAN 之间)的相对通信隔离和安全。

2. 项目目的

(1) 理解 VLAN 的基本工作原理。
(2) 掌握在单一交换机上划分 VLAN 的方法。

3. 实训环境

(1) 安装有 Windows 操作系统的计算机。

（2）二层交换机（本实训以 H3C 系列产品为例，也可选用其他品牌型号的产品或使用 H3C 等网络模拟和建模工具）。

（3）Console 线缆和相应的适配器。

（4）组建网络所需的其他设备。

4．项目实施

（1）物理连接：根据图 4-24，连接交换机、计算机。

（2）网络配置：根据表 4-1，配置 PC1～PC4 的 IP 地址。

表 4-1 万兆以太网规范与物理特性

设　备	IP 地址
PC1	192.168.0.1/24
PC2	192.168.0.2/24
PC3	192.168.0.3/24
PC4	192.168.0.4/24

（3）观察默认 VLAN：在交换机 SW0 上查看 VLAN，程序如下所示。

```
[SWA]display vlan
Total VLANs: 1
The VLANs include:
1(default)

[SWA]display vlan 1
VLAN ID: 1
VLAN type: Static
Route interface: Not configured
Description: VLAN 0001
Name: VLAN 0001
Tagged ports:    None
Untagged ports:
    Ethernet1/0/1       Ethernet1/0/2
    Ethernet1/0/3       Ethernet1/0/4
    Ethernet1/0/5       Ethernet1/0/6
    Ethernet1/0/7       Ethernet1/0/8
    Ethernet1/0/9       Ethernet1/0/10
    Ethernet1/0/11      Ethernet1/0/12
    Ethernet1/0/13      Ethernet1/0/14
    Ethernet1/0/15      Ethernet1/0/16
    Ethernet1/0/17      Ethernet1/0/18
    Ethernet1/0/19      Ethernet1/0/20
    Ethernet1/0/21      Ethernet1/0/22
    Ethernet1/0/23      Ethernet1/0/24
    ...
[SWA]display interface Ethernet1/0/1
    ...
  PVID: 1
```

```
Mdi type:auto
Link deplay is 0(sec)
Port link-type: access
 Tagged VLAD ID : None
 Untagged VLAD ID : 1
    ...
```

由以上输出信息可知,交换机的缺省 VLAN 是 VLAN 1;所有端口默认都属于 VLAN 1;端口的 PVID 是 1,且端口类型是 Access 端口。

(4) PC1~PC4 互通测试:以 PC1 为例,程序如下所示。

```
<PC1>ping 192.168.0.2
Ping 192.168.0.2 with 32 bytes of data:
Reply from 192.168.0.2: bytes=32 time<1ms TTL=128
    ...
< PC1>ping 192.168.0.3
Ping 192.168.0.3 with 32 bytes of data:
Reply from 192.168.0.3: bytes=32 time<1ms TTL=128
    ...
< PC1>ping 192.168.0.4
Ping 192.168.0.4 with 32 bytes of data:
Reply from 192.168.0.4: bytes=32 time<1ms TTL=128
    ...
```

由以上输出信息可知,4 台计算机之间网络互通。

(5) 创建两个 VLAN(VLAN 10 和 VLAN 20),并加入相应端口:在交换机 SW0 上创建 VLAN,程序如下所示。

```
[SWA]vlan 10
[SWA-vlan10]port Ethernet 1/0/1
[SWA-vlan10]port Ethernet 1/0/2
[SWA-vlan10]quit

[SWA]vlan 20
[SWA-vlan20]port Ethernet 1/0/3
[SWA-vlan20]port Ethernet 1/0/4
[SWA-vlan20]quit
```

(6) 查看两个 VLAN 及相应端口:在交换机 SW0 上查看 VLAN,程序如下所示。

```
[SWA]display vlan
Total VLANs: 3
The VLANs include:
1(default), 10, 20

[SWA]display vlan 10
VLAN ID: 10
VLAN type: Static
Route interface: Not configured
Description: VLAN 0010
```

```
Name: VLAN 0010
Tagged ports:      None
Untagged ports:
    Ethernet1/0/1         Ethernet1/0/2

[SWA]display vlan 20
VLAN ID: 20
VLAN type: Static
Route interface: Not configured
Description: VLAN 0020
Name: VLAN 0020
Tagged ports:      None
Untagged ports:
    Ethernet1/0/3         Ethernet1/0/4
```

由以上输出信息可知,交换机有三个 VLAN:VLAN 1、VLAN 10 和 VLAN 20,默认 VLAN 是 VLAN 1;1 号和 2 号端口属于 VLAN 10;3 号和 4 号端口属于 VLAN 20。

(7) 测试 VLAN 的连通性:以 PC1 为例,程序如下所示。

```
<PC1>ping 192.168.0.2
Ping 192.168.0.2 with 32 bytes of data:
Reply from 192.168.0.2: bytes=32 time<1ms TTL=128
...
< PC1>ping 192.168.0.3
Ping 192.168.0.3 with 32 bytes of data:
Request timed out.
...
< PC1>ping 192.168.0.4
Ping 192.168.0.4 with 32 bytes of data:
Request timed out.
...
```

由以上输出信息可知,连接在 1 号和 2 号端口的 PC1 和 PC2 是互通的,因为这两个端口都属于 VLAN 10;但连接在 1 号端口的 PC1 和连接 3/4 号端口的 PC3/4 不能互通,因为 3/4 号端口属于 VLAN 20,这个端口不允许 VLAN 10 的数据帧通过。

5. 项目拓展

在图 4-25 所示的某小型公司网络中,有 3 个部门的人员在一个大房间的办公,该房间的所有计算机都连接到交换机 SW0 上。其中,交换机的第 1~5 号端口分配给市场部门,第 6~10 号端口分配给运维部门,第 11~15 号端口分配给后勤部门,交换机的其余端口预留

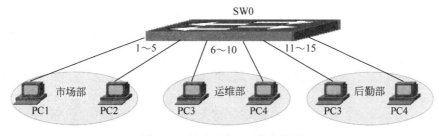

图 4-25 某小型公司网络拓扑图

或连接公司其他房间的计算机。请对交换机SW0进行配置,以部门为单位对网络中的计算机进行逻辑分组,以实现各部门间计算机通信的相对隔离。

本章小结

1．数据链路层是OSI参考模型的第2层,负责将上层数据包封装成帧以及控制对物理介质的访问。

2．数据链路层的数据传输单位是帧,不同的数据链路层协议均需要将上层数据包封装成帧才能经过物理层使用介质传输数据包。

3．介质共享方式和网络拓扑结构决定数据链路层所用的介质访问控制方法。共享介质有两种基本介质访问控制方法:受控访问共享介质和争用访问共享介质。非共享介质仅需要少量甚至不需要控制介质访问控制。

4．随着计算机及网络技术的不断发展,局域网已经成为计算机网络中研究与应用的热点之一。目前局域网组建和应用方面以高速以太网和无线局域网为主。局域网技术中最活跃的部分是以太网交换技术,它在局域网的应用和发展中起着非常重要的作用。

5．在数据链路层中,广域网使用的相关技术主要有帧中继、ATM等。

本章习题

1．简述数据链路层的主要功能。
2．简述交换机、网桥的区别。
3．简述CSMA/CD和CSMA/CA的工作方式。
4．简述以太网帧的基本组成。
5．VLAN主要有哪几种划分方式?各有什么特点?
6．无线局域网的拓扑结构有哪几种?无线局域网常见的组网模式有哪几种?
7．列举两种常用广域网技术并简述其特点。

第 5 章

网 络 层

学习目标
(1) 了解网络层的功能及 IP 协议的基本工作过程;
(2) 理解 IP 协议的特点和数据结构;
(3) 掌握 IPv4 的地址表示方法和分类;
(4) 了解 IPv6 的地址格式、分类及过渡技术;
(5) 了解路由协议及网络层相关协议。

5.1 网络层概述

5.1.1 网络层功能

网络层是 OSI 参考模型的第 3 层、TCP/IP 参考模型的第 2 层。在 OSI 参考模型中,网络层介于传输层和数据链路层之间,它在数据链路层提供服务(数据链路层提供两个相邻节点之间的数据帧的传送功能)的基础上,进一步管理网络中的数据通信。网络层主要实现将数据设法从一台主机向另一台主机传送数据时的处理过程(即从源端经过若干个中间节点传送到目的端),以及处理过程中所使用的数据包结构,从而为传输层数据传送提供服务。网络层提供的服务使传输层不需要了解网络中的数据传输和交换技术。网络层也不用考虑数据包来自哪个应用程序(这是传输层应该解决的问题),这就使网络层协议能为多台主机之间的多种应用进程服务。网络层的主要功能是为网络中的终端设备之间提供数据传输服务,即实现点到点的数据包传输,不考虑传输的数据来自什么应用。

网络层协议指定了用于传输层数据的封装和传输编址与过程。经过网络层封装后,就能以最小的开销将封装的内容传送到位于同一网络或其他网络中的目的设备。在 TCP/IP 参考模型中,网络层的核心协议是 IP 协议(internet protocol,因特网协议)。为了实现终端设备(常称为点到点)的数据传输,IP 协议使用以下四个基本过程。

1. 编址

为了实现终端设备之间的数据传输,需要通过一种方式来使终端设备之间能够相互识别。就如同书信联系时,需要知道收/寄信人的地址一样。IP 地址是 IP 协议提供的一种统一的地址格式,它是用来识别网络上的设备的。IP 协议为互联网上的每一个终端设备分配一个逻辑地址(IP 地址),以此来屏蔽物理地址的差异。

2. 封装

网络通信过程中,数据从上层向下层传输时需要封装。从传输层传到网络层的数据也必须封装,即加上网络层首部。网络层的首部包含源、目的主机的 IP 地址字段等共计 13 个字段。封装后的数据称为 IP 包,即网络层 PDU(protocol data unit,协议数据单元)。

3. 路由

路由是网络层的核心功能。如图 5-1 所示的网络在网络层封装成 IP 包后,要设法将 IP 包传输到目标主机。当发送主机和目标主机不在同一个网络中,从发送主机到目的主机的 IP 包可能经过多个网络层的中间设备转发,其中间设备就是路由器(router)。这就像 A 公司的信件要寄到 B 公司,若 A 公司和 B 公司不在同一个区域范围无法直接传递,则需要通过邮局转发。路由器像网络中的邮局,其作用即为数据包选择路径并将其转发到目的主机。路由器在转发 IP 包时要根据 IP 包中的目标 IP 地址和路由器自己的路由表,判断该 IP 包应该从该路由器的哪个网络接口转发出去,这个过程就是路由。IP 包每经过一个路由器就称为经过一跳。IP 包经过零(在同一个局域网,不经过路由器)到多跳后,最终转发到目的主机。IP 包在转发过程中,IP 包头中的地址字段和大多数字段保持不变。

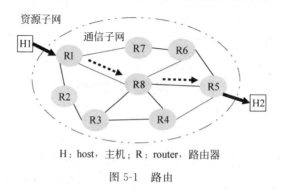

图 5-1　路由

4. 解封

IP 包到达目的主机后,目的主机的网络层检查其目的 IP 地址,若与主机一致,则去掉 IP 包的包头,并根据包头的协议字段的信息,将 IP 包中的数据(传输层 PDU)上传给传输层协议(TCP 或 UDP),这个过程就是解封。

5.1.2　网络层的主要设备

路由器(router)是网络层的主要设备,是网络互联的关键设备。

1. 路由器的功能

路由器的最重要的功能就是在网络中为 IP 报文寻找一条合适的路径进行"路由",即向合适的方向转发。它实现了 TCP/IP 协议簇中网络层提供的无连接、尽力而为的数据传输服务,其功能主要表现在以下几个方面。

(1) 网络互联。路由器支持各种局域网和广域网接口,主要用于局域网和广域网的互连,可连接多个网络或网段(子网),实现不同网络互相通信,实现隔离广播的功能。

(2) 对数据报文执行寻址和转发。路由器会根据信道的情况自动选择和设定路由,以最佳路径,按前后顺序发送信号。

(3) 交换和维护路由信息。为了形成路由表和转发表,路由器要交换路由等协议控制信息,这种信息交换通过路由协议实现。

(4) 可连接具有不同介质的链路。路由器的接口比较丰富,因此可以用来连接不同介质的"异质"网络。

2. 路由器的特点

（1）在 OSI 参考模型中，路由器主要工作在物理层、数据链路层和网络层。为了实现一些管理功能（如路由器也可作为 FTP 服务端），因此路由器也要实现传输层和应用层的某些功能。但从作为网络互联设备的角度讲，提供物理层、数据链路层和网络层的功能是路由器的基本特点。

（2）依据网络信息进行路由转发。路由器是根据网络层信息对 IP 报文进行路由转发，这是网络层的核心功能。

（3）提供丰富的接口类型。路由器的接口比较丰富（见图 5-2），因此可以用来连接不同介质的"异质"网络。

（4）可支持丰富的链路层协议。路由器可连接不同介质的网络，因此路由器要支持较为丰富的物理层和数据链路层的协议与标准。

（5）可支持多种路由协议。路由器要交换路由等

图 5-2　路由器的接口

协议控制信息，这种信息交换通过路由协议实现，它支持一种或多种路由协议。

路由器是互联网络的枢纽、"交通警察"。目前路由器已经广泛应用于各行各业，各种不同档次的产品已成为实现各种骨干网内部连接、骨干网间互联和骨干网与互联网互联互通业务的主力军。

5.2　IPv4 协议

TCP/IP 参考模型中网络层的核心功能是实现点到点的数据包传输，实现该功能的核心协议是 IP 协议。当前在使用的 IP 协议版本有两个：一个是广泛部署的第 4 版（IPv4），另一个是被提议用来代替 IPv4 的第 6 版（IPv6）。本节将介绍 IPv4 协议，IPv6 协议将在后面小节介绍。

5.2.1　IPv4 协议特点

IP 协议非常简单，仅仅提供不可靠、无连接的传送服务。它主要负责转发 IP 包，即将 IP 包从源主机的网络层出发，经过多个路由器的转发，最终到达目的主机的网络层。因为 IP 包是被路由器转发，所以也叫被动路由协议。而为路由器产生路由表的应用层协议叫主动路由协议。

IP 协议的主要功能包括无连接数据报传输、数据报路由选择和差错控制等。IP 协议简单、开销小、效率非常高，它具有以下几个主要特点。

（1）提供无连接的传输服务。各个数据报独立传输，从发送端到接收端可能沿着不同的路径到达目的地，也可能乱序或丢失。

（2）尽力而不可靠的传输服务。IP 协议尽最大努力向前传输数据，不会随意地丢弃数据报，只有当系统资源用尽、接收数据错误或网络出现故障时，才丢弃数据报。所谓不可靠是指 IP 协议本身没有能力证实发送的数据包是否能被正确接收。数据报可能在遇到延迟、路由错误、数据报分片和重组过程中受到损坏，但 IP 协议不检测这些错误。在发送错误时，

也没有机制保证一定可以通知数据发送端和接收端。它的不可靠并不能说明整个 TCP/IP 协议不可靠。如果要求数据传输具有可靠性,则要在 IP 的上面使用 TCP 协议加以保证。位于上一层的 TCP 协议则提供了错误检测和恢复机制。

（3）与介质无关。IP 协议不受其下层协议使用介质的限制。IP 协议的数据包可以在双绞线、光纤、无线等各种介质上传输。各种介质上如何进行传输是由其下层（数据链路层）协议定义的,IP 协议本身不需要去考虑这个事情。各种数据链路层协议将 IP 包封装成数据帧发送或在接收 IP 包后解封装交给 IP 协议。

5.2.2　IPv4 的报文格式

IP 协议封装传输层数据,以便网络将其传送到目的主机。从数据包离开发送主机的网络层直至其到达目的主机的网络层,IP 封装始终保持不变。路由器可以实施这些不同的网络层协议,使其通过相同或不同的网络同时运行。这些中间设备（路由器）所执行的路由,只考虑封装传输层数据的数据包首部的内容。IP 包由首部（也称包头或报头）和数据两部分组成,其报文格式如图 5-3 所示。

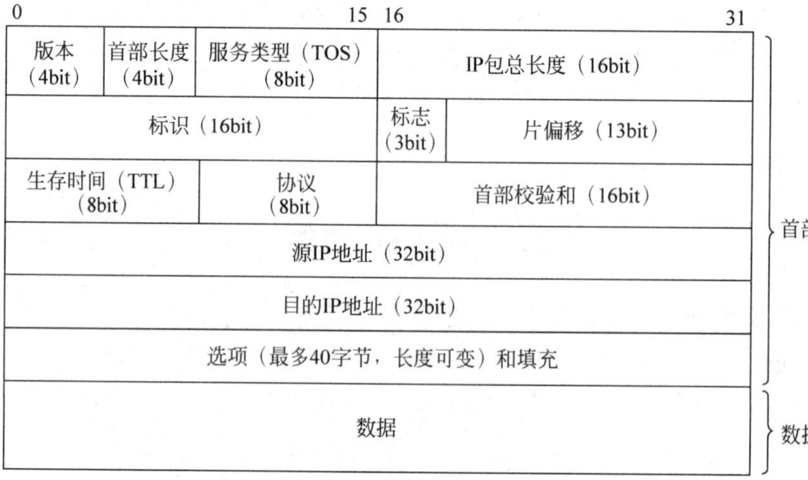

0		15	16		31	
版本 (4bit)	首部长度 (4bit)	服务类型（TOS） (8bit)	IP 包总长度（16bit）			首部
标识（16bit）			标志 (3bit)	片偏移（13bit）		
生存时间（TTL） (8bit)		协议 (8bit)	首部校验和（16bit）			
源 IP 地址（32bit）						
目的 IP 地址（32bit）						
选项（最多 40 字节,长度可变）和填充						
数据						数据

图 5-3　IPv4 报文格式

（1）版本：占 4 位,用于指明此 IP 协议的版本。目前 IP 协议有两个版本：IPv4 和 IPv6,它们对应版本号分别是 4 和 6。此处值为 4。

（2）首部长度：占 4 位,用于指明以 32 位（4 字节）为单位的首部长度数目。由于该字段最大为二进制 1111（十进制 15）,所以首部长度最大 60 字节。由图 5-3 可知,首部中选项字段之前的部分长度固定为 20 字节,选项长度可变（可能为 0～40 字节）,但必须是 32 位（即 4 字节）的整数倍,不足用零填充,所以首部的长度是 20～60 字节。

（3）服务类型：占 8 位,在 IP 包提供有优先级的服务中使用该字段。1998 年这个字段改名为区分服务（前 3 位为优先位,后面 4 位为服务类型,最后 1 位没有定义）。只有在使用区分服务（DiffServ）时,这个字段才起作用,一般的情况下不使用这个字段。

（4）IP 包总长度：占 16 位,用于指明 IP 包的总长度,包括首部和数据,单位是字节。因此,理论上 IP 包的最大长度为 65535 字节。总长度必须不超过最大传送单元（MTU）。

（5）标识：占 16 位,用于标识当前 IP 包。IP 包的总长度可达 65535 字节。但并非所有的链路层协议都可以承载相同长度的数据报(IP包),它们的最大承载能力各不相同(如以太网数据帧最大为 1500 字节),即一个链路层帧能承载的最大数据量 MTU(最大传送单元)。在 IP 包转发沿途的某个接口,当 IP 包过大时,会将 IP 包中的数据分片,成为多个更小的数据报,然后用帧封装这些较小的数据报。这些较小的数据报被称为片。分片后的多个 IP 包会被分配相同的标识,即当分片时,标识字段的值被复制到所有的分片之中。在它们达到目的主机传输层前需要重新组装(只有该字段相同的分片才可能是同一个 IP 包的分片)。分片虽然在将许多完全不同的链路层技术粘合起来的过程中起到了重要作用,但分片也需要开销。该字段是由发送端分配,用于在接收端识别 IP 包分片。

(6) 标志(flag):占 3 位,目前只有前两位有意义。最低位 MF(More Fragment)为 1,表示该 IP 包是一个 IP 包的分片,且不是最后一个分片;MF 为 0,表示是最后一个分片。该字段中间的一位 DF(Don't Fragment)为 1,表示该 IP 包不能分片;只有当 DF 为 0 时才允许分片。如中间任何线路的链路层 MTU 小于该 IP 包时,需将其分片,但因 DF=1(即被该 IP 包告知不能分片),则只能丢弃该 IP 包。

(7) 片偏移:占 13 位,用于指明被分片的 IP 包的数据在源 IP 包的数据中的相对位置。片偏移以 8 字节为偏移单位。

(8) 生存时间:占 8 位,记为 TTL(Time To Live),它是一个计数器。IP 包每经过一个路由器,该字段就减 1,直至该字段为 0 时,则路由器将丢弃该 IP 包。该字段是由发送端设置初始值,推荐的初始值由分配数字 RFC 指定。发送 ICMP 回显应答时经常把 TTL 设为最大值 255。该字段是为了避免 IP 包在网络中无线循环,确保 IP 包拥有有限的环路过程,限制了它的寿命。

(9) 协议:占 8 位,用于指明此 IP 包携带的数据是由哪个上层协议交付的,以便在目的主机的网络层将 IP 包的数据部分上交给上层相应的协议。IP 包可以为多种上层协议服务。如,传输层的 TCP(6)、UDP(17),网络层的 ICMP(1)、IGMP(2),应用层的 IGRP(9)、EIGRP(88)、OSPF(89)等。

(10) 首部校验和:占 16 位,只校验 IP 包首部,不校验数据部分。而传输层是对整个报文段计算。IP 包沿途的路由器会检测该字段,若错误,将丢弃该 IP 包。由于仅检查首部,所以若数据错误,IP 协议将不知道,且可能将错误的 IP 包继续传输到目的主机,并由目的主机的上层处理。

(11) 源 IP 地址和目的 IP 地址:各占 32 位,分别标识源主机和目的主机 IP 地址。

(12) 选项:长度可变,最少为 0,最多 40 字节。该字段的长度为 32 位的整数倍,不足用填充位填充。可通过使用该字段增加 IP 包的功能。

(13) 填充:这是为了使整个首部长度是 32 位(4 字节)的整数倍。

5.2.3 IPv4 地址

1. IP 地址的表示方法

IP 协议定义的网络层地址被称为 IP 地址,网络层的每个接口都必须有唯一的 IP 地址。根据 RFC791 的定义,IP 地址是一个 32 位的二进制数,对应存储空间为 4 字节。因此可能总共有 2^{32} 个可能 IPv4 地址。为了方便记忆,在表示 IP 地址时,一般按每八位一组,分为 4 组,表示成点分十进制(即 4 个用点隔开的十进制数)。例如,某 IP 地址的二进制组成为：01111011 10010110 01001100 10110010，可表示为 123.150.76.178。

IP 地址由网络 ID 和主机 ID 组成，如图 5-4 所示，可记为

IPv4 地址::= {<网络标识>,<主机标识>}

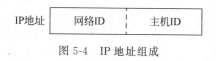

图 5-4 IP 地址组成

（1）网络 ID：位于 IP 地址的前段，用来识别设备所在的网络。同一网络上的所有设备，都有相同的网络 ID。IP 路由的功能是根据 IP 地址中的网络 ID，决定要将 IP 包送至所指明的那个网络。当组织或企业申请 IP 地址时，所获得的并非 IP 地址，而是取得一个唯一的、能够识别网络的网络 ID。

（2）主机 ID：位于 IP 地址的后段，可用来识别某网络中的设备。同一网络上的设备，都会有相同的网络 ID，而各设备之间则是以主机 ID 来区别。

在每个网络的地址范围内都有三种类型的地址。

（1）网络地址：网络的标准方式。同一网络中所有主机的网络 ID 均相同。在同一网络的地址范围内，最小地址保留为网络地址，即 IP 地址的主机 ID 部分的每个位都为 0，如图 5-5 所示网络，其网络地址为 192.168.1.0。

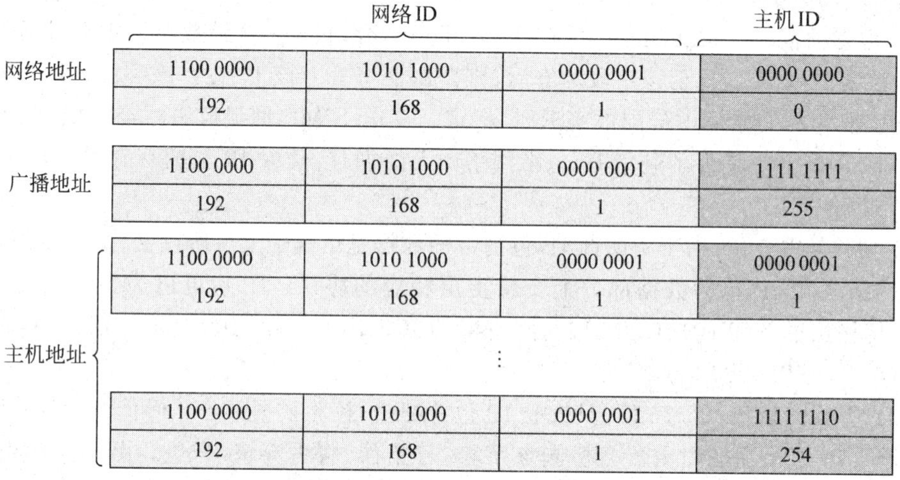

	网络 ID			主机 ID
网络地址	1100 0000	1010 1000	0000 0001	0000 0000
	192	168	1	0
广播地址	1100 0000	1010 1000	0000 0001	1111 1111
	192	168	1	255
主机地址	1100 0000	1010 1000	0000 0001	0000 0001
	192	168	1	1
	⋮			
	1100 0000	1010 1000	0000 0001	1111 1110
	192	168	1	254

图 5-5 同一网络中 IP 地址类型

（2）广播地址：每个网络中都有的特殊地址，用于与该网络中的所有主机通信。要向网络中的所有主机传送数据，主机只需以所在网络的广播地址为目的地址发送数据包即可。在同一网络的地址范围内，最大地址保留为广播地址，即 IP 地址的主机 ID 部分的每个位都为 1，如图 5-5 所示网络，其广播地址为 192.168.1.255。

（3）主机地址：分配给网络中终端设备的地址。同一网络中每台终端设备都需要有唯一的地址用于识别，才能向该主机传送数据包。在同一网络，将介于网络地址和广播地址之间的地址分配给终端设备。如图 5-5 所示，其主机地址范围为 192.168.1.1~192.168.1.254。

在网络寻址时，先按 IP 地址的网络 ID 找到所在网络（给定 IP 地址和掩码做与运算的结果，关于掩码的具体内容将在后面介绍），然后再按主机 ID 找到主机。

2. IP 地址的分类

由于各个网络的规模大小不一，大型的网络应该使用较短的网络地址，以便能使用较多的主机地址；反之，较小的网络则应该使用较长的网络地址。为了符合不同网络规模的需

求,IP 在设计时便根据网络地址的长度,设计与划分 IP 地址。

为了便于对 IP 地址进行管理,根据 IP 地址的前几位的不同,将 IP 地址分为 A、B、C、D、E 五类,如图 5-6 所示。

(1) A 类:32 位地址中第 1 位是 0 的 IP 地址为 A 类地址。A 类地址的前 8 位(首字节)表示网络 ID。A 类地址共有 $2^7=128$ 个,其首字节的取值范围为 $0\sim127$,其中 0 和 127 保留,所以实际可用的只有 126 个地址(即首字节为 $1\sim126$)。A 类地址的后 24 位(后 3 字节)表示主机 ID,一个 A 类地址网络中共有 $2^{24}-2=16777214$ 个主机地址。因为没有任何一个单位有一千多万个地址的需求量,所以分配了 A 类地址的单位实际上浪费了大量 IP 地址。在互联网中,A 类地址大多数分配给了 ARPANET 的早期成员单位。

(2) B 类:32 位地址中前 2 位是 10 的 IP 地址为 B 类地址。B 类地址的前 16 位(前 2 字节)表示网络 ID。B 类地址共有 $2^{14}=16384$ 个,其首字节的取值范围为 $128\sim191$。B 类地址的后 16 位(后 2 字节)表示主机 ID,一个 B 类地址网络中共有 $2^{16}-2=65534$ 个主机地址。因为很少单位有 6 万多个地址的需求量,所以分配了 B 类地址的单位实际上也会浪费大量 IP 地址。

(3) C 类:32 位地址中前 3 位是 110 的 IP 地址为 C 类地址。C 类地址的前 24 位(前 3 字节)表示网络 ID。C 类地址共有 $2^{21}=2097152$ 个,其首字节的取值范围为 $192\sim223$。C 类地址的后 8 位(最后 1 字节)表示主机 ID,一个 C 类地址网络中共有 $2^8-2=254$ 个主机地址。

(4) D 类:32 位地址中前 4 位是 1110 的 IP 地址为 D 类地址。D 类地址是组播地址,其首字节的取值范围为 $224\sim239$。

(5) E 类:32 位地址中前 4 位是 1111 的 IP 地址为 E 类地址。E 类地址是实验用地址,保留为研究测试使用,其首字节的取值范围为 $240\sim255$。

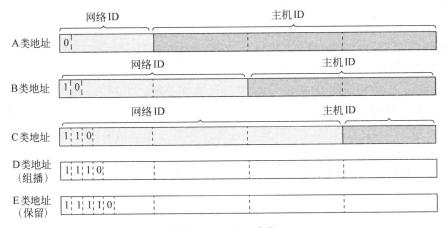

图 5-6 IP 地址分类

3. 子网划分

根据 IP 地址的类别进行 IP 地址分配的方法,存在很大缺陷。首先它的地址不灵活。A、B 类地址太大,浪费地址空间。C 类地址对某些单位又太小,需要分配很多个 C 类地址。其次它的网络号太多。因为有类的网络号共有约两百万($2^{21}+2^{14}+2^7$)个,互联网中的所有路由器必须为每个网络指定路由,会使得路由表太大而性能极低。

为了解决以上问题,采用了子网化的方式,即将网络进一步分为更小的网络。IP 地址

就成为三级结构：网络 ID、子网 ID、主机 ID，如图 5-7 所示，可记为

IPv4 地址::= {<网络标识>,<子网标识>,<主机标识>}

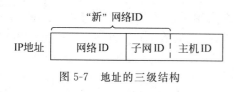

图 5-7 地址的三级结构

其中，网络 ID 是原有类地址的网络 ID，子网 ID 是从原有类地址的主机 ID 部分的前面借的连续位，网络 ID+子网 ID 成为"新的网络 ID"。这种地址分配方法非常灵活，网络部分和主机部分不再受类的限制，但是我们如何告诉计算机网络 ID 是多少位呢？

现在 IP 地址中不再按照类别分为网络部分和主机部分，而是按子网掩码划分。子网掩码是在 IPv4 地址资源紧缺的背景下，为了解决 IP 地址分配而产生的虚拟 IP 技术，通过子网掩码将 A、B、C 三类地址划分为若干子网，从而显著提高了 IP 地址的分配效率，有效解决了 IP 地址资源紧张的局面。另外，在企业内网中为了更好地管理网络，网管人员也利用子网掩码的作用，人为地将一个较大的企业内部网络划分为更多个小规模的子网，再利用三层交换机的路由功能实现子网互联，从而有效解决了网络广播风暴和网络安全等诸多网络管理方面的问题。

子网掩码也是 32 位二进制数，其对应网络 ID 的所有位都置为 1，对应于主机 ID 的所有位都置为 0。即子网掩码的前面某些位为连续的 1，后面为连续的 0，共有 33 种子网掩码。

子网掩码不能单独存在，它必须结合 IP 地址一起使用。子网掩码可告知路由器，IP 地址的哪一部分是网络 ID，哪一部分是主机 ID，路由器就可以判断属于哪个网络，从而正确地进行路由。因此，子网掩码只有一个作用，就是将某个 IP 地址划分成网络 ID 和主机 ID 两部分。

例如：

IP 地址：10101101 00010111 00010101 01001011 (173.23.21.75)。

子网掩码：11111111 11111111 11111111 11000000 (255.255.255.192)。

由上例中子网掩码可知，该 IP 地址的前 26 位表示为网络 ID，后 6 位为主机 ID。所有与该 IP 地址前 26 位相同的 IP 地址与该 IP 地址都属于同一个网络。在这个网络中，可以有 64 个不同的 IP 地址。其中，该网络的最小地址 173.23.21.64 是网络地址（代表这个网络），最大地址 173.23.21.127 是广播地址，介于这两者之间的就是可用于分配的主机地址(173.23.21.65～173.23.21.126)。

通过子网掩码，可以很方便地判断任意两台网络节点的 IP 地址是否属于同一网络（网段）。最为简单的理解就是它们各自的 IP 地址与子网掩码进行按位与运算后，如果得出的结果相同，则说明这两台计算机处于同一个网段，可以直接进行通信。

有了子网掩码，IP 地址的分配更加灵活，可分配网络大小为 2^n ($n=1,2,\cdots,31$)的网络。同时路由器可依据路由表中的信息确定 IP 包向哪个网络转发。而路由表中的子网掩码可以表示很大的网络地址，这就不需要路由表中记录所有的有类网络地址了。

4. 无类别域间路由(CIDR)

划分子网在一定程度上缓解了互联网在发展中遇到的困难。然而，在 1992 年互联网仍然面临很大的问题。可分配的 B 类地址越来越少，大量的 C 类地址由于容量小而分配缓慢，互联网主干网上的路由表中的项目数急剧增长，整个 IPv4 地址空间最终将全部耗尽等

现象,反映出基于分类网络进行地址分配和路由 IP 数据包的设计已明显可扩充性不足。为了解决这个问题,互联网工程工作小组在 1993 年发布了一系列新的标准(RFC 1518 和 RFC 1519),以定义新的分配 IP 地址块和路由 IPv4 数据包的方法,产生了无等级的划分方式,也就是 CIDR。

无类别域间路由(classless inter-domain routing,CIDR)是一个用于给用户分配 IP 地址以及在互联网上有效地路由 IP 数据包的对 IP 地址进行归类的方法。这是一个比较新的无分类编址方法,自 1993 年提出后很快就得到了广泛的应用。

为了更加有效地分配 IPv4 的地址空间,IETF 基于可变长子网掩码(VLSM)研究出采用无类编址方法(CIDR)来进一步提高 IP 地址资源的利用率。这种方法消除了传统的 A 类、B 类、C 类和划分子网的概念,使用各种长度的"网络前缀"来代替分类地址中的网络 ID 和子网 ID。IP 地址从三级编址又回到了两级编址。

在传统的点分十进制的 IP 地址和子网掩码的基础上,CIDR 还可以使用"斜线记法",又称为 CIDR 记法,即在 IP 地址后加斜线"/",在斜线后再写上网络前缀所占的比特数(对应于子网掩码中"1"的个数)。

例如:200.10.8.0/22。

在斜线后数字"22",表示"网络前缀"所占的比特数,即该 IP 地址对应的二进制数的前 22 位是网络 ID,主机 ID 的位数是 10(即 32－22)。所以该网络共有 $2^{10}-2=1022$(个)IP 地址。

CIDR 将网络前缀都相同的、连续的 IP 地址组成"CIDR 地址块",一个 CIDR 地址块可以表示很多地址,这种地址的聚合常称为路由聚合。它使得路由表中的一个项目可以表示很多个传统分类地址的路由。路由聚合也称构成超网。因此,CIDR 技术也称为超网技术。CIDR 虽然不使用子网概念了,但仍然使用"掩码"(但不叫子网掩码)。前缀长度不超过 23b 的 CIDR 地址块都包含了多个 C 类地址。这些 C 类地址合起来就构成了超网。

例如,某单位的 IP 地址范围就是由 4 个 C 类地址聚合而成。这个网络中,原本独立的 4 个 C 类网络中的地址就都在同一个网络(超网)中,如图 5-8 所示。

该网络的 IP 地址范围:200.10.8.1~200.10.11.254。

子网掩码:255.255.252.0。

广播地址:200.10.11.255。

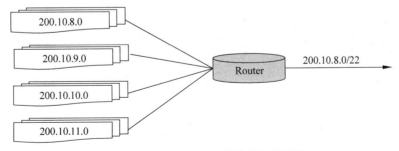

图 5-8　基于 CIDR 地址划分的超网示例

5. 特殊的 IP 地址

在实际应用中,有些 IP 地址有特殊用途,因此在分配或管理 IP 地址时,要特别注意这些限制。

1)"0"地址

所有网络 ID 全为 0 且主机 ID 部分有效的 IP 地址是指本网络上的某台主机。例如,如果某台主机(IP 地址为 202.112.7.13)接收到一个 IP 报文,它的源地址中网络号部分为 0,而主机号部分与它自己的地址匹配(即 IP 地址为 0.0.0.13),则接收方把该 IP 地址解释成为本网络的主机地址,并接收该 IP 数据报。

网络 ID 部分有效且所有主机 ID 部分全为"0"的 IP 地址是网络地址,它代表一个网络,不能分配给任何一台具体的主机。

IP 地址"0.0.0.0"代表本主机地址。网络上任何主机都可以用它来表示自己。

"0"地址不能分配给任何一台具体的主机。总结见表 5-1。

表 5-1 "0"地址

网络 ID	主机 ID	源地址	目的地址	主机地址	说　　明
0	主机 ID	可以	不可以	不可以	本网络的某个主机
网络 ID	0	不可以	不可以	不可以	某网络,即网络 ID 相同(网络地址)
0	0	可以	不可以	不可以	本网络的本主机

2)广播地址

所有主机 ID 部分全为"1"的 IP 地址是广播地址。广播地址分为两种:直接广播地址和有限广播地址。

在某网络中,网络 ID 部分有效且主机 ID 部分为全 1 的地址称为直接广播地址,该地址表示其所在网络中的所有主机。一台主机使用直接广播地址,可以向任何指定的网络直接广播它的数据报,很多 IP 协议利用这个功能向一个网络广播数据。

32 个比特全为 1 的 IP 地址,即 255.255.255.255,被称为有限广播地址或本地网广播地址,该地址被用作在本网络内部广播。使用有限广播地址,主机在不知道自己的网络地址的情况下,也可以向本网络上所有的其他主机发送消息。

广播地址不能分配给任何一台具体的主机。因为它代表的是满足一定条件的一组主机。广播地址只能作为 IP 报文的目的地址,表示该报文的一组接收者。总结见表 5-2。

表 5-2 广播地址

网络 ID	主机 ID	源地址	目的地址	主机地址	说　　明
网络 ID	全 1	不可以	可以	不可以	对某网络(网络 ID 相同)的所有主机广播(广播地址)
全 1	全 1	不可以	可以	不可以	本网络内广播(路由器不转发)

3)组播地址

D 类 IP 地址就是组播地址,即在 224.0.0.0～239.255.255.255 范围内的 IP 地址,实际上代表一组特定的主机。其中,224.0.0.0 保留不做分配,其他地址供路由协议使用。

组播地址与广播地址相似之处是都只能作为 IP 报文的目的地址,表示该报文的一组接收者,而不能把它分配给任何一台具体的主机。

组播地址和广播地址的区别在于广播地址是按主机的物理位置来划分各组的(属于同

一个网络）；而组播地址指定一个逻辑组，参与该组的计算机可能遍布整个互联网。组播地址主要用于电视会议、视频点播等应用。

网络中的路由器根据参与的主机位置，为该组播的通信组形成一棵发送树。服务器在发送数据时，只需发送一份数据报文，该报文的目的地址为相应的组播地址。路由器根据已经形成的发送树依次转发，只是在树的分岔点处复制数据报，向多个网络转发一份副本。经过多个路由器的转发后，则该数据报可以到达所有登记到该组的主机处。这样就大大减少了源主机的负担和网络资源的浪费。

4）回送地址

属于 A 类地址范围内的 IP 地址 127.0.0.0～127.255.255.255 被保留。任何一个以数字 127 开头的 IP 地址(127.×.×.×)都叫作回送地址，也称为环回地址，它是一个保留地址，最常用的是 127.0.0.1。

在每个主机上对应于 IP 地址 127.0.0.1 有个接口，称为回送接口。IP 协议规定，当任何程序用回送地址作为目的地址时，计算机上的协议软件不会把该数据报向网络上发送，而是把数据直接返回给本主机，即回送地址的数据报不会传到链路层，不进行网络传输。因此，网络号等于 127 的数据报文不能出现于任何网络上，主机和路由器不能为该地址广播任何寻径信息。回送地址的用途是，可以实现对本机网络协议的测试或实现本地进程间的通信。总结见表 5-3。

表 5-3　回送地址

网络 ID	主机 ID	源地址	目的地址	主机地址	说　　明
127	任何数	可以	可以	不可以	用于本地软件环回测试

5）私有地址

Internet 管理委员会规定以下地址段为私有地址。

10.0.0.0～10.255.255.255

172.16.0.0～172.131.255.255

192.168.0.0～192.168.255.255

私有地址可以用于自己组网，常用于组建内部的局域网。但不能在 Internet 上用，Internet 网没有这些地址的路由，这些地址的计算机要上网必须转化成为合法的 IP 地址（即公网 IP）。

5.3　IPv6 协议

随着互联网的迅猛发展，新的网络与 IP 节点以惊人的速度增长，32 比特的 IP 地址空间即将耗尽。人们提出多个临时解决方案，其中私有地址和网络地址转换（NAT）较好地缓解了地址空间的不足，也使 IPv6 的普及推迟了十几年。2011 年 2 月 2 日，互联网地址指派机构（IANA）宣布 IPv4 全部耗尽，而 5 个地区指派机构（RIP）也即将耗尽自己的 IPv4 地址，最终 IPv4 面临的很多问题已经无法用"补丁"的办法来解决了。为了应对这种对大 IP 地址空间的需求，一种新的 IP 协议——IPv6，应运而生。设计者利用这次机会，在 IPv4 的基础上还强化了协议的其他部分。

相对于IPv4,IPv6的重要变化主要表现在以下几个方面。

（1）扩大的地址容量。将IP地址长度从32位地址空间增加到128位,地址数目达2^{128},即IPv6地址占用128位,16字节,它采用冒号分十六进制表示法。可确保全世界几乎有用不完的IP地址。

（2）IPv6使用组播地址中的"被请求节点组播地址"代替广播地址。

（3）引入任播地址的新型地址。这种地址可以使数据报交付给一组分组中的任意一个。

（4）简化的首部。IPv6采用高效的40字节首部,共有8个字段;而IPv4的首部至少有12个字段。IPv6舍弃许多IPv4字段或作为选项,使得数据报处理更加迅速。

（5）流标签与优先级。使用流标签字段可以识别服务质量QoS。给属于特殊流的分组加上标签,表示这些流需要被特殊处理。

（6）IPv6使用MLD消息取代IGMP。

（7）IPv6可使用无状态自动获取IP地址。

（8）IPSec不再是IP协议的补充部分。它是IPv6自身所具有的功能。

（9）IPv6不允许在中间路由器上进行分片与重新组装。这种操作只能在源与目的地进行。如果数据报过大而无法转发到链路上,路由器只需要丢弃该数据报,并向发送方发送一个分组太大的ICMP差错报文。分片与重新组装十分耗时,将该功能从路由器删除并放在端系统中,大大加快了网络中的IP转发速度。

（10）去除首部校验和：传输层与链路层都有相似功能,在IP层采用此功能有些多余,IP层关注的重点是快速处理IP分组。

（11）选项字段不再是标准IP首部的一部分。这使得IP首部称为定长40字节,但选项并没有消失,而是可能出现在下一报头指出的位置。即IPv6通过在IPv6协议头之后添加新的扩展协议头,可以很方便地实现功能的扩展,IPv4协议头中最多可以支持40字节的选项,而IPv6扩展协议头的长度只受IPv6数据包长度的限制。

5.3.1　IPv6的报文格式

IPv6报文由三部分构成,分别是IPv6首部（也称为报头）、扩展首部（也称为扩展报头）和数据（即上层协议数据）,如图5-9所示。其中IPv6首部长度固定为40B,包含该报文的基本信息;扩展首部是可选的,可能存在0个、1个或多个,IPv6协议通过扩展首部实现各种丰富的功能;数据是该IPv6报文携带的上层协议数据,可能是ICMPv6报文、TCP报文、UDP报文或其他可能报文。

IPv4的首部共13个字段,20~60字节;IPv6的首部共8个字段,占40字节。虽然IPv6的首部长于IPv4,但这是因为其中IPv6的源和目的地址就占了32字节。

（1）版本：占4位,用于指明此IP协议的版本,此处值为6。

（2）流量等级：占8位,用于QoS。类似于IPv4的服务类型字段。

（3）流标签：占16位,用于标识同一个流里面的报文。标记那些需要IPv6路由器特殊处理（如一种非默认服务质量或实时服务）的信息包顺序。

（4）载荷长度：占16位,也称为有效载荷长度,用于指明该IP包首部后所包含的字节数,包括扩展报头和负载数据,即载荷长度＝数据报长度－40B。

（5）下一首部：也称为下一报头，占8位，也称为下一报头，用于指明首部后接的分组头部类型。若存在扩展头，表示第一个扩展头的类型，否则表示其上层协议的类型，它是IPv6各种功能的核心实现方法。

（6）跳数限制：占8位，类似于IPv4中的TTL，每次转发（经过一个路由器）跳数减1。当该字段值减至0时，路由器向源节点发送"超时"信息，并将包被丢弃。

（7）源IP地址和目的IP地址：各占128位，分别标识源主机和目的主机IP地址。

（8）扩展首部：也称为扩展报头，该字段是可选的。IPv6报文中不再有"选项"字段，而是通过"下一首部"字段配合IPv6扩展报头来实现选项的功能。使用扩展报头时，将在IPv6报文下一首部字段表明首个扩展报头的类型，再根据该类型对扩展报头进行读取与处理。每个扩展报头同样包含下一首部字段，若接下来有其他扩展报头，即在该字段中继续标明接下来的扩展报头的类型，从而达到添加连续多个扩展报头的目的。在最后一个扩展报头的下一首部字段中，则标明该报文上层协议的类型，用以读取上层协议数据。

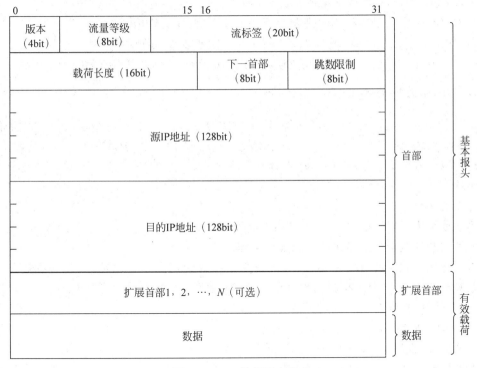

图5-9　IPv6首部报文格式

5.3.2　IPv6地址的表示方法

IPv6的地址太长，其长度为128位，是IPv4地址长度的4倍。IPv6不再采用IPv4的点分十进制格式，而采用十六进制表示。IPv6有以下三种表示方法。

1. 冒分十六进制表示法

格式：

×：×：×：×：×：×：×：×

其中每个×（即为一个字段）对应IPv6地址中的16位（2字节），以十六进制表示，例如：

1000：0ab8：0012：3001：0004：0000：0000：0000

这种表示法中，每个字段的前导 0 是可以省略的。则上面的 IPv6 地址可压缩成：

1000：ab8：12：3001：4：0000：0000：0000

2. 0 位压缩表示法

IPv6 地址中，连续几个全零的字段可写成两个冒号，即"::"。但为保证地址解析的唯一性，这种写法在一个地址中只能出现一次。则上面的 IPv6 地址可继续压缩成：

1000：ab8：12：3001：4：：

例如：

0：0：0：0：0：0：0：1 → ::1

0：0：0：0：0：0：0：0 → ::

3. 内嵌 IPv4 表示法

为了实现 IPv4-IPv6 互通，可以将 IPv4 地址嵌入 IPv6 地址。此时地址常表示为：

×：×：×：×：×：×：d.d.d.d

其中，前 96 位采用冒分十六进制表示，而最后 32 位则使用 IPv4 的点分十进制表示。例如，::192.168.0.1 与 ::FFFF：192.168.0.1。注意在前 96 位中，压缩 0 位的方法依旧适用。映射 IPv4 的 IPv6 地址以及兼容 IPv4 的 IPv6 地址，都可以采用这种表示法表示。

5.3.3 IPv6 地址分类

IPv6 协议主要定义了三种地址类型：单播地址（Unicast Address）、多播地址（Multicast Address）和任播地址（Anycast Address）。与原来在 IPv4 地址相比，新增了"任播地址"类型，取消了原来的 IPv4 地址中的广播地址，因为在 IPv6 中的广播功能是通过组播来实现的。

1. 单播地址

单播地址用于唯一标识一个网络接口，类似于 IPv4 中的单播地址（主机地址）。发送到单播地址的数据报文将被传送给此地址所标识的一个网络接口。

为了适应负载平衡系统，RFC3513 允许多个接口使用同一个地址，只要这些接口作为主机上实现的 IPv6 的单个接口出现。单播地址包括四个类型：全球单播地址、本地单播地址、兼容性地址、特殊地址。

1）全球单播地址

单播地址表示单台设备的地址。全球单播地址也称为可聚合全球单播地址，是指这个单播地址是全球唯一的，等同于 IPv4 中的公网地址，可以在 IPv6 Internet 上进行全局路由和访问。这种地址类型允许路由前缀的聚合，从而限制了全球路由表项的数量。IPv6 的单播地址的通用格式，如图 5-10 所示。

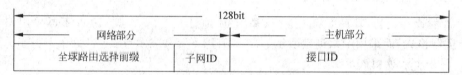

图 5-10 IPv6 通用的单播地址格式

IPv6 地址的主机部分被称作接口 ID。这是因为一台主机可以拥有不止一个的 IPv6 接口，使用这样的地址标识主机的一个接口比标识一台主机更加准确。但实际上，单个接口也能拥有多个 IPv6 地址,并且能够拥有一个附加的 IPv4 地址,在这样的实例中,接口 ID 仅表示接口的几个标识符的其中一个。

IPv6 地址与 IPv4 地址协议之间除长度之外的另一个显著不同就是子网标识符的位置不同。在 IPv4 地址的分类体系结构的传统概念中,子网部分来自该地址的主机部分,减少了地址的主机位,这使得 IPv4 地址的主机部分的位数减少。而 IPv6 地址的子网标识符的位置是地址的网络域的一部分,不是该地址的主机域的一部分。这样做的好处是,所有 IPv6 地址的接口 ID 都有大小一致的位数,大大简化了地址的解析复杂度。而且,子网 ID 位于地址的网络部分,会产生一个更加清楚的分工,功能更加清晰。网络部分提供了一台设备到下行专用数据链路的定位,而主机部分提供这条数据链路上该设备的标识。

除了极少数的例外,全球 IPv6 地址的接口 ID 都是 64 位二进制位,子网 ID 字段都是 16 位二进制位。一个 16 位的子网 ID 可提供 65536 个不同的子网。使用固定长度的子网 ID 似乎有些浪费但是考虑到 IPv6 地址空间的总长度和容易分配、设计、管理及解析地址的好处,这种浪费也是可以接受的。

互联网管理授权委员会(The Internet Assigned Numbers Authority,IANA)和地区互联网注册机构(regional Internet registry,RIR)通常把长度为/32 或/35 的 IPv6 前缀分配给本地互联网注册机构(local Internet registry,LIR)。LIR 通常是大型互联网服务提供商(Internet service provider,ISP),他们再把更长的前缀分配给他们的客户。在大多数的实例中,LIR 分配的前缀长度都是/48,当然也可能分配不同长度的前缀。

2) 本地单播地址

指本地网络使用的单播地址(类似 IPV4 地址中局域网专用地址),链路本地地址和唯一本地地址都属于本地单播地址。每个接口上至少要有一个链路本地单播地址,另外还可分配任何类型(单播、任播和组播)或范围的 IPv6 地址。

(1) 链路本地地址(FE80::/10):设备自动生成,在本地网络中使用。仅用于单个链路(链路层不能跨 VLAN),不能在不同子网中路由。节点使用链路本地地址与同一个链路上的相邻节点进行通信。例如,在没有路由器的单链路 IPv6 网络上,主机使用链路本地地址与该链路上的其他主机进行通信。

(2) 唯一本地地址(FC00::/7):唯一本地地址是本地全局的,它应用于本地通信,但不通过 Internet 路由,将其范围限制为组织的边界。

(3) 地区本地地址(FEC0::/10):新标准中已被唯一本地地址代替。

3) 兼容性地址

在 IPv6 的转换机制中,还包括了一种通过 IPv4 路由接口以隧道方式动态传递 IPv6 包的技术。这样的 IPv6 节点会被分配一个在低 32 位中带有全球 IPv4 单播地址的 IPv6 全局单播地址。另有一种嵌入 IPv4 的 IPv6 地址,用于局域网内部,这类地址用于把 IPv4 节点当作 IPv6 节点。此外,还有一种称为"6to4"的 IPv6 地址,用于在两个通过 Internet 同时运行 IPv4 和 IPv6 的节点之间进行通信。

4) 特殊地址

特殊地址包括未指定地址和环回地址。

(1) 未指定地址(0:0:0:0:0:0:0:0 或::):仅用于表示某个地址不存在,不能分配给任何节点。它等价于 IPv4 的全 0 地址 0.0.0.0。未指定地址通常被用作尝试验证暂定地址唯一性数据包的源地址,并且永远不会指派给某个接口或被用作目标地址。

(2)环回地址(0:0:0:0:0:0:0:1 或::1):用于标识环回接口,允许节点将数据包发送给自己。它等价于 IPv4 环回地址 127.0.0.1。发送到环回地址的数据包永远不会发送给某个链接,也永远不会通过 IPv6 路由器转发。

2. 多播地址

多播地址也称为组播,用来标识一组接口(通常这组接口属于不同的节点),类似 IPv4 中的组播地址。发送到组播地址的数据报文被传送给此地址所标识的所有接口。IPv6 中没有广播地址,被多播地址取代。它的格式前缀的最高 8 位固定为 11111111,因此组播地址总是以 FF 开始。

3. 任播地址

任播地址也称为泛播地址,其子网前缀必须固定,其余位置全 0。它与组播地址一样也可以识别多个接口,用于标识一组接口(通常这组接口属于不同的节点)。但与组播地址不同的是,发送到任播地址的数据报文被传送给此地址所标识的一组接口中的一个接口距离最近(该地址识别的最近接口,最近接口定义的根据是路由距离最近)的一个接口。而组播地址用于一对多通信,发送到多个接口。任播地址不能用作 IPv6 数据包的源地址,只可作目的地址;也不能分配给 IPv6 主机,只可分配给 IPv6 路由器。

IPv6 地址类型是由地址前缀部分来确定,主要地址类型与地址前缀的对应关系见表 5-4。

表 5-4 IPv6 地址类型与地址前缀的对应关系

地址类型		地址前缀(二进制)	IPv6 前缀标识
单播地址	未指定地址	00…0(128b)	::/128
	环回地址	00…1(128b)	::1/128
	链路本地地址	1111 1110 10	FE80::/10
	唯一本地地址	1111 110	FC00::/7（包括 FD00::/8 和不常用的 FC00::/8）
	地区本地地址（已弃用,被唯一本地地址代替）	1111 1110 11	FEC0::/10
	全球单播地址	001	2XXX::/4 或者 3XXX::/4
多播地址		1111 1111	FF00::/8
任播地址		从单播地址空间中进行分配,使用单播地址的格式	
保留类型		其他所有(未来全球单播地址的分配)	

5.3.4 IPv6 的过渡策略

IPv6 还不可能立刻替代 IPv4,因此在相当一段时间内 IPv4 和 IPv6 会共存在一个环境中。要实现二者的平稳过渡,就需要有良好的过渡策略。IETF(the Internet Engineering Task Force,互联网工程任务组)推荐了双协议栈、隧道技术以及网络地址转换等转换机制。

1. 双协议栈技术

双栈机制是使 IPv6 网络节点具有一个 IPv4 栈和一个 IPv6 栈,即网络中的所有网络设备都需要同时支持 IPv4 和 IPv6 协议。IPv6 和 IPv4 是功能相近的网络层协议,两者都应用于相同的物理平台,并承载相同的传输层协议 TCP 或 UDP。目前网络一般都使用该技术。

2. 隧道技术

隧道技术,也称为动态 6to4 隧道。随着 IPv6 的发展,出现了一些运行 IPv4 协议的骨干网络隔离开的局部 IPv6 网络,为了实现这些 IPv6 网络之间的通信,可采用隧道技术。隧道对于源站点和目的站点是透明的,在隧道的入口处,路由器将 IPv6 数据包作为数据封装在 IPv4 数据包里,使 IPv6 数据包能在已有的 IPv4 基础设施(主要是指 IPv4 路由器)上传输。隧道技术的优点在于隧道的透明性,IPv6 主机之间的通信可以忽略隧道的存在,隧道只起到物理通道的作用。隧道技术在 IPv4 向 IPv6 演进的初期应用非常广泛。但是,隧道技术不能实现 IPv4 主机和 IPv6 主机之间的通信。

3. 网络地址转换技术

网络地址转换(Network Address Translator,NAT)技术是将 IPv4 地址和 IPv6 地址分别看作内部地址和全局地址,或者相反。例如,内部的 IPv4 主机要和外部的 IPv6 主机通信时,在 NAT 服务器中将 IPv4 地址(相当于内部地址)变换成 IPv6 地址(相当于全局地址),服务器维护一个 IPv4 与 IPv6 地址的映射表。反之,当内部的 IPv6 主机和外部的 IPv4 主机进行通信时,则 IPv6 主机映射成内部地址,IPv4 主机映射成全局地址。NAT 技术可以解决 IPv4 主机和 IPv6 主机之间的互通问题。

5.4 网络层路由选择协议

网络层最主要的功能就是将分组在复杂的网络中从源传送到目的地,而这一过程的核心就是路由选择和数据转发,实现这些功能的主要设备就是路由器。

每个路由器中都有一个路由表(routing table)和 FIB(forward information base)表。FIB 表包含的是转发信息的镜像。当一个分组到达路由器的某个输入链路时,路由器以及 FIB 的信息将其送到合适的输出链路,这个过程就是数据转发。当分组从发送方(源)到接收方(目的)时,路由器要选择分组从源到目的地主机的路径,这就是路由选择。路由表也称为路由择域信息库(routing information base,RIB),是路由选择的依据。它是一个存储在路由器或者联网计算机中的电子表格(文件)或类数据库,包含了目的网络与下一跳的对应关系。路由器根据 IP 包中的目的 IP 地址和路由器中的路由表信息确定 IP 包的转发方向。IP 包的目的 IP 地址是由源主机发送该 IP 包时确定的,在转发过程中不再改变。路由表的构建是由路由选择协议实现。

根据路由器学习路由信息、生成并维护路由表的方法不同,路由表分为三种:直连路由、静态路由和动态路由。

5.4.1 直连路由

路由器接口所连接的子网的路由方式称为直连路由。而通过路由协议从别的路由器学到的路由称为非直连路由,它分为静态路由和动态路由。

路由器的接口与相邻设备正确连接(物理层连通),正确运行链路层协议(数据链路层连通),运行网络层协议(IP 协议),配置了正确的 IP 地址(同一网段),则网络层及其下层都已连通,即该接口处于活动状态(active)。此时该路由器接口所在的网络就会作为直连路由自动加入路由表。这就像你家附近的邮局,会知道它所管辖区域的各处地址。

直连路由是由链路层协议发现,是路由器最先获知的路由信息,该路由信息不需要网络管理员维护,也不需要路由器通过某种算法进行计算获得,只要该接口处于活动状态,路由器就会把通向该网段的路由信息填写到路由表中,直连路由无法使路由器获取与其不直接相连的路由信息。

直连路由是其他路由的基础,如果路由器中没有任何直连路由,也就不会有静态和动态路由的存在。因为要知道到任何远处的路径,必须知道第一步该怎么走,而第一步一定是在某个直连路由中。

5.4.2 静态路由

与路由器直接相连的网络的路由被自动添加到路由表(即直连路由);非直接相连(间接相连)的网络的路由可通过静态路由和动态路由两种方法添加。

静态路由的路由项是手动配置,而非动态决定。与动态路由不同,静态路由是固定的,不会自动改变,即使网络状况已经改变或是重新被组建。一般来说,静态路由是由网络管理员逐项手工加入路由表(为路由器指定到某网络的路径)。这就像在邮局中人为指定到某区域的邮件应该从哪条路出发一样。

1. 静态路由的优点

(1) 不占用网络带宽,因为静态路由不会产生更新流量。

(2) 网络安全保密性高,动态路由因为需要路由器之间频繁地交换各自的路由表,而对路由表的分析可以揭示网络的拓扑结构和网络地址等信息。因此,网络出于安全方面的考虑可以采用静态路由。

2. 静态路由的缺点

静态路由缺点是通常它不宜用于大型和复杂的网络环境,主要有以下两方面原因。

(1) 网络管理员难以全面地了解整个网络的拓扑结构。

(2) 当网络的拓扑结构和链路状态发生变化时,路由器中的静态路由信息需要大范围地调整,这一工作的难度和复杂程度非常高。当网络发生变化或网络发生故障时,不能重选路由,很可能使路由失败。

3. 适合使用静态路由的情况

(1) 在小型网络中常常只有几台路由器,管理人员很容易判断每台路由器到达某网络的最优路径。如使用动态路由会增加额外开销。

(2) 在某些大型局域网,如校园网,虽然网络规模大,但在网络层,仅通过单条线路接入Internet。在网络边缘的路由器上只需指定静态路由。

(3) 在结构单一且变化较小的网络中,如星型和树型网络中。如大型企业的广域网中,大都以企业总部为中心,分支结构为分支点。不论在中心还是分支,都可以很容易指定各网络的静态路由。

5.4.3 动态路由

规模大、结构复杂的网络中,如果仅依靠人工指定的静态路由,一是工作量大,二是网络升级改造复杂,这种情况下可以采用动态路由。动态路由是与静态路由相对的一个概念,指路由器能够根据路由器之间交换的特定路由信息自动地建立自己的路由表,并且能够根据链路和节点的变化适时地进行自动调整。当网络中节点或节点间的链路发生故障,或存在其他可用路由时,动态路由可以自行选择最佳的可用路由并继续转发报文。而在实际应用上,现在的大中型网络中是静态路由和动态路由同时工作的,共同为路由器维护路由表。

在动态路由中,管理员不再需要与静态路由一样,手工对路由器上的路由表进行维护,而是在每台路由器上运行一个路由协议。这个路由协议会根据路由器上的接口的配置(如IP 地址的配置)及所连接的链路的状态,生成路由表中的路由表项。

所有的动态路由协议在 TCP/IP 协议集中都属于应用层的协议。每个动态路由协议对应一个应用层程序。这类程序的功能是动态地与网络中使用相同动态路由协议的其他路由器交换网络信息,并根据当前网络信息动态地为路由器生成当前路由表。

1. 动态路由协议按寻址算法分类

动态路由协议按寻址算法的不同,可以分为距离矢量路由协议和链路状态路由协议。

1) 距离矢量路由协议

距离矢量(distance-vector,DV)算法,是相邻的路由器之间互相交换整个路由表,对以距离和方向构成的矢量进行叠加,最后学习到整个路由表。距离按跳数等度量来定义,跳数指经过的路由器的个数。方向是下一跳的路由器或送出数据的接口。距离矢量协议通常使用贝尔曼—福特算法来确定最佳路径。常用的距离矢量路由协议有 RIP、BGP 等。

(1) 距离矢量算法具有以下特点。

① 路由器之间周期性的交换路由表。

② 交换的是整张路由表的内容。

③ 每个路由器和它直连的邻居之间交换路由表。

④ 网络拓扑发生了变化之后,路由器之间会通过定期交换更新包来获得网络的变化信息。

(2) 距离矢量路由协议的缺陷主要表现在以下几方面。

① 度量标准(metric)的可信度。因为距离仅仅表示的是跳数,对路由器之间链路的带宽,延迟等无考虑。这会导致数据包的传送可能会走在一个看起来跳数小但实际带宽窄和延时大的链路上。

② 交换路由信息的方式。路由器交换信息是通过定期广播整个路由表所能到达的适用网络号码。但在稍大一点的网络中,路由器之间交换的路由表会很大,而且很难维护,可能会产生大规模的通信流量,导致收敛很缓慢。

2) 链路状态路由协议

采用链路状态(link state,LS)算法。链路状态是一个层次式的,执行该算法的路由器不是简单地从相邻的路由器学习路由,而是把路由器分成区域,收集区域内所有路由器的链路状态信息来创建网络的"地图",即拓扑结构,每一个路由器再根据拓扑结构图计算出路由。因为所有的路由器都有相同的"网络地图",所以可以在拓扑结构中选择到达所有目的地的最佳路径。常用的链路状态路由协议有 OSPF、IS-IS 等。

2. 动态路由协议按工作区域分类

随着互联网规模的扩大,单纯地将网络看作路由器的集合变得不再可行。因为网络中涉及的路由器数目变得庞大,涉及路由选择算法计算的开销将大到无法实现。大的 ISP 的网络可能含有上千台路由器,而小的提供商和机构通常只有十几台路由器,他们希望在内部使用自己的路由选择算法,同时还与外部相连。解决这些问题的办法是,将路由器组织进自治系统(autonomous system,AS)。每个 ISP 或机构管理的自己的内部网络,一般称为一个自治系统(AS)或管理域,如一家 ISP、一家公司等内部;它和其他 ISP 或机构的连通称为域间连接。为了将 AS 与外界相连,AS 中将会有一个或多个路由器负责 AS 与外界之间转发分组,这些路由器称为网关路由器。因此,Internet 又可以看成是由一个个域互连而成。

由于将网络分割为一个个自治系统(AS),则根据协议适用的范围(即工作区域或领域),动态路由协议可分为域内路由协议 IGP 和域间路由协议 EGP。

1) 域内路由协议(interior gateway protocol,IGP)

在 AS 内部运行的路由选择协议称为域内路由协议(或内部网关协议)。其作用是确保在一个域内的每个路由器均遵循相同的方式表示路由信息,并且遵循相同的发布和处理信息的规则,主要用于发现和计算路由。常用的域内路由协议有路由信息协议 RIP、开放最短路径优先协议 OSPF、增强型内部网关路由协议 EIGRP 等。

2) 域间路由协议(exterior gateway protocol,EGP)

在 AS 之间运行的路由选择协议称为域间路由协议(或外部网关协议)。它负责在自治系统(AS)之间或域间完成路由和可到达信息的交互,主要用于传递路由。域间路由协议有外部网关协议 EGP、边界网关协议 BGP。EGP 协议,主要是早期的 EGP 协议(此处的 EGP 是外部网关协议的一种,两者不能混淆)其效率太低,仅被作为一种标准的外部网关协议,没有被广泛使用。而 BGP 协议特别是 BGP-4,由于能处理聚合(采用 CIDR 无类域间路由技术)和超网(supernet)的功能,为互联网提供可控制的无循环拓扑,因此在互联网上被大量使用。

3. 不同的路由协议使用的底层协议不同

(1) RIP(routing information protocol,路由信息协议):内部网关协议 IGP 中最先得到广泛使用的协议。RIP 是一种分布式的基于距离矢量的路由选择协议,是因特网的标准协议,其最大优点就是实现简单,开销较小。它使用 UDP 作为传输协议,端口号 520。

(2) OSPF(Open Shortest Path First,开放式最短路径优先):一个内部网关协议,用于在单一自治系统(AS)内决策路由,它将协议报文直接封装在 IP 报文中,其协议号是 89。由于 IP 协议本身是不可靠传输协议,所以 OSPF 传输的可靠性需要协议本身来保证。

(3) IS-IS(intermediate system-to-intermediate system,中间系统到中间系统)协议:最初是 ISO(the International Organization for Standardization,国际标准化组织)为 CLNP(connection less network protocol,无连接网络协议)设计的一种网络层动态路由协议。IS-IS 协议基础是 CLNP(connectionless network protocol,无连接网络协议)。它是一种内部网关协议,是一种链路状态协议。因其属于网络层,不存在端口号和协议号的概念。

(4) BGP(border getaway protocol,边界网关协议):唯一一个用来处理像因特网大小的网络的协议,也是唯一能够妥善处理好不相关路由域间的多路连接的协议。BGP 属于外部网关路由协议,可以实现自治系统间无环路的域间路由。BGP 是沟通 Internet 广域网的主要路由协议。BGP 用于在不同的自治系统(AS)之间交换路由信息。当两个 AS 需要交换路由信息时,每个 AS 都必须指定一个运行 BGP 的节点,来代表 AS 与其他的 AS 交换路由信息。这个节点可以是一个主机。但通常是路由器来执行 BGP。两个 AS 中利用 BGP 交换信息的路由器也被称为边界网关（border gateway）或边界路由器（border router）。它使用 TCP 作为传输协议，提高了协议的可靠性，TCP 的端口号是 179。

5.5 网络层其他协议

TCP/IP 网络层的核心协议是 IP 协议，与 IP 协议配套使用实现其功能的还有地址解析协议 ARP、因特网报文协议 ICMP、因特网组管理协议 IGMP。

5.5.1 地址解析协议（ARP）

ARP(address resolution protocol)是地址解析协议，是基于 TCP/IP 协议集的链路层的协议。在局域网中，网络中实际传输的是"帧"。在以太网中的数据帧从一个主机到达网络内的另一台主机是根据 48 位的以太网地址（MAC 地址）来确定接口的，而不是根据 32 位的 IP 地址。内核（如驱动）必须知道目的端的 MAC 地址才能发送数据。当然，点对点的连接是不需要 ARP 协议的。帧里面是有目标主机的 MAC 地址（链路层地址，在以太网中就是网卡地址，也称为网卡的物理地址）的。在以太网中，一个主机要和另一个主机进行直接通信，必须要知道目标主机的 MAC 地址。这个目标 MAC 地址就是通过地址解析协议 ARP 获得的。ARP 协议的基本功能就是将目的 IP 地址解析为目的 MAC 地址，通过 IP 地址得知其物理地址。

每一个主机都设有一个 ARP 高速缓存（ARP cache），里面有所在的局域网上的各主机和路由器的 IP 地址到硬件地址的映射表。地址解析就是借助它来实现的。

当主机发送信息时，将包含目标 IP 地址的 ARP 请求广播到局域网络上的所有主机，并接收返回消息，以此确定目标的物理地址；收到返回消息后将该 IP 地址和物理地址存入本机 ARP 缓存中并保留一定时间，下次请求时直接查询 ARP 缓存以节约资源。

地址解析是自动进行的，主机的用户对这种地址解析过程是不知道的。主机或路由器要和本网络上另一个已知 IP 地址的主机或路由器进行通信，ARP 协议会自动地将该 IP 地址解析为链路层所需要的物理地址。

ARP 是解决同一个局域网上的主机或路由器的 IP 地址和硬件地址的映射问题。若所要找的主机和源主机不在同一个局域网上，那么就要通过 ARP 找到一个位于本局域网上的某个路由器的物理地址，然后把分组发送给这个路由器，让这个路由器把分组转发给下一个网络，剩下的工作就由下一个网络来完成。

使用 ARP 有以下四种典型情况。

（1）发送方是主机，要把 IP 数据报发送到本网络上的另一个主机。这时用 ARP 找到目的主机的物理地址。

（2）发送方是主机，要把 IP 数据报发送到其他网络的主机。这时 ARP 找到本网络上某个路由器物理地址，剩下工作由这个路由器来完成。

（3）发送方是路由器，要把 IP 数据报转发到本网络上的一个主机。这时用 ARP 找到目的主机的物理地址。

（4）发送方是路由器，要把 IP 数据报转发到另一个网络上的一个主机。这时用 ARP

找到本网络上的一个路由器的物理地址,剩下的工作由这个路由器来完成。

5.5.2 因特网控制报文协议(ICMP)

因特网控制报文协议(internet control message protocol,ICMP),是基于 TCP/IP 协议集的网络层协议。它用于在主机、路由器之间传递控制消息,包括报告 IP 数据包传递过程中发生的错误、失败、交换受限控制和状态信息等,提供网络诊断等功能。在网络层中,ICMP 协议能对 IP 包的传输做适当的管理。它不能使 IP 协议变得可靠,它只是一定程度提高了 IP 包传输成功的概率。

当遇到 IP 数据无法访问目标、IP 路由器无法按当前的传输速率转发数据包等情况时,会自动发送 ICMP 消息。这些控制消息虽然并不传输用户数据,但是对于用户数据的传递起着重要的作用。常用的 PING 命令,就是 ICMP 协议的应用。

ICMP 虽然是网络层协议,但并不是封装在数据链路层中,而是封装在 IP 包中,协议号为 1。它作为 IP 层数据报的数据,加上数据报的首部,组成数据报发送出去。

ICMP 报文首部中的类型(Type)字段用于说明 ICMP 报文的作用及格式,代码(Code)字段用于详细说明某种 ICMP 报文的类型。表 5-5 列出了几种常用类型(Type)。

表 5-5 ICMP 常用类型

类型	代码	描 述	类型	代码	描 述
0	0	Echo 应答(Ping 应答)	12	0~1	参数问题
3	0~15	目标不可达	13	0	时间戳请求(作废不用)
4	0	源端被关闭(基本流控制)	14	0	时间戳应答(作废不用)
5	0~3	重定向	15	0	信息请求(作废不用)
8	0	Echo 请求(Ping 请求)	16	0	信息应答(作废不用)
9	0	路由通告	17	0	地址掩码请求
10	0	路由请求	18	0	地址掩码应答
11	0~1	TTL 生存时间为 0(超时)			

ICMP 有以下两种报文类型。

1) 差错报告报文

(1) 终点不可到达。由于路由表、硬件故障、协议不可到达、端口不可达到等原因导致,这时路由器或目的主机向源站点发送终点不可到达报文。

(2) 源站抑制。发生拥塞事,平衡 IP 协议没有流量控制的缺陷。

(3) 超时。环路或生存时间为 0。

(4) 参数问题。IP 数据报首部参数有二义性。

(5) 改变路由。路由错误或不是最佳。

2) 询问报文

(1) 回送请求或回答:用来测试连通性,如 PING 命令。

(2) 时间戳请求或回答:用来计算往返时间或同步两者时间。

(3) 地址掩码请求或回答:得到掩码信息。

(4) 路由询问或通告:得知网络上的路由器信息。

5.5.3 因特网组管理协议(IGMP)

因特网组管理协议(Internet group management protocol,IGMP),是基于 TCP/IP 协议集的组播协议。该协议运行在主机和其直接相邻的组播路由器之间,用于建立、维护组播组成员关系。当一台主机加入或离开一个组时,它发送一个 IGMP 消息到组地址以宣告它的加入(成员身份)或离开,多播路由器和交换机就可以从中学习到组的成员。利用从 IGMP 中获取到的信息,路由器和交换机在每个接口上维护一个多播组成员的列表。路由器通过 IGMP 周期性地查询局域网内的组播组成员是否处于活动状态,实现所连网段组成员关系的收集与维护。

像 ICMP 一样,IGMP 报文被封装在 IP 包中,IP 协议号为 2。所有希望接收 IP 组播的主机都应当实现 IGMP。

5.6 项目实训 IPv4 地址规划及配置

1. 项目导入

计算机网络是用物理链路将各个网络节点(如路由器、主机)相连组成数据链路,从而达到资源共享和数据通信的目的的网络。任何网络中,每一个节点都要依靠唯一的网络地址相互区分和相互联系。为网络中的每一个节点确定网络地址非常重要,其中 IP 地址的规划是企业网络规划的核心内容。目前网络主要使用 IPv4 和 IPv6 两种版本的网络地址,IPv4 地址的使用仍然很广泛。

本项目中,请根据具体需求,实现小型网络 IPv4 地址(以下简称 IP 地址)的规划,并完成网络节点的 IPv4 地址配置。

2. 项目目的

(1) 掌握 IPv4 地址的基本概念及分类。
(2) 能够根据实际需求,进行网络规划。
(3) 熟练掌握 IPv4 地址的配置方法。

3. 实训环境

(1) 硬件环境:若干台计算机已通过网线连接到交换机。
(2) 软件环境:计算机安装有 Windows XP 及以上版本操作系统且已经安装好网卡。

4. 项目实施

一个机房有 50 台计算机,需要将它们组成一个小型局域网,请为该机房规划网络,并进行相应配置(不考虑子网划分)。

1) 选择网络(A 类、B 类、C 类)

分析:IPv4 地址标准分类有五类,但可以在实际网络中应用的只有 A、B、C 三类地址。其中,每个 A 类可以容纳 $2^{24}-2=16777214$;每个 B 类可以容纳 $2^{16}-2=65534$;每个 C 类可以容纳 $2^8-2=254$。

根据网络需求,该机房只有 50 台设备,因为不需要考虑子网划分,所以选择一个标准的 C 类网络就可以。

2）规划

从 C 类网络中选择一个,并写出其所在网络的标准子网掩码、网络地址、广播地址及主机地址范围。

分析:根据需求该网络是一个局域网,需要从 Internet 管理委员会规定的私有地址中选取。用于 C 类的私有地址范围是 192.168.0.0～192.168.255.255。

本实训从中选取网段:192.168.0.×/24,则该机房的局域网网络的规划如下。

（1）网络地址:192.168.0.0。

（2）广播地址:192.168.0.255。

（3）主机地址范围:192.168.0.1～192.168.0.254。

（4）子网掩码:255.255.255.0。

3）配置

根据上面的规划,为该局域网中若干台计算机配置 IP 地址。

（1）在一台计算机中,进入网络配置界面:依次打开"控制面板"→"网络和 Internet"→"本地连接"→"Internet 协议版本 4（TCP/IPv4）"属性,将打开"Internet 协议版本 4（TCP/IPv4）属性"对话框。

（2）配置 IP 地址:IP 地址为"192.168.0.1";子网掩码为"255.255.255.0";单击"确定"按钮完成设置。

（3）重复上面的步骤,为该网络中其他计算机配置 IPv4 地址。

注意:

该网络中计算机的 IP 地址需从第(2)步的"主机地址范围"中选取的,且每台计算机的 IP 地址必须唯一(该网段中唯一),避免地址冲突。

4）测试

通过 ping 命令测试网络环境是否畅通?

在一台计算机的命令行窗口中,输入测试命令"ping IP 地址",如 ping 192.168.0.2。

注意:

命令里的 IP 地址是该网络中已经启动且配置联网的计算机(非本机 IP 地址)。

5. 项目拓展

某学校新建两个机房,各有 50 台计算机。学校希望两个机房各自独立组建一个网络,将来两个机房也可以联网通信。请为这两个机房规划网络,并进行相应配置。要求:不过度浪费地址空间。

本章小结

1. 网络层是 OSI 参考模型的第 3 层、TCP/IP 参考模型的第 2 层,主要功能是为网络中的终端设备之间提供数据传输服务,其核心功能是实现点到点的数据包传输,不考虑传输的数据来源。网络层的核心协议是 IP 协议。IP 协议非常简单,仅仅提供不可靠、无连接的传送服务,它主要负责转发 IP 包。IP 协议定义的网络层地址被称为 IP 地址,网络层的每个接口都必须有唯一的 IP 地址。IP 协议版本有 IPv4 和 IPv6 两个版本。

2. IPv4 地址占用 32 位，IPv6 地址占用 128 位。有多种过渡策略可以实现两者的平稳过渡。每个网络的地址范围内都有三类地址：网络地址、广播地址和主机地址。

3. 路由表是路由选择的依据，是存储在路由器或者联网计算机中的电子表格（文件）或类数据库，包含了目的网络与下一跳的对应关系。路由表分为三种：直连路由、静态路由和动态路由。路由表是由路由选择协议构建的。按寻址算法的不同，动态路由协议可以分为距离矢量路由协议和链路状态路由协议。按协议适用的范围（即工作区域或领域），动态路由协议可分为域内路由协议 IGP 和域间路由协议 EGP。

本章习题

1. 简述网络层的主要功能。
2. 简述 IPv4 的报文结构。
3. 对比 IPv4 与 IPv6 有哪些重要改变。
4. 写出 A 类、B 类、C 类 IPv4 地址的标准子网掩码。
5. 写出以下 IP 地址及其掩码所属网络的网络地址、广播地址及对应的 CIDR 记法。

（1）10.1.2.3/255.255.255.0。

（2）172.16.2.3/255.255.255.0。

（3）192.168.2.168/255.255.255.192。

第6章 传输层

学习目标
(1) 了解传输层的功能及作用；
(2) 理解 TCP/IP 的两种传输层协议(TCP、UDP)的作用；
(3) 理解 TCP 协议的数据段结构和传输策略；
(4) 掌握 TCP 协议的数据传输过程；
(5) 理解 UDP 协议的数据报结构和数据传输的特点。

6.1 传输层概述

6.1.1 传输层功能

传输层是 OSI 参考模型的第 4 层、TCP/IP 参考模型的第 3 层，介于低 3 层通信子网和高层资源子网之间的一层，具有承上启下的核心作用，它是整个网络体系结构中最关键的一层，是唯一负责总体的数据传输和数据控制的一层。

由于数据在传输过程中，其网络层提供的是无连接的、不可靠的服务，或者由于路由器的崩溃，造成包的丢失、损毁、乱序等差错情况，所以需要在网络层更高的层次实现端到端的数据的可靠传输。而传输层是源端到目的端对数据传送进行控制从低到高的最后一层，它的作用就是要在网络层服务的基础上，为网络端点主机上的进程之间提供可靠、有效的数据通信服务，即实现端到端的可靠通信。

传输层提供了主机应用程序进程之间的端到端的服务，基本功能如下。

1. 数据分段与重组

数据分段与重组是传输层的重要功能。在发送端，传输层将来自上层(应用层)的数据切割成易于管理的小的数据片段，然后发送到目的端。在接收端，传输层将各个数据片段重组为完整的数据流，然后传送到相应的应用程序。传输层协议规定了如何使用传输层报头信息来重组要传送到应用层的数据片段。

2. 标识应用程序

数据在传输的过程中，需要知道其发送自哪个应用程序，发送到哪个应用程序，因此需要对它们进行标识。传输层将为这些应用程序分配标识符以便识别，TCP/IP 协议称这种标识符为端口号。每个主机中的每个需要访问网络的进程都将被分配一个唯一的端口号(标识符)，该端口号将用于传输层报头中，以指示与数据片段相关联的应用程序。应用程序不需了解所用网络的详细信息，它们只需生成从一个应用程序发送到另一个应用程序的数据,而不必关心目的主机类型、传输数据的介质、传输路径以及链路上的拥塞情况或网络规模等。

3. 分隔多个通信

一台计算机可能会有多个网络应用程序在同时运行(如某人在一台计算机上用浏览器下载网络资源的同时,用酷狗音乐播放线上歌曲,并用微信聊天),它们需要同时通过网络来接收和发送数据,而这些从网络接收的数据就需要送到正确的应用程序,并进行适当的处理,那么为确保接收和显示信息的完整性而导致的轻微延迟就是可以接受的。为了识别每段数据,传输层需向每个数据段添加包含相应信息的报头。因此,传输层可以为不同应用进程服务,可以同时隔离多个应用的数据。不同的传输层协议通过这些信息实现各自的功能。

4. 提供数据传输不同级别的可靠性

传输层提供端到端的数据传输。但为了适应不同环境的要求,传输层也提供不同级别的端到端的可靠性数据传输。在网络环境较差、数据传输容易出现问题的环境下,或者对数据传输质量要求较高的情况下,可以在传输层采用可靠的端到端的数据传输,但这种方式会损失一定的传输效率。在传输质量较高的环境下,可采用不可靠的端到端的传输方式,这种方式能极大地提高传输效率,但在传输过程中容易出现数据错误。不同的传输层协议所包含的规则各不相同,因此设备可以处理各种数据传输要求。

6.1.2 传输层协议

TCP/IP 协议簇最常用的两种传输层协议是传输控制协议(TCP)和用户数据报协议(UDP)如图 6-1 所示。这两种协议都用于管理多个应用程序的通信,不同点在于它们执行各自特定的功能。

TCP 是一种面向连接的协议。在数据传输前,发送方要和接收方进行联系,建立连接,即采用有连接的方式;后续的数据都通过这个连接收发数据;数据传输完成之后,释放连接。为实现可靠传输的功能,TCP 协议会产生额外的开销。TCP 协议还提供可靠传输、流量控制的功能。TCP 仅支持单播传输:每条传输连接只能有两个端点,只能进行点对点的连接,不支持多播和广播的传输方式,UDP 是支持的。TCP 中的通信数据段称为报文段。使用 TCP 协议的应用包括 Web 浏览器、电子邮件、文件传输等。

图 6-1 传输层协议

UDP 是一种简单的传输层协议。在传输前,发送端不和接收方建立联系(即采用无连接的方式),尽力传送数据。它只提供端到端传输所必需的功能,但不保障数据传输的可靠性。优点在于提供低开销数据传输。UDP 中的通信数据段称为数据报。使用 UDP 协议的应用包括域名系统(DNS)、视频流、IP 语音(VoIP)等。

6.1.3 端口

要实现对各种应用的支持,需要以传输层为基础,根据应用性质采用不同的传输层协议。为区分这些应用,在传输层上使用不同的端口标识并隔离这些应用。

1. 端口概述

运行在计算机中的进程是用进程标识符来标识的。但运行在应用层的各种应用进程却不应当让计算机操作系统指派它的进程标识符。这是因为在因特网上的计算机的操作系统种类很多,而不同操作系统的进程标识符使用不同的格式,因此发送方非常可能无法识别其他机器上的进程。为了使运行不同操作系统的计算机的应用进程能够互相通信,就必须用统一的方法对 TCP/IP 体系的应用进程进行标志。而且由于进程的创建和撤销都是动态的,有时我们会改换接收报文的进程,但并不需要通知所有发送方;另外,在实际应用中,我们往往需要利用目的主机提供的功能来识别终点,而不需要知道实现这个功能的进程。

解决这个问题的方法就是在传输层使用协议端口号(protocol port number),通常简称为端口。端口号由一个 16 位无符号二进制数组成。端口号只具有本地意义,即端口号只是标志本计算机应用层中的各进程。在因特网中,不同计算机的相同端口号是没有联系的。虽然通信的终点是应用进程,但我们可以把端口想象是通信的终点,因为我们只要把要传送的报文交到目的主机的某一个合适的目的端口,剩下的工作(即最后交付目的进程)就由 TCP 来完成。

网络应用程序一般分为两种:服务器应用程序和客户端应用程序。它们的端口分配方法不同,服务器端应用程序的端口一般采用静态分配方法,客户端应用程序的端口是在运行时动态选择。

2. 端口的分类

端口号对应一个 16 位无符号二进制数,因此它的范围是从 0~65535。端口的分配由互联网编号指派机构(the internet assigned numbers authority,IANA)负责,一般分为以下三类端口:熟知端口、注册端口、动态端口。

(1) 熟知端口(well-known port,也称为公用端口),端口范围为 0~1023,这类端口号应用于特定熟知的应用协议,主要用于服务器应用程序。常见的熟知端口见表 6-1。

表 6-1 常见的熟知端口

端口	20	21	22	23	25	80	443
描述	FTP 数据传输	FTP 控制信息	SSH	Telnet	SMTP	HTTP	HTTPS

(2) 注册端口(register port),端口范围为 1024~49151,为没有熟知端口号的应用程序使用的。这些端口既可以用于服务器应用程序,也可以用于客户端应用程序。使用这个范围的端口号必须在 IANA 登记,以防止重复。

(3) 动态或私有端口(dynamic port,也称为私有端口、客户端端口、短暂端口),端口范围为 49152~65535,留给客户进程选择暂时使用。这些端口是无法在 IANA 上面注册的,一般用于 C/S 架构中 Client 启用的高位端口作临时使用的。当服务器进程收到客户进程的报文时,就知道了客户进程所使用的动态端口号。通信结束后,这个端口号可供其他客户进程使用。

TCP 和 UDP 的协议规定,小于 256 的端口才能作为保留端口。此外,有一些应用程序可能既使用 TCP,也使用 UDP。例如,DNS 可以通过低开销的 UDP 实现快速响应客户端的请求;而在有些情况下,发送被请求的信息时需要满足 TCP 可靠性的要求;此时,该程序内的两种协议将同时采用公认的端口号 53。

3. 套接字(socket)

在网络中,通过 IP 可唯一标识一个主机,通过端口号可标识一台主机中的不同应用进程。如果将计算机的第 3 层逻辑地址(网络层的 IP 地址)和端口相关联,就可以唯一地标识互联网上的一个通信应用进程。这种 IP 地址和端口的绑定就叫套接字(socket),形式如下:

$$套接字(socket)=(IP 地址:端口号)$$

例如:192.168.1.1:80。

网络上进行通信的发送端和接收端(即每一条 TCP 连接的两端)都有套接字,这一对套接字对应互联网上用于通信的收发双发的两个应用进程,它唯一地标识了这对主机的会话,即这条 TCP 连接被这对套接字(通信的两端)所唯一地确定。

每一个会话(即每一条 TCP 连接)可表示为

$$TCP 连接=\{socket1, socket2\}=\{(IP1:port1),(IP2:port2)\}$$

4. 查看端口命令

使用 netstat 可以查看本机的端口使用情况,如图 6-2 所示。该命令可显示与 IP、TCP、UDP 和 ICMP 协议相关的统计数据,一般用于检验本机各端口的网络连接情况。

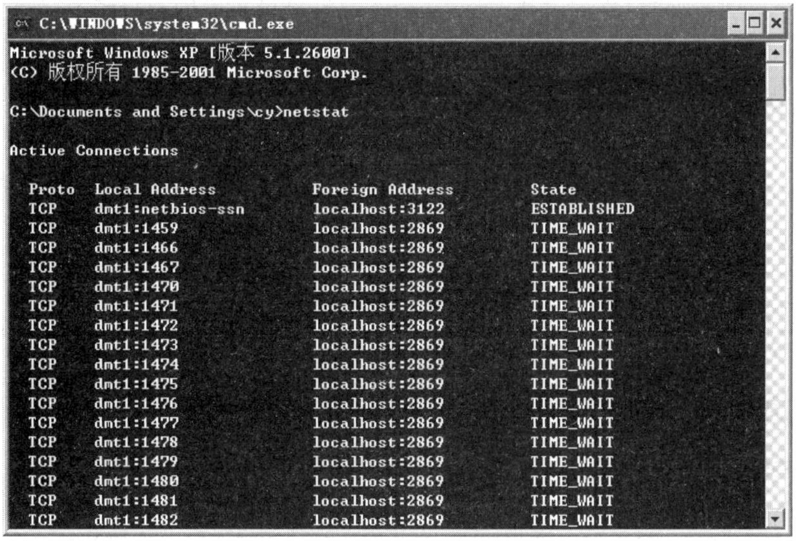

图 6-2　netstat 命令

6.2　TCP 协议

6.2.1　TCP 协议概述

TCP(transmission control protocol,传输控制协议)是一种面向连接的、可靠的、基于字节流的传输层通信协议,由 IETF 的 RFC 793 定义。TCP 的特点主要表现在以下几方面。

(1) TCP 是面向连接的传输层协议。两个需要通过 TCP 进行数据传输的应用进程之间首先必须建立一个 TCP 连接,并且在数据传输完成后要释放连接。一般将请求连接的应用进程称为客户机进程,而响应连接请求的应用进程称为服务器进程,即 TCP 连接的建立采用的是一种 C/S 工作模型。

（2）TCP提供全双工数据传输服务。只要建立了TCP连接，就能在两个应用进程间进行双向的数据传输服务。

（3）TCP是端到端的通信。即只能点对点通信，不支持广播和多播。

（4）TCP的数据传输是面向字节流的。两个建立了TCP连接的应用进程之间交换的是字节流。发送进程以字节流形式发送数据，接收进程也把数据作为字节流来接收。端到端之间不保留数据记录的边界，也就是说在传输的层面上不存在数据记录的概念。

（5）TCP是一个可靠的传输协议。它采用多种措施，确保传输数据的正确性，不出现乱序或丢失，最大程度地保证了端到端数据的可靠传输。

6.2.2 TCP报文格式

在数据通信的过程中，传输层会对从应用层接收的数据进行封装——为其加上TCP的首部，就构成了TCP的数据传送单位，称为报文段（segment）。报文段在向下发送到网络层时，将对其封装——加上IP首部，成为IP数据包；再继续向下发送到数据链路层，继续封装形成帧。接收时，则进行逐层解封，首先解封来自数据链路层的帧得到IP数据包，网络层再解封（即去IP首部）得到TCP报文段，传输层再解封（去TCP首部），最后交给应用层，得到应用层所需要的数据。

TCP报文由首部和数据两部分组成，其报文格式如图6-3所示。

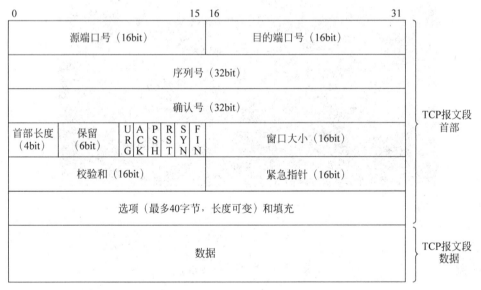

图6-3 TCP报文格式

（1）源端口号和目的端口号：各占16位，用于标识发送端和接收端应用程序。

（2）序列号（seq）：占32位，用于标识从TCP发送端向TCP接收端发送的数据字节流，它表示在这个段中的第一个数据字节。TCP连接中传送的数据流中的每一个字节都编上一个序号，序号字段的值则指的是本报文段所发送的数据的第一个字节的序号。例如：A发送给B的第一个TCP报文段中，序列号值被系统初始化为某个随机值ISN，那么在该传输方向上，后续的TCP报文段中序号值将被系统设置为ISN加上该报文段所携带数据的第一个字节在整个字节流中的偏移。

(3) 确认号(ack)：占 32 位,用于指定发送确认的一端所期望收到的下一个序号(即期望收到的数据的开始序列号),因此确认号应是上次已成功收到数据字节序号加 1。只有 ACK 标志为 1 时确认序号字段才有效。

(4) 首部长度：占 4 位,用于指明以 32 位(4 字节)为单位的首部长度数目。通过该字段可计算出的数据段开始地址的偏移值。由于该字段最大为二进制 1111(十进制 15),所以 TCP 首部最大 60 字节。由图 6-3 可知,首部中选项字段之前的部分长度固定为 20 字节,选项长度可变(可能为 0~40 字节),但必须是 32 位(即 4 字节)的整数倍,不足用零填充,所以首部的长度是 20~60 字节。

(5) 保留：占 6 位,保留为今后使用,目前应置为 0。

(6) 6 位标志位：每个标志位占 1 位。

① URG(紧急)：表示紧急指针是否有效。当 URG=1 时,表明紧急指针字段有效,它告诉系统此报文段中有紧急数据,应尽快传送(相当于高优先级的数据)。

② ACK(确认)：表示确认号是否有效,称携带 ACK 标志的 TCP 报文段为确认报文段。只有当 ACK=1 时,确认号字段才有效；当 ACK=0 时,确认号无效。TCP 规定在连接建立后所有传送的报文段都必须把 ACK 设置成 1。

③ PSH(push)：当 PSH=1 时,提示接收端应用程序应该尽快将这个报文段交付应用层,而不再等到整个缓存都填满了再向上交付。

④ RST(reset)：表示要求对方重新建立连接(复位报文段)。当 RST=1 时,表明 TCP 连接出现严重差错(如由于主机崩溃或其他原因),必须释放连接,然后再重新建立连接。

⑤ SYN(同步)：表示请求建立一个连接(同步报文段)。当 SYN=1,表示这是一个连接请求或连接接受报文。

⑥ FIN(终止)：表示通知对方本端要关闭连接(结束报文段),即用来释放一个连接。当 FIN=1 时,表明此报文段的发送端的数据已发送完毕,并要求释放连接。

(7) 窗口大小：占 16 位,用于流量控制,告知接收端希望接收的字节数,即 TCP 接收端缓冲区还能容纳多少字节的数据(窗口大小),这样发送端就可以控制发送数据的速度。表示从确认号开始,本报文的源方可以接收的字节数。

(8) 校验和：占 16 位,用于校验整个 TCP 报文段(包括 TCP 首部和数据)的所有数据的正确性,这是一个强制性的字段。由发送端发送端计算和填充,接收端验证对 TCP 报文段执行 CRC 算法,检验 TCP 头部在传输过程中是否损坏,确保数据的高可靠性。

(9) 紧急指针：占 16 位,是一个正的偏移量(从当前顺序号到紧急数据位置的偏移量),用于代替中断报文。当 URG 标志置 1 时,该字段才有效。

(10) 选项：长度可变,最少为 0,最多 40 字节。该字段的长度为 32 位的整数倍,不足用填充位填充。可通过使用该字段增加报文段的功能。TCP 最初只规定了一种选项,即最大报文段长度(maximum segment size,MSS)。MSS 告知对方 TCP：我的缓存所能接收的报文段的数据字段的最大长度是 MSS 个字节。MSS 是 TCP 报文段中的数据字段的最大长度。数据字段加上 TCP 首部才等于整个的 TCP 报文段。

(11) 填充：这是为了使整个首部长度是 32 位(4 字节)的整数倍。

6.2.3 TCP 连接管理

服务器上运行的每个应用程序进程都配置有一个端口号,由系统默认分配或者系统管理员手动分配,且同一传输层的不同服务的端口号不能相同。这些运行在服务器上的应用进程需要一直等待,当有客户端发出信息请求或者服务请求时,才启动通信。当服务器端应用程序分配到端口号时,该端口被视为"开启",这表明应用层将接收并处理分配到这个端口的数据段。服务器可同时开启多个端口,每个端口对应一个服务,即服务器可同时开启多个服务。

TCP 是一种面向连接的可靠通信协议。TCP 传输连接分为三个阶段:建立连接、传输数据、释放连接,如图 6-4 所示。其中连接的建立和释放是每次面向连接的通信中必不可少的过程。

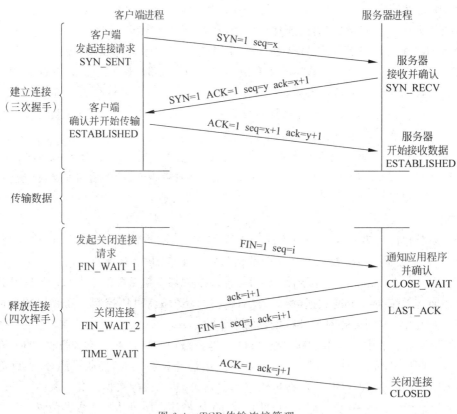

图 6-4 TCP 传输连接管理

1. 建立连接

在建立连接的过程中,一般客户端主机首先向服务器端发起会话,即发出连接建立请求;服务器一般是守候在服务器应用程序对应的端口等待客户端请求。TCP 传输的建立连接是通过三次握手来实现的,即建立连接分为三步,如图 6-4 所示。

(1) 第一次握手:客户端向服务器发送一个 SYN 报文,包含初始序列号和建立连接请求的同步标识(SYN=1),并进入 SYN_SENT 状态,等待服务器确认。

主要字段:客户端将标志位 SYN 置为 1,随机产生一个值作为序列号(seq=x),并将该数据包发送给服务器。

(2) 第二次握手：服务器收到请求后（SYN 报文），如果同意则发回 SYN＋ACK 报文（确认的报文），此时服务器进入 SYN_RECV 状态。

主要字段：服务器收到数据报文后，由标志位 SYN＝1 知道客户端请求建立连接，服务器将标志位 SYN 和 ACK 都置为 1，设置确认号的值 ack＝x＋1（即收到的序列号值加 1），并随机产生一个值作为序列号（seq＝y），并将该数据报文发送给客户端以确认连接请求。

(3) 第三次握手：客户端收到服务器的确认报文（含有初始序列号和确认号），即 SYN＋ACK 报文，再向服务器发送确认报文。此报文发送完毕，客户端和服务器进入 ESTABLISHED 状态，完成三次握手。客户端与服务器开始传送数据。

主要字段：客户端收到确认后，检查 ack 是否为 y＋1，ACK 是否为 1，如果正确则将标志位 ACK 置为 1，确认号的值为收到的序列号值加 1（ack＝y＋1），序列号的为收到的确认号（seq＝x＋1），并将该数据包发送给服务器，服务器检查 ack 是否为 y＋1，ACK 是否为 1，如果正确则连接建立成功，客户端和服务器进入 ESTABLISHED 状态，完成三次握手，即连接建立。随后客户端与服务器之间可以开始传输数据了。

2. 释放连接

数据传送结束后，双方都可发出终止连接的请求。建立连接需要三次握手，而终止连接要经过四次挥手，如图 6-4 所示。

(1) 第一次挥手：由进行数据通信的任意一方（发送端）提出要终止连接（带 FIN 标志）的请求报文段，发送端进入 FIN_WAIT_1 状态。

(2) 第二次挥手：接收端收到此终止连接的请求后，立即发送确认报文段（确认序号为收到的序列号＋1）和带有其自己序列号的报文段，同时通知上层的应用程序进行连接释放，接收端进入 CLOSE_WAIT 状态。

(3) 第三次挥手：接收端在处理完成数据后，再向发送端发送带有 FIN 标志的报文，以及重复上次已经发送过的序列号和确认号，接收端进入 LAST_ACK 状态。

(4) 第四次挥手：发送端收到接收端的要求终止连接的报文段后，发送端进入 TIME_WAIT 状态；接着发送反向确认（确认序号为收到序列号＋1）。当接收端收到确认后，进入 CLOSED 状态，完成四次挥手，即表示连接已经全部释放。

为什么建立连接是三次握手，而关闭连接却是四次挥手呢？

这是因为服务端在 LISTEN 状态下，收到建立连接请求的 SYN 报文后，把 ACK 和 SYN 放在一个报文里发送给客户端。而关闭连接时，当收到对方的 FIN 报文时，仅仅表示对方不再发送数据了，但是还能接收数据，己方也可能还没有将全部数据都发送给对方，所以己方可以立即 close，也可以发送一些数据给对方后，再发送 FIN 报文给对方来表示同意现在关闭连接。因此，己方 ACK 和 FIN 一般都会分开发送。

6.2.4　TCP 传输策略

为了通过 IP 数据报实现可靠性传输，需要考虑很多事情，例如数据的破坏、丢包、重复以及分片顺序混乱等，TCP 通过校验和、序列号、确认应答、超时重传、连接管理以及窗口控制等机制来实现可靠性传输。现将 TCP 的主要传输策略总结为以下几方面。

1. 数据重组

利用 TCP 传输数据时,发送端将数据分割成带有序列号的不同数据分段,并按顺序发送它们。序列号是按照顺序给发送数据的每个字节(8位)都标上号码的编号。连接建立时,将设置初始序列号(ISN)。初始序列号表示会话过程中要传输到目的应用程序的字节的起始值。之后,每传送一定字节的数据,序列号就随之增加。

每个数据分段中容纳有一定数量的数据,这些数据在发送端是按顺序发送到发送端和接收端建立的连接上。数据传输的过程中,每个数据段是分别独立传输的,而由于网络环境的差异,它们可能会以不同路线到达接收端,因此数据段到达的顺序会与出发的顺序不同,即出现乱序。为了还原数据,需要对数据段重组。通过收到的每个数据包中的数据段报头含有的序列号,就可以实现数据重组。在接收端,接收到的 TCP 数据段根据到达的先后顺序放入目的主机指定的缓冲区,然后根据这些数据段的序列号重新组织数据,还原数据。

2. 超时重传和确认机制

由于网络环境复杂,数据在传输的过程中出现丢失等问题,因此 TCP 采用超时重传机制来解决这个问题。

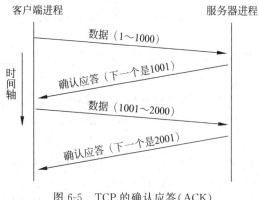

图 6-5 TCP 的确认应答(ACK)

在 TCP 传输中,当发送端的数据达到接收端时,接收端会返回一个已收到消息的通知,这个消息叫作确认应答(positive acknowledgement,ACK),如图 6-5 所示。在发送端将数据发出的同时,会启动一个重传定时器并等待接收端的确认应答。如果在定时器规定的时间内,收到从接收端返回的这一数据的确认应答,则说明数据已经成功达到接收端,就关闭该重传;反之,如果没有收到确认应答,则发送端重新传送该数据段。TCP 通过这种超时重传和确认机制,实现了数据的可靠传输。

在选择重传时间时,TCP 必须具有自适应性。它需要根据互联网当时的通信情况,给出合适的重发时间。这种重传策略的关键是对定时器初值的设定。采用较多的算法是 Jacobson 于 1988 年提出的一种不断调整超时时间间隔的动态算法。其工作原理是:对每条 TCP 连接都保持一个变量 RTT(round trip time),用于存放当前到目的端往返所需时间最接近的估计值。当发送一个数据段时,同时启动连接的定时器,如果在定时器超时前确认到达,则记录所需要的时间(M),并修正 RTT 的值,如果定时器超时前没有收到确认,则将 RTT 的值增加 1 倍。通过测量一系列的 RTT(往返时间)值,TCP 协议可以估算数据包重发前需要等待的时间。在估计该连接所需的当前延迟时通常利用一些统计学的原理和算法(如 Karn 算法),从而得到 TCP 重发之前需要等待的时间值。

3. 滑动窗口和确认机制

为了实现数据的可靠传输,TCP 采用确认机制。TCP 协议要求发送端发送数据后,必须等待接收端的确认才能够发送后面的数据。如果每传输一个数据段后,都要等待对方的确认,由于网络传输的时延,所以将有大量时间用于等待确认,导致传输效率低下,通信性能低。为此,TCP 采用一次收发多个数据段的滑动窗口机制和相应的确认机制。引入窗口概念后,确认应答也不再是以每个数据段,而是以更大的单位进行确认。

TCP 滑动窗口用来暂存计算机要传送的数据分组。每台运行 TCP 协议的计算机有两个滑动窗口:一个用于数据发送,另一个用于数据接收。TCP 协议软件依靠滑动窗口机制解决传输效率和流量控制问题。发送端可以在收到接收端的确认信息之前,连续发送多个数据分组;相应地,接收端发送的确认消息中就包含了基于所接收的所有会话字节的确认号;收到确认后发送端再继续发送后面的数据,如此往复工作。这种机制的转发时间被大幅缩短,提高了网络的吞吐率,提高了通信性能。它解决了端到端的通信浏览控制问题,允许接收端在拥有容纳足够数据的缓冲之前对传输进行限制。

窗口大小限制了发送端在收到确认消息之前可以传输的数据量大小。窗口大小是 TCP 报头中的一个字段,用于管理丢失数据和流量控制。在实际使用中,滑动窗口的大小是可以随时调整的。收发端在进行分组确认通信时,还交换滑动窗口的控制信息,使得双方滑动窗口大小可以根据需要动态变化,达到在提高通信效率的同时,防止拥塞的发送。

4. TCP 拥塞控制

互联网网络环境复杂,可能会出现传输超时,这就意味着出现了拥塞。当计算机网络出现拥塞时,如果突然发送一个较大的数据,极有可能会导致整个网络的瘫痪。为防止该问题的出现,TCP 采用"慢启动"方式来控制拥塞。

首先,为了在发送端调节所要发送数据的量,发送方除接收方承认的窗口外,增加一个拥塞窗口,发送方取两个窗口中的最小值作为发送的字节数。在建立连接时,以慢启动方式开始,将拥塞窗口的大小初始化为 1 个数据段,即该连接所需的最大数据段的长度值(1 个 MSS),发送数据。如在定时器超时前收到确认,则拥塞窗口大小增加一倍(即拥塞窗口的值就 2 个数据段),并发送两个数据段。如果每个数据段都在定时器超时前收到确认,拥塞窗口就继续增加一倍(即 4 个数据段)。如此反复,每次都在前一次的基础上加倍,拥塞窗口的大小呈指数增长。如果无限制的增长拥塞窗口,也会出现拥堵状况激增甚至导致网络拥塞的发生。为了防止这种情况的发送,设置了慢启动阈值。因此,直至超时或达到发送窗口设定的值(即慢启动阈值),则停止增加拥塞窗口大小。

TCP 拥塞控制是采用慢启动、加速收敛等措施来控制拥塞窗口大小,进而控制拥塞。

6.2.5 常用的 TCP 端口

常用的 TCP 端口见表 6-2。

表 6-2 常用的 TCP 端口

端口	协议	说明
80	http	Web 服务器所开放的进程端口,用于客户端 http 访问
21	ftp	FTP 服务器所开放的控制端口,用于上传下载
23	telnet	用于远程控制
25	SMTP	用于发送邮件
53	DNS	解析 IP 地址

6.3 UDP 协议

6.3.1 UDP 协议概述

UDP(user datagram protocol,用户数据报协议)是传输层的两个主要协议之一。相对 TCP 来说,UDP 是一种简单的传输层协议,提供了基本的传输层功能。UDP 提供的是一种无连接的协议,且不提供复杂的重新传输、排序、流量控制和确认机制。但这并不能说明使用 UDP 的应用程序是不可靠的,只是说明作为传输层协议,UDP 不提供上述几项功能。如果需要这些功能,必须通过应用层通过来实现。UDP 只提供了利用校验和检查数据完整性的简单差错控制,属于一种尽力而为的数据传输方式。

6.3.2 UDP 报文格式

UDP 是无连接的简单的传输层协议,因此它的报文格式与 TCP 相比少了很多字段,更加简单,这也是其传输数据效率较高的主要原因之一。UDP 报文的首部只有 8 字节,其报文格式如图 6-6 所示。

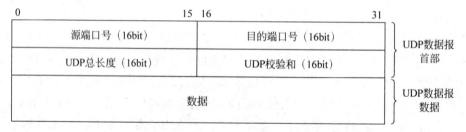

图 6-6 UDP 报文格式

- 源端口号和目的端口号:各占 16 位,用于标识发送端和接收端应用程序。
- UDP 总长度:占 16 位,用于标识用户数据报(UDP)的总长度,即 UDP 数据报的首部和数据的长度之和。
- UDP 校验和:占 16 位,用于检测 UDP 数据报在传输中是否有错,有错则丢弃。该字段是可选的,当源主机不想计算校验和,则直接置该字段全为 0。

当传输层从 IP 层收到 UDP 数据报时,将根据 UDP 数据报首部中的目的端口号,把 UDP 数据报通过相应的端口,上交给应用进程。如果接收方 UDP 发现收到的报文中的目的端口号不正确(不存在对应端口号的应用进程),就丢弃该报文,并由 ICMP 发送"端口不可达"差错报文给对方。

6.3.3 UDP 的主要特征

与 TCP 相比较,UDP 具有如下特征。

1. UDP 是无连接的传输层协议

在使用 UDP 传输数据前,无须建立连接,因此在时间上就不存在建立连接需要的时延。TCP 是面向连接的、高可靠性传输层协议,可以确保传输数据的正确性,不出现丢失或乱序等情况。因此在空间上,即在端到端传输过程中,TCP 要维护连接状态。它包括接收和发送的缓存、跟踪拥塞控制、序号与确认号等参数,这都需要一定的开销。而 UCP 不需要维护连接状态,也不用跟踪这些参数,开销小。因此在空间和时间上,UDP 都具有一定的优势。

2. UDP 分组首部开销小

TCP 报文的首部至少 20 字节,UDP 报文的首部只有 8 字节。

3. UDP 提供尽最大努力,但不保证可靠的传输服务

在基于 UDP 的通信中,所有维护传输可靠性的工作需要在应用层来完成。UDP 没有 TCP 的确认机制、重传机制。如果因为网络原因没有传送到对端,UDP 也不会给应用层返回错误信息。

4. UDP 是面向报文的

UDP 对数据既不拆分(发送端),也不合并(接收端),保留这些报文的边界。UDP 对应用层交下来的报文,添加首部后直接向下交付给网络层。对网络层交付的 UDP 用户数据报,在去除首部后就原封不动地向上交付给应用层的相应进程。报文不可分割,是 UDP 数据报处理的最小单位。正是因为这样,UDP 显得不够灵活。

由于 UDP 协议消耗资源小、通信效率高,因此 UDP 常用于一次性传输比较少量数据的网络应用,如 DNS、SNMP 等。因为对于这些应用,若是采用 TCP,会因为连接的创建、维护和拆除带来不小的开销。由于 UDP 通信效率高,具有较好的实时性。因此也常用于多媒体应用,如 IP 电话,实时视频会议,流媒体等。对这些应用而言,数据的可靠传输并不重要,偶尔丢失一两个数据包,也不会对接收结果产生太大影响。而 TCP 的拥塞控制会使它们有较大的延迟,才是不可容忍的。在使用 UDP 协议传送数据时,由于 UDP 的无连接性,不能保证数据的完整性,因此在传输重要数据时不建议使用 UDP 协议。

6.3.4 常用的 UDP 端口

常用的 UDP 端口见表 6-3。

表 6-3 常用的 UDP 端口

端口	协议	说明
7	ECHO	将收到的数据包回送到发送器
53	Nameserver	域名服务
69	TFTP	简单文件传输协议
111	RPC	远程过程调用
123	NTP	网络时间协议

6.4 项目实训 TCP 和 UDP 的通信分析

1. 项目导入

TCP/IP 协议簇最常用的两种传输层协议是传输控制协议(TCP)和用户数据报协议(UDP),这两种协议都用于管理多个应用程序的通信。TCP 是一种面向连接的、可靠的传输层协议,其传输连接分为三个阶段:建立连接、传输数据、释放连接。UDP 是一种无连接的、简单的传输层协议,只提供端到端传输所必需的功能。

请在网络中的一台计算机上安装 Wireshark 软件,使用该软件捕获 TCP 和 UDP 数据并分析通信过程。

2．项目目的

（1）理解 TCP 和 UDP 的工作原理。

（2）掌握 TCP 和 UDP 报文首部各字段的含义及作用。

（3）掌握 TCP 连接建立和释放的过程。

（4）理解 TCP 的确认机制。

3．实训环境

（1）一台安装有 Windows XP 及以上版本操作系统的联网计算机。

（2）该计算机所在网络,已经连入互联网环境。

4．项目实施

1) 安装 Wireshark

在计算机上,安装 Wireshark 软件。安装过程,一切默认配置即可。本次实训以 Wireshark 3.2.1 版本为例,其运行效果如图 6-7 所示。

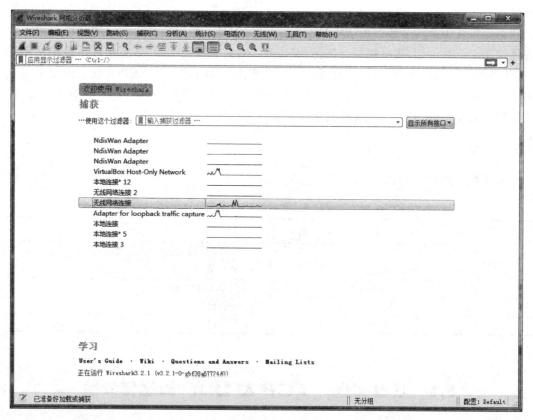

图 6-7　Wireshark 软件

注意：主界面中"波动的线"代表网卡传输信息的波动,以实际网卡为准。

2) 捕获 TCP 数据

提示：开始抓包前，请关闭其他网络应用程序，仅保留浏览器的访问。

（1）在 Wireshark 程序窗口，依次选择"捕获"菜单→"选项"命令，将打开"捕获接口"对话框，如图 6-8 所示。

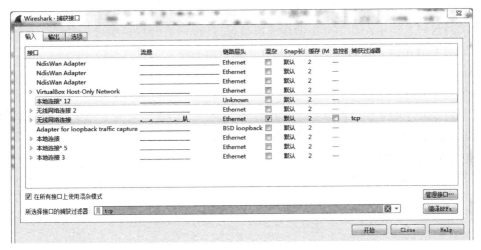

图 6-8　"捕获接口"对话框

（2）在"捕获接口"对话框中，选择本机网卡（此处以无线网卡为例）；在"过滤器"栏输入"TCP"，即设置捕获过滤条件，如图 6-8 所示；单击"开始"按钮，开始捕获 TCP 数据。

（3）通过浏览器访问某网站，如百度网站：http://www.baidu.com。

注意：使用浏览器访问 Web 网站时，采用的是 HTTP 应用层协议。HTTP 是基于 TCP 协议的，实现端到端的数据传输。以下实训即对访问 Web 网站的数据进行抓包分析。

（4）Wireshark 软件开始捕获符合过滤条件的 TCP 数据，并在 Wireshark 程序窗口中显示，如图 6-9 所示。

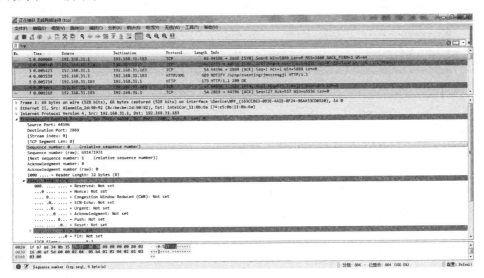

图 6-9　捕获的 TCP 报文数据

3) 分析 TCP 数据

(1) 单击工具栏中的"停止"按钮,停止捕获。

(2) TCP 的连接是通过三次握手建立的。观察捕捉到的数据分组,分析 TCP 连接建立过程。在图 6-9 中,前三个分组,即分组 1～3,就是三次握手。注意观察数据分组 Info 栏(显示内容:[SYN]、[SYN、ACK]和[ACK])和封包列表。

(3) 封包列表显示被选中分组的详细信息,信息按网络分层模型进行分组。对照 TCP 报文格式分析分组的详细信息,深入理解报文段首部各字段的含义及作用。

4) 捕获 UDP 数据

提示:开始抓包前,请关闭其他网络应用程序。

(1) 在 Wireshark 程序窗口,在"过滤器"栏输入 UDP,即设置捕获过滤条件,如单击工具栏的"开始"按钮,开始捕获 UDP 数据。

(2) 启动腾讯 QQ。

注意:腾讯 QQ 聊天工具的网络传输数据报是采用 UDP 的方式进行数据传输,以下实训即对腾讯 QQ 的数据报进行抓包分析。

(3) Wireshark 软件开始捕获符合过滤条件的 UDP 数据,并在 Wireshark 程序窗口中显示,如图 6-10 所示。

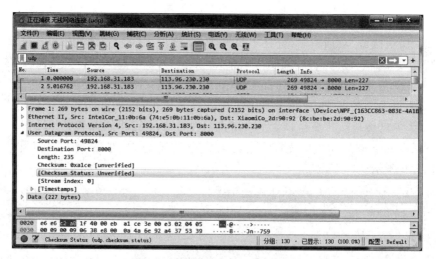

图 6-10 捕获的 UDP 报文数据

5) 分析 UDP 数据

(1) 单击工具栏中的"停止"按钮,停止捕获。

(2) 观察数据,可以看到由于 UDP 是无连接,因此数据传输前不会建立会话。

(3) 封包列表显示被选中分组的详细信息,对照 UDP 报文格式分析分组的详细信息,深入理解报文首部各字段的含义及作用。

5. 项目拓展

(1) 观察 TCP 捕获的数据包,试分析释放连接和传输数据的过程,并进一步理解 TCP 的传输策略。

(2) 尝试分析基于 UDP 的 DNS 通信过程。

本章小结

1. 传输层是网络参考模型中最关键的一层。它介于低3层通信子网和高层资源子网之间,具有承上启下的核心作用,它是唯一负责总体的数据传输和数据控制的一层。

2. TCP/IP 协议簇最常用的两种传输层协议:传输控制协议(TCP)和用户数据报协议(UDP)。这两种协议都用于管理多个应用程序的通信。

3. TCP 报文段与 UDP 数据报在数据的开头都有报头,包含源端口号和目的端口号。通过使用端口号,数据就可以准确发送到目的计算机的特定应用程序。

4. TCP 是一种面向连接的、可靠的传输层协议,其传输连接分为三个阶段:建立连接、传输数据、释放连接。TCP 通过数据段重组、超时重传、滑动窗口、确认应答、拥塞管理等策略管理数据流,确保数据的可靠传输。

5. UDP 是一种无连接的、简单的传输层协议,只提供端到端传输所必需的功能。如果需要数据的快速传输,或者网络带宽无法支持源端和目的端系统之间由控制信息带来的开销,那么 UDP 就是作为传输层协议的优先选择。

本章习题

1. 简述传输层的作用及功能。
2. 什么是端口?端口有哪些类型?列举常用的熟知端口。
3. 简述三次握手的过程,并给出图示。
4. 简述 TCP 的传输策略。
5. 简述 UDP 协议的主要特征。
6. 试比较 TCP 和 UDP 的异同点。
7. 如何实现应用程序的可靠传输。

第 7 章

应 用 层

学习目标
- 了解应用层的功能；
- 理解应用层提供的各项服务的相关知识；
- 理解应用层的各协议的相关知识。

7.1 应用层概述

7.1.1 应用层功能

应用层也称为应用实体（AE），是 OSI 参考模型和 TCP/IP 参考模型的最高层。应用层直接面向用户，提供了用户接口和服务支持。其功能是直接向用户提供服务，完成用户希望在网络上完成的各种工作。应用层是在其他层提供的各种服务的基础上，提供给最终网络应用所需要的监督、管理、服务、协议等，如文件传输、电子邮件、远程登录、网络管理等。此外，它还负责协调各个应用程序间的工作。应用层实现了上层网络服务与底层数据网络的对接，其功能主要有以下两方面。

（1）用户接口：应用层是用户与网络，以及应用程序与网络间的直接接口。它使用户能够与网络进行交互式联系。

（2）实现各种服务：应用层为用户提供了各种网络服务，例如文件传输服务、电子邮件服务、远程登录服务、打印服务、网络管理服务、安全服务、数据库服务等。上述的各种网络服务由该层的不同应用协议和程序完成。

7.1.2 应用层通信方式

1. C/S 方式

C/S 方式，即客户（client）/服务器（server）方式。在这种方式中，需要通信时，首先由客户端软件主动向服务器发起通信，即发送数据请求，并可与多个服务器进行通信。服务器软件是一种专门提供某种服务的程序，可同时处理多个远程或本地用户的请求，它被动地等待并接受客户的通信请求，并发送数据流来响应客户端。服务器通常为多个客户提供信息共享。服务器中可以有网页文件、文档、图片、视频、音频以及数据库等，并可将它们发送到提出请求的客户端。有的服务器可能需要先验证用户信息，以确认其访问权限。

服务器运行的服务也称为服务器守护程序，一般在后台运行，终端用户不能直接控制该程序。守护程序用于"侦听"客户端的请求，一旦服务器接收到服务请求，该程序将按计划响应请求。

按照协议要求,守护程序在"侦听"客户端请求时,与客户端进行适当的信息交换,并以正确的格式将所请求的数据发送到客户端。应用层协议规定了客户端与服务器之间的请求和响应的格式。

在这种通信方式下,除了数据传输外,还要求控制信息,如用户身份验证和要传输的数据文件的标识。客户与服务器的通信关系一旦建立,通信就是双向的,两者都可发送和接收信息。

大多数的应用程序通信都使用 TCP/IP 协议,其通信过程是:客户端程序先发起建立连接的请求;服务器接受请求,建立连接;之后逐级通过 TCP/IP 模型的下层提供的服务使用整个协议栈。

2. B/S 方式

B/S 方式,即浏览器(browser)/服务器(server)方式,它是随着互联网技术的兴起,对客户端/服务器方式的一种变化或改进的方式,它是客户端/服务器方式的一种特例。在这种方式中,用户端通过 WWW 浏览器实现,事务逻辑一部分在前端实现,另一部分服务器端实现,结合浏览器的多种脚本语言(VBScript、JavaScript 等)和 ActiveX 技术,用通用浏览器实现原来专用软件才能实现的强大功能,节约了开发成本,是一种全新的软件系统构造技术。

在 B/S 方式中,客户端运行浏览器软件。浏览器以超文本形式向 Web 服务器提出访问数据请求。请求的方式有 POST 和 GET 两种。GET 请求就是一个 URL 请求,变量名和内容都包含在 URL 中。POST 请求是浏览器生成一个将变量名和内容捆绑在一起的数据包。Web 服务器接受到客户端请求后,将静态页面或经动态处理(如 CGI、ASP、JSP)后的页面发送给客户端。客户端浏览器对服务器的响应进行解析,并以友好的 Web 页面形式进行显示。

3. 对等方式

对等方式(peer to peer,P2P)也称为点对点方式,是以对等方式进行通信,并不区分客户端和服务端,而是平等关系进行通信。在同一通信过程中,应用程序允许设备既是客户端又是服务器。在这种方式中,客户端也是服务器,服务器也是客户端,即每台设备即提供用户界面也允许后台服务。每台设备都可以发起通信,在通信过程中他们处于平等的地位。对等方式可以用于点对点网络、C/S 网络以及互联网。

7.2 应用层服务

7.2.1 WWW 服务

1. WWW 概述

因特网是世界上最大的信息资源库,拥有海量信息,从娱乐到艺术、从科学到教育、从政治到经济等诸多方面,几乎涵盖一切。面对大量信息资源,用户往往无从入手。为了充分利用互联网资源,迫切需要一种方便、快捷的信息浏览和查询工具。在这种情况下,WWW(万维网,World Wild Web)诞生了。它的出现推动了因特网的迅速发展,它的影响力已经远远超出了专业技术的范畴。

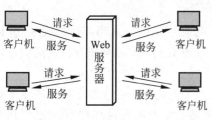

图7-1　WWW的B/S结构

WWW（也称为3W、Web）起源于1989年3月，由欧洲核子物理研究中心（CERN）研制。WWW是网状结构，通过因特网将位于世界各地的相关信息资源有机地联接在一起。WWW采用B/S（浏览器/服务器）结构，如图7-1所示。Web服务器是WWW的核心，它提供各种形式的多媒体信息，支持虚拟现实、仿真三维场景等新技术；它响应客户端软件的请求，把客户端所需求的资源发送到用户的Windows等系统平台上，用户用Web浏览器使用这些服务。目前WWW服务集成了文件传输、电子邮件等多种互联网服务，它具有高度的集成性，能将各种类型的信息与服务紧密联接在一起，提供生动的图形用户界面。WWW不仅为人们提供了信息检索和共享的简便方法，还为人们提供了动态多媒体交互的最佳手段。它极大地方便了用户，使人们感觉上网是一件非常容易的事情。

2. 超文本与超媒体

WWW通过超文本和超媒体的形式组织信息。

1) 超文本

长久以来，为方便对信息的访问，人们不断推出多种信息组织方式。菜单是人们最常见的一种软件用户界面，人们可通过它方便地找到需要的信息。超文本对菜单方式做了重大改进，它将菜单集成于文本信息之中，可将其看作一种集成化的菜单系统。用户在浏览文本信息的同时，可随时通过点选其中的"关键字"，跳转到其他信息。这种在文本中包含与其他信息的链接关系，体现了超文本的最大特征：无序性。这种信息检索的方式非常符合人们的思维方式，超文本信息浏览的过程是没有固定顺序的。所以，超文本是一种按信息之间关系非线性地存储、组织、管理和浏览信息的计算机技术。

2) 超媒体

超媒体在本质上和超文本是一样的，只不过超文本技术在诞生的初期管理的对象是纯文本，所以叫作超文本。随着多媒体技术的兴起和发展，超文本技术的管理对象从纯文本扩展到多媒体，为强调管理对象的变化，就产生了"超媒体"。它进一步扩展了超文本所连接的信息类型，如声音、图片、动画、视频等。

总之，"超文本"和"超媒体"都是指信息的组织形式不是简单的顺序排列，而是用由指针链接的复杂的网状交叉索引的方式，将不同来源的信息链接在一起。这种链接关系称为"超链接"。

3. URL

在WWW上浏览或查询信息时，必须在浏览器的地址栏中输入查询目标的地址，这就是统一资源定位器（uniform resource locator，URL），也称为Web地址，人们习惯称为网址。它规定了某一信息在WWW中存放地点的统一格式，也称为地址指针。通过URL可以要指定访问什么协议类型的服务器，哪台服务器里的哪个文件。

URL由3个部分组成：协议、主机名、路径及文件名，其一般格式如下：

协议://主机名[:端口号]/路径/文件名

其中，如果是默认的端口号，则":端口号"可省略。

例如，http://www.sohu.com/a/b/c/3733058.html。

- http：代表超文本传输协议。
- www.sohu.com：代表服务器的主机名。
- a/b/c/3733058.html：代表路径和文件名。

这个 URL 地址说明：浏览器通过 HTTP 协议，访问互联网中 www.sohu.com 服务器上的 a/b/c/文件夹中文件 3733058.html。

除了通过 HTTP 协议访问 WWW 服务器外，还可以指定其他的协议类型访问其他类型的服务器，如指定 FTP 协议访问 FTP 服务器等。

4. HTML

HTML(hypertext markup language，超文本标记语言)是一种用于制作超文本/超媒体文档的简单标记语言，是制作网页的基础。它是一种描述文件结构、表示网上信息的符号标记语言。

HTML 标记是 HTML 语言的核心和基础，用于修饰、设置 HTML 文件的内容和格式。一个 HTML 文件包含了所有将现实中网页上的文字信息和对浏览器的一些指示，如文字的显示位置、格式等。对于图片、视频、动画等多媒体信息，HTML 文件会指示浏览器将他们在页面上的位置。

HTML 文件是一个标准的 ASCII 码文件，即普通文本文件，因此可通过任何一种文本编辑器编写 HTML 语言的代码。如记事本、写字板等；也可以使用一些专业的 HTML 编辑器，如 Dreamweaver、FrontPage 等。

下面是一个 HTML 文件的源代码，它包含了 HTML 文件的基本结构。

```
<HTML>
    <HEAD>
        <TITLE>网页示例一</TITLE>
    </HEAD>
    <BODY>
        <FONT  SIZE="16"  COLOR="RED">
            大家好！这是网页示例一！
            <br>
            <A  HREF="https://www.baidu.com/">百度</A>
        </FONT>
    </BODY>
</HTML>
```

HTML 的源代码由浏览器解释执行，最终显示为我们所看到的网页。通过浏览器打开上例的 HTML 文件，其显示效果如图 7-2 所示。

7.2.2　DNS 域名服务

1. 域名(domain name)

互联网上的每台主机都被分配一个唯一的 IP 地址，直接使用 IP 地址就可以访问相应的主机。但数字型的 IP 地址很难记忆，人们便采用具有一定意义的域名对应主机 IP 地址。域名又称为主机名或主机识别符，它用 ASCII 串(字符串)代表互联网上的主机，这种方式直观明了、容易记忆。主机的域名由 TCP/IP 协议中的 DNS 定义，命名方式采用层次型。

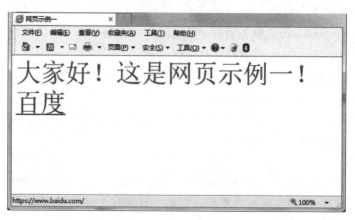

图7-2　HTML示例

一个完整而通用的层次型主机名,一般组成为:主机名.本地名.组名.网点名。如,rsj.beijing.gov.cn代表中国政府部门北京市的人力社保局。

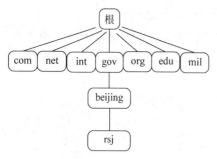

图7-3　DNS的层次结构

2.域名系统(domain name system)

DNS的结构是一棵具有许多分支子树的分层树,是互联网的一部分。在分层的文件系统中,一个目录具有许多子目录,以同样的方式,你可以想象DNS的这棵树。从树的顶层,有时也叫根层,被分支为几个主要的分支,叫作域,下列是一些顶层Internet的域,如图7-3所示。

国家域,如CA(加拿大)、UK(英国)、JP(日本)、DE(德国)、AU(澳大利亚),在US(美国)域中,对50个州中的每一个都有一个两字母的代码名。这些域由那些局限于一个国家的公司或组织命名使用。一般国际性公司使用COM域。

3.DNS功能

域名(主机名)的提出方便了人们的记忆,但网络上计算机之间的通信仍然要使用IP地址来完成。因此互联网应用程序在接收到用户输入的主机名(域名)时,必须找到其对应的主机IP地址,然后利用该IP地址进行数据通信。

DNS的功能是实现主机名(域名)与IP地址的相互转换,以及控制因特网的电子邮件的发送。将域名与IP地址的相互转换过程称为地址解析,它包括正向解析(域名映射为IP地址)和逆向解析(IP地址映射为域名)。存放着域名和IP地址映射表的设备就是域名服务器,它是域名系统的核心。

DNS采用C/S(客户/服务器)模式。一个应用程序(客户端)发送请求把主机域名转换成IP地址,DNS服务器收到请求后,经过查找,将相应的IP地址回送给应用程序(客户端)。

一台域名服务器不可能存储互联网中所有的域名和IP地址,所以DNS采用分布式管理。DNS是一个分布式的主机信息数据库,提供分布式网络目录服务。DNS采用典型的层次结构,其地址信息是存在逻辑上具有层次结构的多个地方,而不是在一个中心站点(域名服务器)。每个场所都有一个域名服务器,来维护本地节点的信息。下面以查询域名 www.ifaw.org 的 IP 地址的过程为例介绍域名解析过程,如图 7-4 所示。

(1) 客户机首先在本地主机文件查询,如果有则返回,否则进行下一步。
(2) 客户机查询本地缓存,如果有则直接返回,否则进行下一步。
(3) 将请求转发给指向的 DNS 服务器。
(4) 查询域名是否在本地解析库,是则本地解析返回,否则进行下一步。
(5) 本地 DNS 服务器首先在缓存中查找,有则返回,无则进行下一步。
(6) 向全球 13 个根域服务器发起 DNS 请求,根域返回 org 域的地址列表。
(7) 使用某一个 org 域的 IP 地址,发起 DNS 请求,org 域返回 ifaw 域服务器地址列表。
(8) 使用某一个 ifaw 域 IP 地址,发起 DNS 请求,ifaw 域返回 www.ifaw.org 主机的 IP 地址,本地 DNS 服务收到后,返回给客户机,并在本地 DNS 服务器保存一份。

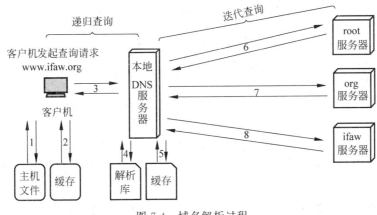

图 7-4 域名解析过程

7.2.3 文件传输服务

互联网环境复杂,计算机大都运行不同的操作系统,因此利用网络实现两台计算机之间的文件复制是非常困难的,会遇到很多问题,如两台计算机系统存储数据的格式不同、文件系统的目录结构和文件名命名规定不同、文件的存取命令不同、访问控制方法不同等。文件传输服务是互联网中最早的服务功能之一,它就是用来解决异种机、异种操作系统之间的文件传输问题。使用最广泛的应用层协议是 FTP 协议。

在互联网上文件传输的主要功能是:下载(从服务器向客户机传输文件)和上传(从客户机向服务器传输文件)。

7.2.4 电子邮件服务

电子邮件(E-mail)是一种通过计算机网络用电子手段与其他用户进行信息交换的快速、简便、高效、廉价的现代化通信手段,是互联网应用最广的服务之一。通过网络的电子邮件系统,用户可以以非常低廉的价格(不管发送到哪里,都只需负担网费)、非常快速的方式(几秒之内可以发送到世界上任何指定的目的地),与世界上任何一个角落的网络用户联系。电子邮件可以是文字、图像、声音等多种形式。同时,用户可以得到大量免费的新闻、专题邮件,并轻松实现信息搜索。电子邮件的存在极大地方便了人与人之间的沟通与交流,促进了社会的发展。

传统的电子邮件系统由客户端软件和邮件服务器端软件组成,采用客户端/服务器模式。客户端软件为用户提供友好的交互界面,方便用户编辑、阅读、处理信件。服务器端软件负责将信件从消息源传送到目的邮箱。要使用 E-mail 服务,需具备以下三种资源。

1) E-mail 账户

使用 E-mail 服务需要先申请一个 E-mail 账户,申请途径可以是互联网服务提供商(ISP)、网上免费申请等。

2) E-mail 地址

E-mail 地址相当于电话号码、通信地址,是 E-mail 用户在网上通信时的唯一标志。E-mail 采用 DNS 分层的命名方法,其通用格式为

账户名@计算机名.组织结构名.网络名.最高层域名

其中,账户名是用户在站点主机使用的登录名(申请的 E-mail 账户),"@"后是邮件服务器主机域名,如 mary@126.com。

3) E-mail 服务器(邮件服务器)

邮件服务器(Mail Server)的作用相当于一个邮局,它是互联网邮件服务系统的核心。它的主要是用来处理电子邮件的,在互联网上有很多这样的计算机。邮件服务器的主要功能包括两方面:邮件服务器负责接收用户送来的邮件,并根据收件地址发送到对方的邮件服务器中;邮件服务器还负责接收由其他邮件服务器发来的邮件,并根据收件人地址分发到相应的电子邮箱中。

电子邮件服务中最常用的两种应用层协议是简单邮件传输协议(SMTP)和邮局协议(POP)。SMTP 管理从客户端发往邮件服务器的出站电子邮件,以及邮件服务器之间电子邮件的传输;POP 则负责电子邮件客户端从邮件服务器接收电子邮件消息。

7.2.5 即时通信服务

即时通信(instant message,IM),提供即时发送和接收互联网消息等服务。自 1998 年面世以来,特别是近几年的迅速发展,即时通信的功能日益丰富,逐渐集成了电子邮件、博客、音乐、电视、游戏和搜索等多种功能。即时通信不再是一个单纯的聊天工具,它已经发展成集交流、资讯、娱乐、搜索、电子商务、办公协作和企业客户服务等于一体的综合化信息平台。

最早的即时通信软件 ICQ 是在 1996 年,由三个以色列青年设计制作。1998 年,ICQ 注册用户数就达到 1200 万,于是被 AOL 看中,以 2.87 亿美元的天价买走。ICQ 有 1 亿多用户,主要市场在美洲和欧洲,已成为世界上最大的即时通信系统之一。

国内的即时通信软件也很多,如 QQ、微信、百度 hi、淘宝旺旺等。其中,QQ 的前身 OICQ,在 1999 年 2 月第一次推出,几乎接近垄断中国在线即时通讯软件市场。随着移动互联网的发展,互联网即时通信也在向移动化扩张。微软、AOL、Yahoo、UcSTAR 等重要即时通信提供商都提供通过手机接入互联网即时通信的业务,用户可以通过手机与其他已经安装了相应客户端软件的手机或计算机收发消息。这项服务为广大用户提供了极大的方便。

7.2.6 BBS 服务

BBS(电子公告板,bulletin board system,也称为网络论坛),是互联网上的一种电子信息服务系统。目前,它主要以 Web 的形式表现出来,为人们提供了一个网上交流场所。

BBS 最早是用来公布股市价格等信息,早期的 BBS 没有文件传输功能,与一般街头和校园内的公告板性质相同,而且只能在苹果计算机上运行。直到个人计算机开始普及,人们尝试将苹果计算机上的 BBS 转移到个人计算机上,BBS 才开始逐渐普及开来。近些年来,由于爱好者们的努力,BBS 的功能得到了很大的扩充。

国内第一个 BBS 站,大概是出现在 1991 年。经过长时间的发展,直到 1995 年,随着计算机及其外设的大幅降价,BBS 才逐渐被人们所认识。1996 年更是以惊人的速度发展起来。目前,大部分 BBS 由教育机构、研究机构或商业机构管理。BBS 提供一块公共电子白板使每个已注册的用户都可以在上面发布信息或提出看法。BBS 将信息按不同的主题分成很多个栏目,使用者可以阅读他人关于某个主题的最新看法,也可以将自己的想法毫无保留地贴到公告栏中。同样地,别人也可以对你的观点的进行回应。在 BBS 里,人们之间的交流打破了空间、时间的限制,参与 BBS 的人可以处于一个平等的位置与其他人进行任何问题的探讨。大部分 BBS 站是免费开放的,而且由于 BBS 的参与人众多,因此各方面的话题都不乏热心者。可以说,在 BBS 上可以找到任何你感兴趣的话题。

7.2.7 远程登录服务

远程登录服务是将本地计算机与远程主机连接起来,登录成功后,运行远程计算机上程序,将相应的屏幕显示传送到本地机器,并将本地的输入送给远程计算机。远程登录是基于 C/S 模式的服务系统,它由客户端软件、服务器软件以及 Telnet 通信协议三部分组成。远程计算机又称为 Telnet 主机或服务器,本地计算机作为 Telnet 客户端来使用,它起到远程主机的一台虚拟终端(仿真终端)的作用。通过它,用户可以像主机上的其他用户一样共同使用该主机提供的服务和资源。

7.3 应用层协议

7.3.1 HTTP

HTTP(hypertext transfer protocol,超文本传输协议)运行在 TCP/IP 协议之上,是一种常见的应用层协议,于 1990 年提出,经过多年使用与发展,不断完善和扩展。HTTP 是为了发布和检索 HTML 页面而开发出来的,用于因特网中客户机与服务器之间的数据传输。

HTTP 协议支持 C/S 模式,基于请求/响应方式进行工作。当客户向服务器请求服务时,只需传送请求方法和路径,使得服务器的程序规模小,因而通信简单快速。HTTP 协议允许传输任意类型的数据对象,具有很强的灵活性。该协议限制每次连接只处理一个请求(服务器处理完客户的请求,收到客户的应答后,即断开连接),这种方式可以节省传输时间。HTTP 协议是无状态协议。无状态指协议对于事务处理没有记忆能力(如果后续处理需要前面的信息,则需重传),这可能导致每次连接传送的数据量增大,但当服务器不需要前面信息时它的应答就较快。

典型的 HTTP 事务处理过程如下。

(1) 客户与服务器建立连接。

(2) 客户向服务器提出请求。

(3) 服务器接受请求,并根据请求返回相应的文件作为应答。

(4) 客户与服务器关闭连接。

7.3.2 FTP

FTP(file transfer protocol,文件传输协议)是 Internet 上出现最早的一种服务,是用于在两台计算机之间相互传送文件的协议。它运行在 TCP/IP 协议之上,采用 C/S 模式,客户端提出请求和接收服务,服务器接收请求和执行服务。利用 FTP 进行文件传输时,客户端首先要与服务器建立连接,然后发出上传或下载的请求;服务器收到请求后,一般要确认客户的合法身份,然后发送或接收客户的文件。FTP 服务需要两个程序支持:本地的 FTP 客户程序、FTP 服务器程序。

FTP 协议采用两个默认端口号:20 和 21,端口 20 用于数据传输,端口 21 用于控制信息传输。FTP 协议比较特殊,在文件传输过程中,客户端与服务器需要建立两个连接会话和进程:控制连接、数据连接。

FTP 的主要功能包括以下几方面。

(1) 把本地计算机的一个或多个文件传送到远程计算机(上传),或从远程计算机上获取一个或多个文件(下载)。传送文件的实质就是文件的复制。

(2) 能够传输多种类型、结构、格式的文件。

(3) 提供对本地计算机和远程计算机的目录操作功能,如建立/删除目录、改变当前工作目录、打印目录和文件的列表等。

(4) 对文件进行改名、删除、显示文件内容等操作。

7.3.3 SMTP 和 POP

SMTP 和 POP 是 TCP/IP 协议集中提供的两个电子邮件协议。

1. SMTP

SMTP(simple mail transfer protocol,简单邮件传输协议)是一组用于从源地址到目的地址传输邮件的规范,是维护传输秩序、规定邮件服务器之间进行哪些工作的协议,它提供可靠且有效的电子邮件传输服务。它帮助每台计算机在发送或中转信件时找到下一个目的地。SMTP 独立于特定的传输子系统,只需要可靠有序的数据流信道支持,SMTP 的重要特性之一是能跨越网络传输邮件。SMTP 可以实现在各种网络环境下,进行电子邮件信息的传输,由 RFC2821 定义,其默认端口号是 25。通常把处理用户 SMTP 请求(邮件发送请求)的服务器称为 SMTP 服务器(邮件发送服务器)。

SMTP 的通信过程如下。

(1) 建立连接:在这一阶段,SMTP 客户端(发送端邮件服务器)请求与服务器(接收端邮件服务器)的 25 端口建立一个 TCP 连接。一旦连接建立,SMTP 服务器和客户就开始相互通告自己的域名,同时确认对方的域名。

(2) 邮件传送:利用命令,SMTP 客户端将邮件的源地址、目的地址和邮件的具体内容传递给 SMTP 服务器,SMTP 服务器进行相应的响应并接收邮件。

(3) 连接释放:SMTP 客户端发出结束命令,服务器在处理命令后进行响应,随后关闭 TCP 连接。

2. POP

POP(post office protocol,邮局协议)是规定怎样将本地邮件客户端连接到邮件服务器并下载电子邮件的协议,即仅用于电子邮件的接收,默认端口是 110。它是客户端/服务器结构的离线模型的电子邮件协议,目前常用第 3 版,简称 POP3。POP3 不提供对邮件更强大的管理功能,通常在邮件被下载(即从服务器上把邮件存储到本地主机)后就被删除(即删除保存在邮件服务器上的邮件)。更多的管理功能则由 IMAP4 来实现。POP3 用于提供一种实用的方式来动态访问存储在邮件服务器上的电子邮件的。通常把处理用户 POP3 请求(邮件接收请求)的服务器称为 POP3 服务器(邮件接收服务器)。

POP 的通信过程:邮件发送到服务器上,电子邮件客户端调用邮件客户机程序以连接服务器,并下载所有未阅读的电子邮件。这种离线访问模式是一种存储转发服务,将邮件从邮件服务器端传送到个人终端机器上,一般是个人计算机或 MAC。一旦邮件发送到个人终端机器上,邮件服务器上的邮件将会被删除。但 POP3 邮件服务器大都可以"只下载邮件,服务器端并不删除",也就是改进的 POP3 协议。

IMAP(Internet mail access protocol,邮件访问协议)是另一种被广泛使用的邮件接收协议。它的主要功能是邮件客户端(如 MS Outlook Express)可以通过 IMAP 从邮件服务器上获取邮件的信息、下载邮件等。IMAP 与 POP3 的主要区别是用户不需要下载所有邮件,就可以通过客户端直接对邮件服务器上的邮件进行操作。IMAP 改进了 POP3 的不足,用户可以通过浏览信件头来决定是否收取、删除和检索邮件的特定部分,还可以在服务器上创建或更改文件夹或邮箱。IMAP 非常适合在不同的计算机或终端之间操作邮件的用户(如手机、PAD、PC 上的邮件代理程序操作同一个邮箱),以及那些同时使用多个邮箱的用户。

3. 电子邮件的发送和接收过程

一般情况下,一封邮件的发送和接收过程如图 7-5 所示。

具体说明如下。

(1) 发件人在用户代理程序(用户计算机上收发邮件的程序,如 Outlook Express)中生成一封邮件,并用 SMTP 将邮件发送到邮件服务器(即发信人所对应的邮件服务器)。

(2) 发送方邮件服务器用 SMTP 将邮件发送到接收邮件的服务器(即接收人所对应的邮件服务器)。

(3) 收信人调用用户代理程序,用户代理用 POP3 从接收方服务器取回邮件。

(4) 用户代理解析收到的邮件,并以适当形式呈现给收信人。

目前,很多用户都是基于网页方式进行邮件的收发和访问,如 126、QQ、163 等。这种方式是基于浏览器的,不需要安装专门的用户代理程序,使用方便。它通过浏览器,使用 HTTP 实现对邮件服务器中邮箱的访问、与邮件服务器的交互,但邮件服务器之间传送邮件仍使用 SMTP。

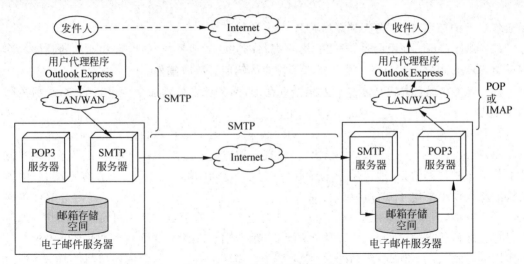

图 7-5 邮件的发送和接收过程

7.3.4 Telnet

Telnet（远程登录服务）是由 TCP/IP 协议簇的 Telnet 协议支持。Telnet 协议为用户提供了一种通过联网的终端登录远程服务器的方式，它精确地定义了远程登录客户机与远程登录服务器之间的交互过程。Telnet 要求有一个 telnet 服务器程序，此服务器程序通常驻留在主机上。客户端通过运行 Telnet 客户端程序远程登录（提供登录名和口令）到 Telnet 服务器来实现资源共享。Telnet 协议的默认端口号是 23。

在本地计算机（客户端）上使用 Telnet 程序，连接到远程计算机（服务器）。本地计算机的使用者可以在 telnet 程序中输入命令，这些命令会在服务器上运行，就像直接在服务器的控制台上输入一样，从而实现在本地计算机上就能控制服务器。

使用 Telnet 协议进行远程登录时，需满足以下条件。
- 在本地计算机上必须装有包含 Telnet 协议的客户程序。
- 必须知道远程主机的 IP 地址或域名。
- 必须拥有合法的登录账号和密码。

Telnet 远程登录的工作过程如下。

（1）本地与远程主机建立连接：该过程实际上是建立一个 TCP 连接，用户必须提供远程主机的 IP 地址或域名。

（2）将本地终端上输入的用户名和口令及以后输入的任何命令或字符以 NVT（net virtual terminal）格式传送到远程主机。该过程实际上是从本地主机向远程主机发送一个 IP 数据包。

（3）将远程主机输出的 NVT 格式的数据转化为本地所接受的格式送回本地终端，包括输入命令回显和命令执行结果。

（4）本地终端对远程主机进行撤销连接。该过程是撤销一个 TCP 连接。

7.3.5 DHCP

1. DHCP 概述

DHCP（dynamic host configuration protocol，动态主机配置协议）通常被用在大型的局

域网络,主要作用是集中的管理、分配 IP 地址,使网络环境中的主机动态的获得 IP 地址、默认网关、DNS 服务器地址等信息,并能够提升地址的使用率。DHCP 是一种 C/S 协议,它简化了客户机 IP 地址的配置、实现了 IP 的集中式管理以及其他 TCP/IP 参数的分配工作。网络中的 DHCP 服务器为运行 DHCP 的客户机自动分配 IP 地址和相关的 TCP/IP 的网络配置信息。

DHCP 工作模式如图 7-6 所示。

DHCP 具有以下功能。

- 保证任何 IP 地址在同一时刻只能由一台 DHCP 客户机所使用。
- DHCP 可以给用户分配永久固定的 IP 地址。
- DHCP 可以同用其他方法获得 IP 地址的主机共存(如手工配置 IP 地址的主机)。
- DHCP 服务器向现有的 BOOTP(bootstrap protocol,引导程序协议)客户端提供服务。

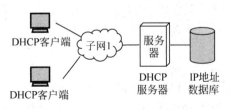

图 7-6　DHCP 工作模式

DHCP 有以下三种机制分配 IP 地址。

- 自动分配方式(automatic allocation)。DHCP 服务器为主机指定一个永久性的 IP 地址,一旦 DHCP 客户端第一次成功从 DHCP 服务器端租用到 IP 地址后,就可以永久性的使用该地址。
- 动态分配方式(dynamic allocation)。DHCP 服务器给主机指定一个具有时间限制的 IP 地址,时间到期或主机明确表示放弃该地址时,该地址可以被其他主机使用。
- 手工分配方式(manual allocation)。客户端的 IP 地址是由网络管理员指定的,DHCP 服务器只是将指定的 IP 地址告诉客户端主机。

三种地址分配方式中,只有动态分配可以重复使用客户端不再需要的地址。

使用 DHCP 具有如下优点。

- 降低了配置和部署设备时间。
- 降低了发生配置错误的可能性。
- 可以集中管理设备的 IP 地址分配。

2．DHCP 的工作过程

(1) 发现阶段。发现阶段即 DHCP 客户机寻找 DHCP 服务器的阶段。DHCP 客户机以广播的方式发送 DHCP discover(发现信息)报文来寻找 DHCP 服务器(因为 DHCP 服务器的 IP 地址对客户机来说是未知的),网络上每一台安装了 TCP/IP 协议的主机都会接收到这种广播信息,但只有 DHCP 服务器才会作出响应。

(2) 提供阶段。提供阶段即 DHCP 服务器提供 IP 地址的阶段。在网络中,收到 DHCP discover 报文的 DHCP 服务器都会作出响应,它从尚未出租的 IP 地址中挑选一个分配给 DHCP 客户机,向 DHCP 客户机发送一个包含出租的 IP 地址和其他设置的 DHCP offer(提供信息)报文。

(3) 选择阶段。选择阶段即 DHCP 客户机选择某台 DHCP 服务器提供的 IP 地址的阶段。如果有多台 DHCP 服务器向 DHCP 客户机发来 DHCP offer 报文,客户机只接收第一个收到的 DHCP offer 报文;然后它以广播的方式回答一个 DHCP request(请求信息,该信息中包含它所选定的DHCP服务器请求IP地址的内容)报文,这是为了通知所有的DHCP服务器,它将选择某台DHCP服务器所提供的IP地址。

(4) 确认阶段。确认阶段即DHCP服务器确认所提供的IP地址的阶段。当DHCP服务器收到DHCP客户机回答的DHCP resquest请求报文后,它便向DHCP客户机发送一个包含它提供的IP地址和其他设置的DHCP ACK确认报文,告诉DHCP客户机可以使用它所提供的IP地址。然后DHCP客户机便将其TCP/IP协议与网卡绑定。除了DHCP客户机所选择的服务器IP外,其他的DHCP服务器都将收回曾提供的IP地址。

(5) 重新登录。后面DHCP客户机每次登录网络时,就不需要再发送DHCP discover报文。而是直接发送包含前一次所分配IP地址的DHCP resquest请求报文。当DHCP服务器收到这一信息后,它会尝试让客户机继续使用原来的IP并回答一个DHCP ACK确认报文,如果此IP地址无法分配给原来的DHCP客户机时(如IP已分配给其他DHCP客户机使用),则DHCP服务器给DHCP客户机回答一个DHCP NACK否认报文,当原来的DHCP客户机收到此消息后,它就必须重新发送DHCP discover报文重新请求新的IP地址。

(6) 更新租约。一般来说,DHCP服务器向DHCP客户机出租的IP地址都有一个租借期限,期满后DHCP服务器会收回出租的IP地址。如果DHCP客户机要延长其IP租约,则必须更新其租约。DHCP客户机启动时和IP租约期限过一半时,DHCP客户机都会自动向DHCP服务器发送其更新租约的信息。

7.4 项目实训 FTP服务器的搭建

1. 项目导入

文件传输协议(file transfer protocol,FTP)是Internet上出现最早的一种服务,用于在网络上控制文件的双向传输。通过该服务可以在FTP服务器和客户机之间建立连接,实现FTP服务器和客户机之间的文件传输,文件传输包括从FTP服务器下载文件和向FTP服务器上传文件。FTP主要用于文件交换与共享、Web网站维护等方面。常用的构建FTP服务器的软件有IIS自带的FTP服务组件、Serv-U以及Linux下的vsFTP、wu-FTP等,本项目选择IIS自带的FTP服务组件搭建FTP服务器。

IIS(Internet信息服务)是一种Web(网页)服务组件,其中包括Web服务器、FTP服务器、NNTP服务器和SMTP服务器,分别用于网页浏览、文件传输、新闻服务和邮件发送等方面,它使得在网络(包括互联网和局域网)上发布信息成了一件很容易的事。

本实训的网络环境如图7-7所示,请在服务器Server上安装FTP服务器并发布一个站点,使网络中的所有计算机都可以通过域名访问该站点,并从该站点下载文件。

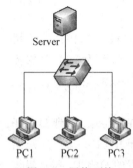

图7-7 网络环境

2. 项目目的

(1) 理解FTP的作用和访问过程。

(2) 掌握利用FTP站点发布信息文件的方法。

(3) 掌握FTP站点的基本设置方法。

(4) 掌握在客户机访问FTP服务器的方法。

3．实训环境

（1）安装 Windows Server 操作系统的计算机。

（2）安装 Windows XP 或 Windows 7 操作系统的计算机。

（3）能够正常运行的网络环境(也可使用 VMware Workstation 等虚拟机软件)。

4．项目实施

1) 安装 FTP 服务器(安装 IIS 自带的 FTP 服务组件)

（1）打开"Windows 功能"窗口：在服务器 Server 中，依次打开"控制面板"→"程序"→"打开或关闭 Windows 功能"，如图 7-8 所示。

图 7-8　选择打开或关闭 Windows 功能

（2）选择 FTP 服务的相应组件：在"Windows 功能"窗口中将"Internet 信息服务"下的 FTP 服务器与 Web 管理工具(IIS)全部勾选，如图 7-9 所示，单击"确定"按钮后等待自动安装完成。

图 7-9　选择安装 FTP 服务所需相应组件

2）新建 FTP 站点

（1）打开计算机管理窗口：依次打开"控制面板"→"系统和安全"→"管理工具"→"计算机管理"。

（2）显示"Internet 信息服务（IIS）管理器"内容：依次单击左侧窗格中的"服务和应用程序"→"Internet 信息服务（IIS）管理器"，如图 7-10 所示。

图 7-10　Internet 信息服务（IIS）管理器

（3）添加 FTP 站点：右击"连接"窗格的网站，并选择"添加 FTP 站点"，如图 7-11 所示，进入"添加 FTP 站点"向导，打开"站点信息"对话框，如图 7-12 所示。

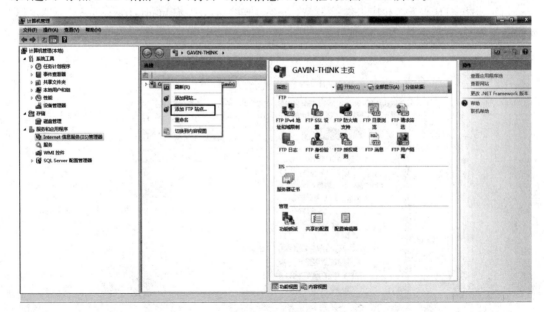

图 7-11　添加 FTP 站点

（4）设置"站点信息"：输入"FTP 站点名称"，选择站点的相应"物理路径"，单击"下一步"按钮，打开"绑定和 SSL 设置"对话框，如图 7-13 所示。

图 7-12　设置"站点信息"

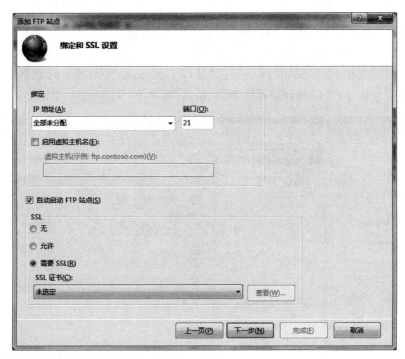

图 7-13　绑定和 SSL 设置

(5)"绑定和 SSL 设置":将该 FTP 站点与 IP 地址、端口和虚拟主机进行绑定,若服务器中只有一个 FTP 站点,则可使用默认设置。由于默认情况下,FTP 站点没有 SSL 证书,所以 SSL 设置中可选择"无",单击"下一步"按钮,打开"身份验证和授权信息"对话框,如图 7-14 所示。

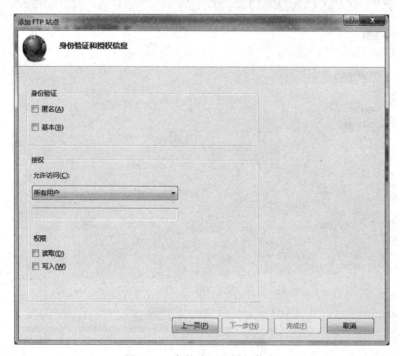

图 7-14　身份验证和授权信息

(6)"身份验证和授权信息":在"身份验证"中可同时选中"匿名"和"基本",在"允许访问"中可选择"所有用户",在"权限"中可选择"读取",即向所有用户开放该 FTP 站点的读取权限,单击"完成"按钮,返回到"计算机管理"窗口。此时,在"Internet 信息服务(IIS)管理器"项目的连接窗格中,可以看到新建的 FTP 站点,如图 7-15 所示。

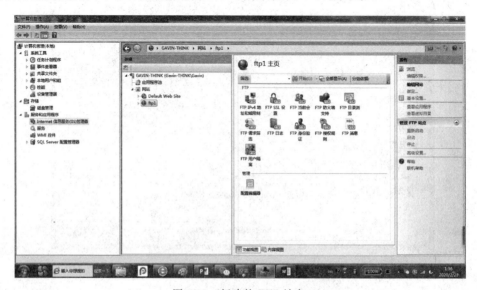

图 7-15　新建的 FTP 站点

选择该站点可对其进行基本设置，如修改主目录、目录列表样式、站点消息、虚拟目录（虚拟目录可发布主目录以外的资源文件）等。

3）访问 FTP 站点

FTP 站点创建完毕后，可在客户机（图 7-7 中的 PC1）对其进行访问，以测试其是否正常工作。客户机在访问 FTP 站点时，可使用资源管理器或浏览器，也可使用 FTP 客户端软件（如 Cute FTP、Flashfxp 等），在 Windows 系统中还支持命令行方式。

（1）使用资源管理器或浏览器访问 FTP 站点（见图 7-16）。

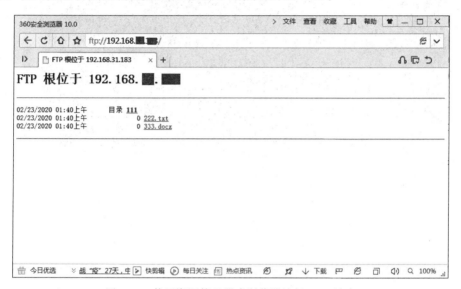

图 7-16　使用资源管理器或浏览器访问 FTP 站点

该 FTP 站点允许客户端使用"匿名"和"基本"两种身份验证方式。

当采用"匿名"身份验证方式时，不需要输入用户名和密码就可登录 FTP 服务器，只需在资源管理器或浏览器的地址栏中输入"ftp://FTP 服务器的 IP 或域名/"，即可自动使用用户名 anonymous 登录并浏览该 FTP 站点中的内容。

当采用"基本"身份验证方式时，用户需提供用户名和密码才能登录 FTP 服务器，如使用服务器中的用户 user1 登录，则在资源管理器或浏览器的地址栏中输入"ftp://user1@FTP 服务器的 IP 或域名/"，在接下来弹出的对话框中输入相应的密码即可登录并浏览该 FTP 站点中的内容。

（2）使用命令行方式访问 FTP 站点。

使用命令行方式访问 FTP 站点的操作过程如图 7-17 所示。主要命令如下。

- 连接 FTP 服务器：ftp FTP 服务器的 IP 地址或域名。
- 浏览站点资源：dir。
- 改变路径：cd 目录名。
- 下载文件：get 文件名。
- 退出 FTP 站点：bye。

5. 项目拓展

IIS 支持在一台服务器上发布多个 FTP 站点，而为了能够正确区分这些 FTP 站点，必

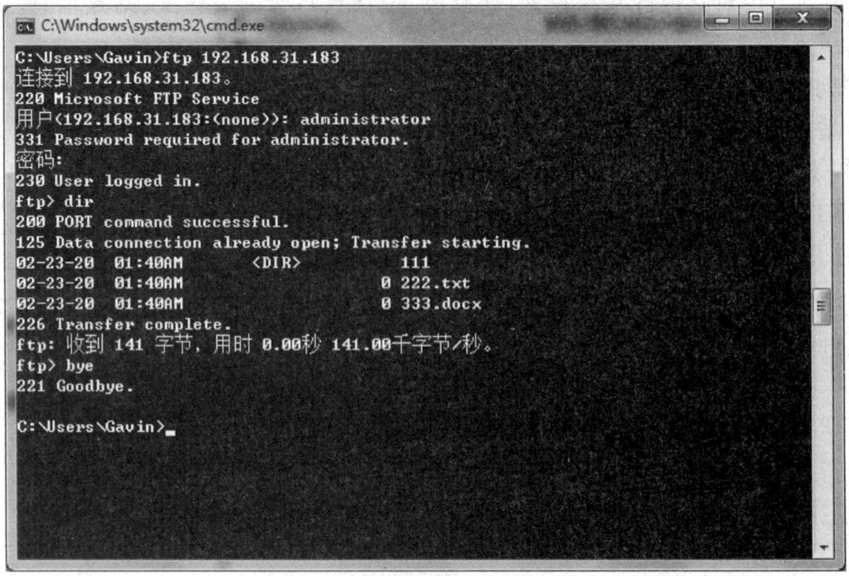

```
C:\Windows\system32\cmd.exe

C:\Users\Gavin>ftp 192.168.31.183
连接到 192.168.31.183。
220 Microsoft FTP Service
用户(192.168.31.183:(none)): administrator
331 Password required for administrator.
密码:
230 User logged in.
ftp> dir
200 PORT command successful.
125 Data connection already open; Transfer starting.
02-23-20  01:40AM       <DIR>          111
02-23-20  01:40AM                    0 222.txt
02-23-20  01:40AM                    0 333.docx
226 Transfer complete.
ftp: 收到 141 字节，用时 0.00秒 141.00千字节/秒。
ftp> bye
221 Goodbye.

C:\Users\Gavin>
```

图 7-17　使用命令行访问 FTP 站点

须赋予每个 FTP 站点唯一的识别信息。在服务器上可以分别使用虚拟主机名、IP 地址和 TCP 端口来标识 FTP 站点。在图 7-7 所示的网络环境中，请查阅相关资料，在服务器 Server 上发布多个 FTP 站点，使网络中的所有计算机可以访问这些 FTP 站点。

本章小结

1. 应用层是网络参考模型的最高层，它直接面向用户，其功能是直接向用户提供服务，完成用户希望在网络上完成的各种工作。
2. 应用层的通信方式包括客户/服务器方式、浏览器/服务器方式、对等方式。
3. 应用层为用户提供了 WWW、DNS、文件传输、电子邮件、远程登录、BBS、P2P 等各种服务，支持这些服务的常用的协议包括 HTTP、FTP、POP、SMTP、Telnet、SNMP 等。

本章习题

1. 应用层为用户提供了哪些服务？
2. 举例说明域名解析过程。
3. 简述电子邮件的收发过程。
4. 简述 Telnet 协议的工作过程。
5. 简述 DHCP 的工作过程。
6. 简述 FTP 的工作原理。
7. 上网检索资源，尝试了解更多应用层提供的功能和协议。

第二篇 计算机安全技术

第8章 计算机安全概述

学习目标

(1) 了解到计算机安全的重要性;
(2) 了解计算机系统面临的威胁;
(3) 了解计算机安全的基本概念;
(4) 了解计算机安全技术体系结构;
(5) 了解安全系统设计原则以及人、制度和技术之间的关系。

8.1 计算机安全的重要性

随着计算机和网络技术的飞速发展以及在社会各个领域的广泛普及,人类社会已步入高速发展的信息时代。信息已经成为人类的一种重要资源,人们的工作和生活也随之发生着巨大的变化。面对海量信息和丰富的在线服务,计算机成为信息处理必不可少的工具,并已成为工作与生活的重要组成部分。在计算机系统中,信息是指存储于计算机内部及其外部设备上的程序和数据。由于病毒与黑客攻击的日益增多,攻击手段千变万化,使计算机系统中的重要信息(涉及有关国家安全的政治、经济、军事的情况,以及一些部门、机构、组织与个人的机密等)随时面临着各种威胁,它们极易受到敌对势力及非法用户、别有用心者的攻击和入侵。此外,几乎所有的计算机系统都存在着不同程度的安全隐患。因此计算机系统的安全问题越来越受到人们的重视,已成为计算机和网络技术发展中一个非常重要、亟待解决的问题。

计算机容易受到人为和自然因素的不利影响的原因主要有:计算机是电子产品,所处理的信息是各种电子信号;一个大型计算机信息系统具有数百万个受各种程序控制的逻辑单元,系统运行受程序控制;计算机对运行环境的要求比较高且自身抵抗外界不利影响的能力比较弱,安全存取控制功能还不够完善;对计算机系统的现代化管理不够完善等。

计算机系统之所以面临诸多的威胁和攻击,是由于其本身的抗打击能力和防护能力比较弱,极易受到攻击和伤害。

由于计算机系统的复杂性、开放性以及系统软硬件和网络协议的缺陷,导致了计算机系统的安全威胁是多方面的。计算机系统面临的威胁主要来自然灾害构成的威胁、人为偶然或故意事故构成的威胁、计算机犯罪的威胁、计算机病毒的威胁、信息战的威胁等,大致可分为对实体的威胁、对信息的威胁以及对实体和信息两方面的威胁。计算机系统面临各种严重威胁,这已经极大地影响了计算机系统的发展和应用。

伴随计算机系统规模的扩大和网络技术的飞速发展,系统中隐含的缺陷和漏洞越来越多,增加了隐患和被攻击的区域及环节,容易给敌对势力和不法分子以可乘之机。计算机系统的使用场所不断扩大,涉及各个行业及领域,恶劣的环境条件降低了计算机系统的可靠性和安全性。计算机应用人员不断增加,人为的失误和经验的缺乏都会威胁计算机系统的安全。人们的计算机的安全知识、安全意识和法律意识相对滞后,容易形成许多潜在的威胁和攻击。计算机安全技术涉及许多学科领域,是一个复杂的综合性问题,同时随着威胁和攻击形式的不断变化,也增加了保证安全的技术难度。

随着人们对计算机信息系统依赖程度越来越高,应用面越来越广,计算机系统安全的重要性也越来越突出。计算机系统安全与我国的经济安全、社会安全和国家安全紧密相连。涉及个人利益、企业生存、金融风险防范、社会稳定和国家安全等诸多方面,是信息化进程中具有重大战略意义的问题,有效地计算机系统安全必将对计算机和网络技术的系统的应用与发展以及社会生产力水平的提高起到积极的促进作用。

8.2 计算机安全的基本概念

国际标准化组织(ISO)将"计算机安全"定义为:"为数据处理系统建立和采取的技术和管理的安全保护,保护计算机硬件、软件数据不因偶然和恶意的原因而遭到破坏、更改和泄露。"一般来说,计算机安全主要包括系统安全和数据安全两个方面。

1. 系统安全

系统安全就是要保证计算机系统的可用性,一般采用防火墙、防病毒及其他安全防范技术等措施,是属于被动型的安全措施。计算机系统的可用性是指系统在规定条件下,完成规定功能的能力,主要表现为以下三个方面。

(1) 可靠性。系统的可用性是不可能达到100%,即系统从没有故障出现,因此引入一个辅助特性"可靠性",即在一定的条件下,在指定的时期内系统无故障地执行指令任务的可能性,系统可靠性是用可靠度来衡量的。可靠度是指在某时刻系统正常的条件下,在给定的时间间隔内,系统仍然能正确执行其功能的概率。可靠度有三种:抗毁性、生存性和有效性。可靠度主要表现在硬件可靠性、软件可靠性、人员可靠性、环境可靠性等方面。

(2) 可维修性。可维修性指系统发生故障时容易被修复、平时易于维护的程度。

(3) 维修保障。维修保障指系统维修和保障系统正常运行的能力。

一般可通过采取避错和容错两项措施来提高计算机系统的可用性。

避错主要是通过提高软硬件的质量,抵御故障的发生,来提高系统的可用性。避错要求组成系统的各个部件、器件、软件具有高可靠性,不允许出错,或者出错率降至最低。通过元器件的精选、严格的工艺、精心的设计来提高可靠性。在现有条件下避错设计是提高系统可靠性的有效办法。

避错对于可用性的提高是有限的,所以应发展容错技术。在承认故障存在的情况下,容错是指在计算机系统内部出现故障时,系统仍能正确地运行程序并给出正确结果的措施。

2. 数据安全

在计算机系统中,数据信息包括各类程序文件、数据文件、资料文件、数据库文件等。它已渗透到社会的方方面面,其特殊性在于无限的可重复性和易修改性。数据信息安全是指秘密信息在产生、传输、使用和存储过程中不被泄露或破坏,即保障信息的有效性,使信息避免遭受一系列威胁,最大限度地减少损失。数据安全主要采用现代密码技术对数据进行主动的安全保护,如数据保密、数据完整、数据不可否认与抵赖、双向身份认证等技术。数据安全主要包括以下四个方面。

(1) 保密性。保密性是指确保信息不泄露给未经授权的个人和实体。采取的措施主要包括信息的加密解密、信息密级的划分、用户权限的分配、对不同权限用户的对象访问的控制、防止硬件辐射的泄露、防止网络截获和窃听等。

(2) 完整性。完整性是指防止信息被未经授权的人篡改,即保证信息在存储或传输的过程中不被修改、破坏及丢失。完整性可通过对信息完整性进行检验、对信息交换真实性和有效性进行鉴别以及对系统功能正确性进行确认来实现,可通过密码技术来完成。

(3) 可用性。可用性是指确保合法用户可访问并按要求的特性使用信息及信息系统,即当需要时能存取所需信息,防止由于计算机病毒或其他人为因素而造成系统拒绝服务。维护或恢复信息可用性的方法有很多,如对计算机和指定数据文件的存取进行严格访问控制、对系统进行备份和可信恢复、可探测攻击并进行应急处理等。

(4) 不可否认性。不可否认性是指保证信息的发送者无法否认已发出的信息,信息的接收者无法否认已经接收的信息。可通过数字签名技术来确保信息提供者无法否认自己的行为。

8.3 计算机安全技术的体系结构

计算机安全技术是一门综合性的学科,它涉及信息论、计算机、网络和密码学等多方面知识,它的主要任务是研究计算机和通信网络中的系统和数据安全的保护技术,以实现系统的可用性和信息的有效性。一个完整的计算机安全技术体系结构主要由物理安全技术、基础安全技术、系统安全技术、网络安全技术以及应用安全技术组成。

1. 物理安全技术

物理安全,即实体和基础设施安全,在整个计算机网络信息系统安全体系中占有重要地位。物理安全技术是指保护计算机系统设备、设施(含网络)及其他媒体免遭地震、水灾、火灾、雷击、有害气体、电磁污染等环境事故以及人为操作失误或错误及各种计算机犯罪行为导致的破坏所采取的措施和过程。物理安全主要包括环境安全、设备安全、电源系统安全和通信线路安全。

(1) 环境安全。计算机系统和网络通信系统的运行环境应按照国家有关标准设计实施,应具备消防报警、防盗报警、安全照明、不间断供电、温湿度控制等,以保护系统免受水、火、地震、静电等环境因素的危害。

（2）设备安全。保证硬件设备的可用性，使其处于良好的工作状态，建立健全的管理规章制度。要注意保护存储介质的安全性，包括存储介质本身和数据的安全。存储介质本身的安全主要包括安全保管、防盗、防毁和防霉；数据安全主要是防止数据被非法复制和非法销毁。

（3）电源系统安全。电源是所有电子设备正常工作的基础，在系统中占有重要地位。电源安全主要包括电力的供应、输电线路的安全、电源稳定性的保持等。

（4）通信线路安全。通信设备和通信线路的安装要稳固牢靠，具有一定对抗自然因素和人为因素破坏的能力，包括防止电磁信息的泄露、线路截获以及抗电磁干扰等。

2. 基础安全技术

基础安全技术主要是通过密码技术来实现的。密码技术是保障数据安全的核心技术。密码技术在古代就已经得到应用，但仅限于外交和军事等重要领域。随着现代计算机技术的飞速发展，密码技术正在不断向更多其他领域渗透，数字签名、身份鉴别等都是由密码技术派生出来的新技术和应用。密码学是集数学、计算机科学、电子与通信等多学科于一身的交叉学科，它不仅具有保证信息机密性的信息加密功能，而且具有数字签名、身份验证、秘密分存、系统安全等功能。密码技术可以保证数据的保密性、完整性和确定性，防止信息被篡改、伪造和假冒。

密码技术主要包括密码编码技术和密码分析技术，二者是相互依存、互相支持、密不可分。它还包括安全管理、安全协议设计、散列函数等内容。在密码学的基础上，进一步发展、涌现了大量的新技术和新概念，如零知识证明技术、盲签名、比特承诺、遗忘传递、数字化现金、量子密码技术、混沌密码等。

我国明确规定严格禁止直接使用国外的密码算法和安全产品，因为国外禁止出口密码算法和产品，已出口的安全密码算法国外都有破译手段；担心国外的算法和产品中存在"后门"，关键时刻危害我国安全。当前我国的信息安全系统由国家密码管理委员会统一管理。

3. 系统安全技术

系统安全主要包括操作系统安全和数据库安全两个方面。

操作系统是整个计算机系统的核心，操作系统安全是整个安全防范体系的基础，也是计算机安全的重要内容。操作系统安全技术主要包括标识与鉴别、自主/强制访问控制、安全审计、客体重用、最小权限管理、可信路径、隐蔽通道分析、加密卡支持等。

数据库的应用十分广泛，各种应用系统的数据库中大量数据的安全问题、敏感数据的防窃取和防篡改问题，越来越引起人们的高度重视。数据库系统作为信息的聚集体，是计算机信息系统的核心部件，其安全性至关重要。数据库中往往保存着生产和工作需要的重要数据和资料，其数据的丢失以及被非法用户的侵入往往会造成无法估量的损失。因此，有效地保证数据库系统的安全已成为一个系统安全防护中非常需要重视的环节，要维护数据信息的完整性、保密性、可用性。数据库系统的安全除依赖自身内部的安全机制外，还与外部网络环境、操作系统环境、从业人员素质等因素有关，因此，从广义上讲，数据库系统的安全体系包括三个层次：网络系统层次、宿主操作系统层次、数据库管理系统层次。这三个层次的关系是逐步紧密的，防范的重要性也逐层加强，从外到内、由表及里保证数据库的安全。

4. 网络安全技术

任何一个计算机网络系统都具有潜在的危险,其安全是相对的、动态的,计算机系统需要适应变化的网络环境并能做出相应的调整以确保系统的安全。网络安全可以用一个最常用的安全模型来描述,即 PDRR 模型。PDRR 是 protection(防护)、detection(检测)、response(响应)、recovery(恢复)的缩写。在 PDRR 模型中,整个安全策略包括防护、检测、响应和恢复,这四个部分构成了一个动态的系统安全周期,如图 8-1 所示。

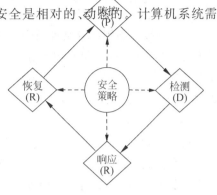

图 8-1 PDRR 模型

PDRR 模型是在整体策略的控制和指导下,运用防护工具根据系统已知的所有安全问题做出防护措施,保证系统运行;如果攻击者穿过了防护系统,则利用检测工具检测出入侵者的相关信息;一旦检测出入侵,则通过响应工具采取相应的措施,将系统调整到相对安全和风险最低的状态防护;最后通过恢复工具,在入侵事件发生后,将系统恢复到原来的状态。每次发生入侵事件,防护系统都要更新,保证相同类型的入侵事件不能再次发生。整个安全策略,包括防护、检测、响应和恢复,这四个部分组成了一个完整的、动态的系统安全循环周期,在安全策略的指导下保证系统的安全。

PDRR 安全模型的目标是尽可能地增大保护时间,尽量减少检测和响应时间,在系统遭受到破坏后,应尽快恢复,以减少系统暴露时间。

5. 应用安全技术

全球互联网技术的飞速发展和广泛普及,促使服务于网络、服务于用户的各种网络应用随之迅猛增长,如网络购物、线上银行转账、网络聊天、软件下载等,受到广大网络用户的极大欢迎。网络应用带给人们丰富、便捷的体验的同时,也隐藏着许多不安全的因素,网络环境变得越来越危险,如网上钓鱼、垃圾邮件、账户信息被盗取、个人隐私数据被窃取、非法转账等时有发生。因此,掌握一些应用安全技术方面的知识,对每一个网络用户都是很有必要的。

8.4 计算机安全的设计原则

计算机系统的绝对安全是不存在的,我们应该最大限度地平衡保密性、可用性、完整性和成本之间的关系,同时加强安全管理。通过将管理和技术的有效结合,最大限度地实现满足需求的系统安全。

(1) 木桶原则。木桶原则即木桶的最大容积取决于最短的一块木板。木桶原则强调对系统的均衡、全面的保护,安全设计应提高整个系统的"安全最低点"的安全性能。

(2) 整体性原则。整体性原则强调安全防护、检测、响应和恢复的安全机制。整体性原则要求在网络发生被攻击和破坏事件的情况下,必须尽快恢复系统服务,减少损失。

(3) 设计为本原则。一个庞大的系统工程中,安全设计应与系统总体设计相结合,遵循相同的标准,确保整个系统互联互通、信息共享,实现整体系统与安全系统的统一设计。

(4) 安全性评价原则。没有绝对的安全设计评价标准,安全性评价原则强调建立合理的实用安全性与用户需求及应用环境的评价体系。安全设计应正确处理需求、风险与代价的关系，做到安全性、可用性和可执行性的相互兼容。

（5）等级性原则。等级性原则强调安全的层次和级别。良好的安全系统必然是分为不同等级的，包括对信息保密程度分级、对用户操作权限分级、对网络安全程度分级（安全子网和安全区域）、对系统实现结构分级（应用层、网络层、链路层等）等。对于不同级别的安全对象，提供全面、可选的安全算法和安全体制，以满足系统中不同层次用户的各种实际需求。

（6）人、技术与管理相结合原则。安全体系是一个复杂的系统工程，涉及人、技术、管理等要素，单靠技术或管理都不可能实现。因此，必须将各种安全技术与运行管理机制、人员思想教育与技术培训、安全规章制度建设相结合。通过合理有效的制度化管理，如严格的安全管理制度、明确的部门安全职责划分、合理的人员角色配置等，可以在很大程度上降低系统安全漏洞，极大地实现整个系统的安全。

上述原则对于一个计算机安全系统的设计是十分重要的，并且这些原则还会随着计算机安全技术的发展而不断完善。

8.5 计算机系统的安全等级标准

在计算机系统安全标准的制定和研究过程中，美国是起步较早的国家之一。20世纪70年代，美国国防部就已经发布了诸如"自动数据处理系统安全要求"等一系列的安全评估标准。随后，欧洲、加拿大等都相继推出了相关标准。以下将介绍几种安全评估标准。

1. ISO 安全体系结构标准

在安全体系结构方面，ISO 制定了国际标准 ISO 7498-2-1989《信息处理系统开放系统互联基本参考模型》第2部分安全体系结构。该标准为开放系统互连（OSI）描述了基本参考模型，为协调开发现有的与未来的系统互联标准建立起了一个框架。其任务是提供安全服务与有关机制的一般描述，确定在参考模型内部可以提供这些服务与机制的位置。

2. 美国《可信计算机系统安全评价标准》

1983年，美国国防部根据军用计算机系统的安全需要，制定了《可信计算机系统安全评价标准》（trusted computer system evaluation criteria，TCSEC），即所谓的橘皮书、黄皮书、红皮书和绿皮书。该准则于1970年由美国国防科学委员会提出，并于1985年对此标准进行了修订。TCSEC 标准是计算机系统安全评估的第一个正式标准，具有划时代的意义。TCSEC 最初只是军用标准，后来延至民用领域。TCSEC 将计算机系统的安全划分为4个等级、7个级别，见表8-1。

表8-1 系统安全级别

级别	说明
D	最低安全级
C1	自主安全保护级（自主存取控制）
C2	可控安全保护级（较完善的自主存取控制 DAC）
B1	标记安全保护级（强制存取控制 MAC）
B2	结构保护级（良好的结构化设计、形式化安全模型）

续表

级别	说明
B3	强制安全区域级(全面的访问控制、可信恢复)
A	验证设计级,最高安全(形式化认证)

美国的计算机安全等级评估标准虽然非常盛行,但它只是着重规定了某些操作系统的安全等级,而作为一个综合的评估标准还显得不完善。

3. 中国《计算机信息系统安全保护等级划分准则》

我国的国标 GB 17895—1999《计算机信息系统安全保护等级划分准则》由中国公安部主持制定,国家技术标准局发布,于 2001 年 1 月 1 日起正式实施。该准则定义了计算机信息系统安全保护能力的 5 个等级,从低到高依次是:用户自主保护级、系统审计保护级、安全标记保护级、结构化保护级、访问验证保护级。不同级别的安全要求涵盖的主要安全考核指标有身份认证、自主访问控制、数据完整性、审计、隐蔽信道分析、客体重用、强制访问控制、安全标记、可信路径和可信恢复等。

《计算机信息系统安全保护等级划分准则》制定的总体目标是确保计算机信息系统安全正常运行和信息安全,并实现下述安全特性:信息的完整性、可用性、保密性、抗抵赖性、可控性等(其中完整性、可用性、保密性为基本安全特性要求)。目的在于安全保护工作实现等级化规范化的建设和有效监督管理。同时,它还会对我国信息安全产品制造业、信息安全保护服务业、IT 产业、各类网络应用等重要产业的发展起到促进作用。

8.6 计算机安全技术的发展趋势

随着计算机技术的快速发展,其应用范围不断扩大,系统安全隐患急剧增加,人们对计算机安全技术也提出了更高的要求。随着人们安全意识的不断提升,计算机安全的内涵及技术也在不断延伸。从最初的信息保密性发展到信息的完整性、可用性、可控性和不可否认性,进而又发展为"攻(攻击)、防(防范)、测(检测)、控(控制)、管(管理)、评(评估)"等多方面的基础理论和实施技术。目前,在计算机安全领域,人们主要关注的技术包括密码理论与技术、安全协议理论与技术、安全体系结构理论与技术、信息对抗技术、生物识别技术、灾难恢复技术、安全策略与安全管理、安全产品的智能化和集成化、移动通信和智能终端技术相结合等。

本章小结

1. 计算机系统由于其本身的抗打击能力和防护能力比较弱,极易受到攻击和伤害。计算机系统面临的威胁主要来自然灾害构成的威胁、人为偶然或故意事故构成的威胁、计算机犯罪的威胁、计算机病毒的威胁、信息战的威胁等,大致可分为对实体的威胁、对信息的威胁以及对实体和信息两方面的威胁。

2. 国际标准化组织(ISO)将"计算机安全"定义为:"为数据处理系统建立和采取的技术和管理的安全保护,保护计算机硬件、软件数据不因偶然和恶意的原因而遭到破坏、更改和泄露。"一般来说,计算机安全主要包括系统安全和数据安全两个方面。

3. 一个完整的计算机安全技术体系结构主要由物理安全技术、基础安全技术、系统安全技术、网络安全技术以及应用安全技术组成。

4. 计算机安全的设计原则主要有木桶原则、整体性原则、设计为本原则、安全性评价原则、等级性原则等。

5. 美国《可信计算机系统安全评价标准》将计算机系统的安全划分为 4 个等级、7 个级别。中国《计算机信息系统安全保护等级划分准则》定义了计算机信息系统安全保护能力的 5 个等级。

本章习题

1. 简述计算机安全体系的组成。
2. 简述 PDRR 网络安全模型的工作过程。
3. 列举计算机安全系统的设计原则。
4. 列举一些你了解的安全标准。
5. 我国颁布的《计算机信息系统安全保护等级划分准则》对计算机安全等级是如何划分的?
6. 简述计算机安全技术的发展趋势。
7. 简述自己对计算机安全的认识。

第 9 章

密 码 技 术

学习目标
(1) 了解密码学的基本概念和密码体制的相关知识；
(2) 了解传统的加密方法；
(3) 了解常见加密技术的相关知识；
(4) 理解数字签名技术的相关知识；
(5) 了解公钥基础设施系统的组成及安全服务的相关知识；
(6) 理解数字证书的相关知识；
(7) 掌握常用数据加密方法。

9.1 密码技术概述

计算机安全主要包括系统安全和数据安全两个方面，密码技术是对数据安全采取的主动的安全保护，是保障信息安全的核心技术和有效手段。

密码技术与数学、信息论、计算机科学、电子与通信等多学科有着广泛而密切的联系，是一个交叉学科。密码理论与技术主要包括两部分：基于数学的密码理论与技术、非数学的密码理论与技术。前者包括公钥密码、分组密码、序列密码、认证码、数字签名、Hash 函数、身份识别、密钥管理、PKI 技术等；后者包括基于生物特征的识别理论与技术、信息隐形、量子密码等。

目前国际上对非数学的密码理论与技术非常关注。基于生物特征的识别理论与技术发展比较快，如指纹、虹膜、面部、手掌、语音、DNA 等识别技术，已形成了一定的理论和技术，也有相应产品得到应用和推广。信息隐形是网络环境下把机密信息隐藏在大量信息中不让对方发觉的一种方法，为保护信息免于破坏起到重要作用。其中图像叠加、数字水印、潜信道、隐匿协议等的理论与技术的研究已经引起人们的重视。量子密码装置一般采用单个光子实现，根据海森堡的测不准原理，测量这一量子系统会对该系统产生干扰并且会产生出关于该系统测量前状态的不完整信息。因此，窃听量子通信信道就会产生不可避免的干扰，合法的通信双方则可由此而察觉到有人在窃听。量子密码术利用这一效应，使从未见过面且事先没有共享秘密信息的通信双方建立通信密钥，然后采用 Shannon 已证明的是完善保密的一次密钥密码通信，即可确保双方的秘密不泄漏。量子密码学达到了经典密码学所无法达到的两个最终目的：一是合法的通信双方可察觉潜在的窃听者并采取相应的措施；二是使窃听者无法破解量子密码，无论企图破译者有多少强大的计算能力。由量子力学理论上提出设想,到现在百公里距离的密钥分配实验成功,接近实用化的量子密钥传输系统只用了几年时间,目前已形成了相关产品,其发展及应用的前景非常广阔。

1. 密码技术的基本概念

密码学是研究编制密码和破译密码的技术科学。研究密码变化的客观规律并应用于编制密码以保守通信秘密的称为编码学;应用于破译密码以获取通信情报的称为破译学,两者总称密码学。密码编码学和破译学是相互对立、相互依存并不断发展的。

密码是通信双方按约定的法则进行信息特殊变换的一种重要保密手段。依照这些法则,变明文为密文,称为加密变换;变密文为明文,称为解密变换。密码在早期仅对文字或数码进行加、解密变换,随着通信技术的发展,对语音、图像、数据等都可实施加、解密变换。

明文(plaintext):未经加密,能够直接代表原文含义的信息,即信息的原始形式。

密文(ciphertext):明文经过加密处理之后的形式,隐藏原文含义的信息。

加密(encryption):将明文转换成密文的过程称为加密,加密通常由加密算法来实现。

解密(decryption):将密文还原成明文的过程称为解密,解密通常由解密算法来实现。

加密算法:加密时使用的信息变换规则。

解密算法:解密时使用的信息变换规则。

密钥(key):为了有效地控制加密和解密算法的实现,在其处理过程中要有通信双方掌握的专门信息参与,这种信息称为密钥。密钥是对数据进行编码和解码的信息,分为加密密钥和解密密钥。

明文用 M 表示,密文用 C 表示,加密算法用 E 表示,解密算法用 D 表示,则加密过程可用数学式表示为:$E(M)=C$,解密过程可用数学式表示为:$D(C)=M$。

现代加密算法的安全性是基于密钥的安全性,算法是公开的,可供所有人分析,只要保证密钥的安全,就可保证信息的安全。

2. 密码体制

密码学的发展主要经历了传统密码(也称为古典密码)、对称密钥密码、非对称密钥密码(也称为公开密钥密码)三个阶段。传统密码是基于字符替换的密码,现在已经很少使用,但它代表了密码的起源。

密码体制根据原理可以分为对称密码体制(又称为单钥体制、私钥体制、专有密钥体制)、非对称密码体制(又称为双钥体制、公钥体制)和混合密码体制。

(1) 对称密码体制。对称密码体制即单钥体制,其特点是加密密钥和解密密钥相同,如图 9-1 所示。采用对称密码体制,系统保密性的关键是保证密钥的安全性,与算法无关,即算法无须保密,仅需保密密钥。为了安全性,密钥需要定期改变。根据对称密码体制的这种特性,单钥加、解密算法可通过低费用的芯片来实现。对称加密算法速度快,所以在处理大量数据的时候被广泛使用。

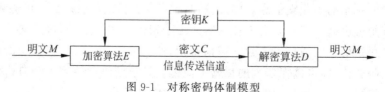

图 9-1 对称密码体制模型

（2）非对称密码体制。非对称密码体制即公钥体制,要求密钥成对使用,加密和解密使用不同的密钥,如图 9-2 所示。密钥对中的一个是公开密钥(可让所有通信的人知道),简称公钥(public key),用于加密;另一个是用户私有(专为用户使用的密钥),必须保持秘密状态,是私人密钥,用于解密,简称私钥(private key)。公钥和私钥在数学上互相关联,二者之间有密切的关系,但不能由一个推出另一个。数据发送方用接收方的公钥加密数据,只有接收方的私钥才能解密该加密后的数据。相对于对称算法,非对称算法的运算速度要慢得多,但是在多人协作或需要身份认证的数据安全应用中,非对称算法具有不可替代的作用。使用非对称算法对数据进行签名,可以证明数据发行者的身份并保证数据在传输的过程中不被篡改。

图 9-2　非对称密码体制模型

（3）混合密码体制。对称密码体制中在计算机内实现加、解密的速度相对很快,其密钥的安全传送很重要。非对称密码体制的算法一般比较复杂,加、解密速度较慢。因此,在实际应用中,加密多采用对称密码体制和非对称密码体制相结合的混合加密体制。混合密码体制是利用两者的优势形成的密码体制,它在对数据信息加、解密时采用对称密码体制(单钥密码),在密钥传送时采用非对称密码体制(双钥密码)。这样既解决了密钥管理的困难,又解决了加、解密速度的问题。

9.2　传统的加密方法

传统加密方法的密钥是由简单的字符串组成,这种加密方法是稳定的,是人所共知的。它的好处在于可以秘密而又方便地变换密钥,从而达到保密的目的。传统的加密方法主要有：替代密码、换位密码。

9.2.1　替代密码

替代密码是用一组密文字母来代替一组明文字母以隐藏明文,同时保持明文字母的位置不变。凯撒密码是一种最古老的替代密码,以英文 26 个字母为例,它用 D 表示 A,用 E 表示 B,用 F 表示 C,……,用 C 表示 Z,即密文字母相对明文字母循环左移了 3 位,因此又称为循环移位密码。明文与密文的映射关系如图 9-3 所示。

图 9-3　替代密码

将凯撒加密法通用化,即允许加密码字母可以移动 k 个字母。在这种情况下,k 就成了循环移位密码的密钥。这种密码的优点是密钥简单易记,但其明文和密文的对应关系过于简单,最多只需尝试 25 次,即可被破译,所以安全性较差。这种密码的改进办法是,使明文字母和密文字母之间的映射关系没有规律可循。

9.2.2 换位密码

在替代密码中保持了明文的顺序,通过替代方式将明文隐藏起来。换位密码是明文字母保持不变,但明文字母的顺序被重新排序。矩阵转置密码就是一种换位密码。它是将明文以行为先依次置于一个矩阵中,如最后一行不足可用 A、B、C、…填充;然后以列为先依次得到密文,即密文是由明文矩阵转置而产生的,其密钥是矩阵的列数。例如,明文:YOU ARE STUDENTS,将其置于 5 列的矩阵中,如下所示。

```
1 2 3 4 5
Y O U A R
E S T U D
E N T S A
```

密文是 YEEOSNUTTAUSRDA,密钥是 5。

9.3 常用加密技术

9.3.1 DES 算法

DES(data encryption standard,数据加密标准)是 IBM 公司研制的一种对称加密算法,于 1977 年由美国国家标准局公布,把它作为非机要部门使用的数据加密标准。

DES 是一个分组加密算法,加密和解密使用同一个算法。典型的 DES 以 64 位为分组对数据加密,每组 64 位,最后一组若不足 64 位,以"0"补齐。密钥长 64 位,密钥事实上是 56 位参与 DES 运算(第 8、16、24、32、40、48、56、64 位是校验位),密钥可以是任意 56 位数,且可在任意时候改变,数据的安全性依赖于该密钥。分组后的明文组经过初始置换、与 56 位密钥的 16 次迭代和逆置换三个主要阶段,最后形成 64 位的密文组。DES 加密的整体流程如图 9-4 所示。

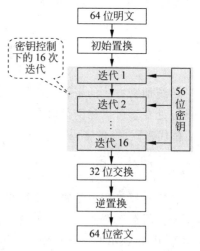

图 9-4 DES 加密的整体流程图

DES 的核心技术是:在相信复杂函数可以通过简单函数迭代若干圈得到的原则下,利用 F 函数及置换等运算,充分利用非线性运算。DES 算法的基本思想是:DES 对 64 位的明文分组进行操作。通过一个初始置换,将明文分组分成左半部分(L_0)和右半部分(R_0),各 32 位长。R_0 与子密钥 K_1 进行 F 函数的运算,输出 32 位的数,然后与 L_0 执行异或运算得到 R_1,L_1 则是上一轮的 R_0,如此经过 16 轮后,左、右半部分合在一起,经过一个末置换(初始置换的逆置换)输出结果,算法完成。

9.3.2 IDEA 算法

IDEA(International Data Encryption Algorithm,国际数据加密算法)是上海交通大学教授朱学嘉博士与瑞士著名学者 James Massey 联合提出的一种对称加密算法。它在 1990 年正式公布并在以后得到增强。IDEA 算法是在 DES 算法的基础上发展出来的,类似于三重 DES。IDEA 算法的安全性与 DES 算法一样,不在于算法的保密,而在于密钥的安全性。

IDEA 的明文和密文长度均为 64 位,密钥长度则为 128 位。其加密由 8 轮类似的运算和输出变换组成,主要有异或、模加和模乘三种运算。IDEA 加密的整体流程如图 9-5 所示。

IDEA 算法在加密和解密运算中,仅使用作用于 16 位子块对的一些基本运算,因此效率很高。该算法具有规则的模块化结构,有利于加快其硬件实现速度。由于 IDEA 的加密和解密过程是相似的,所以有可能采用同种硬件器件来实现加密和解密。

相对于 DES 算法的 64 位(事实只用 56 位)密钥,IDEA 算法的密钥长度为 128 位,是 DES 密钥长度的两倍多。它能够抵抗差分密码分析方法和相关密钥密码分析方法的攻击。科学家已证明 IDEA 算法在其 8 轮迭代的第 4 轮之后便不受差分密码分析的影响。假定穷举法攻击有效的话,那么即使设计一种每秒可以试验 10 亿个密钥的专用芯片,并将 10 亿片这样的芯片用于此项工作,仍需 1013 年才能解决问题。因此,目前 IDEA 是一种安全性好、效率高的分组密码算法。

图 9-5 IDEA 加密的整体流程图

9.3.3 RSA 算法

RSA 算法是由麻省理工学院的 R. Rivest、A. Shamir 和 L. Adleman 于 1977 年提出的一种非对称加密算法,RSA 即是 3 位发明者名字的缩写。该算法的理论基础是数论中的一条重要论断:求两个大素数之积是容易的而将一个具有大素数因子的合数进行分解却是非常困难的,即该算法的安全性建立在大整数因子分解的困难性之上。RSA 算法是第一个能同时用于加密和数字签名的算法,并且易于理解和操作。RSA 算法从提出至今,经历了各种攻击的考验,逐渐为人们接受,被公认是非对称密码体制中最优秀、理论上最成熟完善、使用最广泛的一种加密算法,被认为是密码学发展史上的一个里程碑。

RSA 算法的基本步骤如下。

(1) 选取两个不同的大素数 p 和 q(典型情况下为 1024 位,一般为 100 位以上,保密)。

(2) 计算 $n = p \times q$(公开),$\varphi(n) = (p-1) \times (q-1)$(欧拉函数)。

(3) 随机选取一个与 $\varphi(n)$ 互质的正整数 e,$1 < e < \varphi(n)$。公钥是 (n, e),是公开的加密密钥。

(4) 计算 d,使其满足 $e \times d = 1 \bmod \varphi(n)$。私钥是 (n, d),是保密的解密密钥。

(5) 加密运算:对明文 $e \in Z_n$(Z_n 为明文空间),密文为 $c = m^e \bmod n$。

(6) 解密运算:对明文 $c \in Z_n$,明文为 $m = c^d \bmod n$。

下面以一个简单的实例来说明密钥对的生成过程。

(1) 生成密钥：选取两个不同的素数 $p=11,q=13$；则 $n=11×13=143,(p-1)×(q-1)=120$；取一个与120互质的数，如 $e=7$；由 $7×d=1 \bmod 120$，得 $d=103$。由以上过程得 $n=143,e=7,d=103$，所以公钥就是$(143,7)$，私钥就是$(143,103)$，明文空间为 $Zn\{0,1,2,\cdots,142\}$。

(2) 加密原文：假设原文 m 的数字为85，用公钥加密原文，$c=85^7 \bmod 143=123$。

(3) 解密密文：$m'=123^{103} \bmod 143=85$。

RSA的缺点主要有：①产生密钥很麻烦，受到素数产生技术的限制，因此难以做到一次一密；②分组长度太大，为保证安全性，n 至少也要600位以上，运算代价很高，速度较慢，比对称密码算法慢几个数量级。而且随着大数分解技术的发展，这个长度还在增加，不利于数据格式的标准化；③RSA的安全性依赖于大整数的因子分解，但并没有从理论上证明破译RSA的难度与大整数分解难度等价，即RSA的重大缺陷是无法从理论上把握它的保密性能如何，为了保证其安全性，只能不断增加模 n 的位数。

DES算法与RSA算法的优缺点可以很好地互补，用于混合加密。RSA的密钥很长，加密速度慢，适合加密较短的报文；DES加密速度快，适合加密较长的报文，正好弥补了RSA的缺点。即可以将DES用于明文加密，RSA用于DES密钥的加密。这种方式，可以使因RSA而耗掉的时间减少，同时RSA也可以解决DES密钥安全分配的问题。

9.4 数字签名

9.4.1 数字签名概述

在传统的纸质文件上手写签名或印章，可以起到认证、核准、生效的作用。在数字通信网络中，可以使用数字签名(digital signature)来实现与文件上手写签名或印章相同的功能，它能够实现用户对电子文档消息的认证。所谓数字签名，就是只有信息发送者才能产生的别人无法伪造的一段数字串，这段数字串同时也是对发送者发送信息真实性的一个证明。数字签名技术是实现交易安全的核心技术之一，它的实现基础就是加密技术。

数字签名也称为电子签名，是公钥密码系统的一种重要应用方式。现在，已经有很多国家制定了电子签名法。《中华人民共和国电子签名法》已于2004年8月28日第十届全国人民代表大会常务委员会第十一次会议通过，并已于2005年4月1日开始实施。

数字签名在ISO 7498-2标准中定义为："附加在数据单元上的一些数据，或是对数据单元所做的密码变换，这种数据和变换允许数据单元的接收者用以确认数据单元来源和数据单元的完整性，并保护数据，防止被人（如接收者）进行伪造。"美国电子签名标准(DSS, FIPS186-2)对数字签名作了如下解释："利用一套规则和一个参数对数据计算所得的结果，用此结果能够确认签名者的身份和数据的完整性。"

作为一种签名方式，数字签名与书面文件上的手写签名有着共同的基本要求。

(1) 签名是可验证的。签名是可以被确认的，对于签名的文件，一旦发生纠纷，任何第三方都可以准确、有效地进行验证。

(2) 签名是不可伪造的。

(3) 签名是不可重用的。
(4) 签名是不可抵赖的。
(5) 被签名的文件是防篡改的。

9.4.2 数字签名的基本原理及实现

1. 数字签名的基本原理

目前数字签名是建立在非对称密码体制基础上的,现有的多种数字签名算法都是公开密钥算法。它使用一对不可互相推导的密钥,一个用于签名(加密),一个用于验证(解密),签名者用加密密钥(保密的,即私钥)签名(加密)文件,验证者用解密密钥解密(公开的,即公钥)文件,确定文件的真伪。数字签名与加、解密中密钥的使用过程是相反,是非对称加密技术的另一类应用。数字签名的基本原理如图 9-6 所示。

图 9-6 数字签名的基本原理

在实际的实现过程中,采用非对称密码算法对长文件签名效率太低,为了节约时间,数字签名协议经常与单向散列函数结合使用。散列函数(哈希函数)是一种"压缩函数",利用它可以把任意长度的输入经由散列函数算法变换成固定长度的输出,该输出的哈希值就是消息摘要,也称数字摘要。散列函数是数字签名的一个重要辅助工具。

2. 数字签名的实现方法

数字签名可以采用对称算法、非对称算法或报文摘要算法来实现。其中报文摘要法是最主要的数字签名方法,也称为数字摘要法或数字指纹法。该方法是将数字签名与要发送的信息紧密联系在一起,更适合于电子商务活动。这种将报文内容与签名结合在一起的方法,与内容和签名分开传递的方法相比,有着更强的可信度和安全性。使用报文摘要算法进行数字签名的通用加密标准有 SHA-1、MD5 等。

数字签名的完整过程如图 9-7 所示。

(1) 发送方对要发送的原文件采用哈希算法,得到一个固定长度的数据摘要。
(2) 用自己(发送方)的签名私钥对数据摘要进行加密,形成发送方的数字签名。
(3) 发送方将数字签名作为附件和原文一起发送给接收方。
(4) 接收方验证签名,即用发送方的公钥对数字签名进行解密,得到数据摘要。
(5) 接收方用相同的哈希算法对原文进行哈希计算,得到一个新的数据摘要。
(6) 将两个数据摘要进行比较,如果二者匹配,说明原文没被修改。

通过数字签名可以给接收者提供一种保证:被签名的数据仅来自签名者,而且自从数字被签名后就没被修改过。这里要特别提醒一点:数字签名可以保证数据没被修改过,但不能保证数据不被未经授权的人阅读。

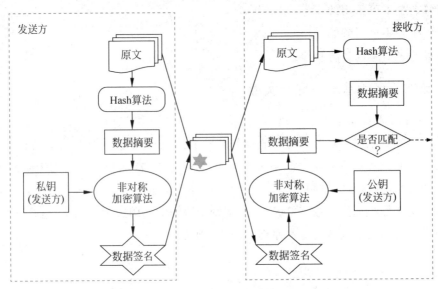

图 9-7　数字签名过程

9.5　公钥基础设施

9.5.1　公钥基础设施概述

随着互联网技术和网络应用的迅速推广和普及，各种金融业网上交易业务也在迅速发展，如电子商务、电子政务、网上银行及网上证券等。但随之而来的网络非法入侵、诈骗等事件的出现，让人们非常担心互联网的安全问题。因此，解决网络通信的安全问题已经成为发展网络通信的重要任务。目前对网络安全服务能够提供强有力保证的技术是公钥基础设施 (public key infrastructure, PKI)，它是在公开密钥加密技术的基础上形成和发展起来的。

公钥基础设施 (PKI) 是创建、颁发、管理和撤销公钥证书所涉及的所有软件、硬件系统，以及所涉及的整个过程安全策略规范、法律法规和人员的集合。它是在非对称加密技术基础上形成和发展起来的提供安全服务的通用性基础平台，用户可以利用 PKI 基础平台所提供的安全服务，在网上实现安全的通信。PKI 采用标准的密钥管理规则，能够为所有应用透明地提供采用加密和数字签名等密码服务所需要的密钥和证书管理。PKI 的核心执行者是证书机构 (CA)，其核心元素是证书。

基于 PKI 的基础平台为用户提供了建立安全通信、相互信任的基础。它所提供的安全服务通信都是建立在公钥的基础之上，公钥是可以对外公开的。与公钥成对的私钥只能掌握在通信的另一方，私钥必须严密保管，不能泄露。PKI 使用公钥证书是实现通信双方互相信任的基础。公钥证书是一个用户在网上的身份证明，是用户身份与他所持有公钥的绑定结合。在这种绑定之前，由一个可信任的认证机构 CA 来审查和证实用户的身份，然后认证机构 CA 将用户身份及其公钥结合起来，形成数字证书，并进行数字签名，实现证书和身份唯一对应，以证明该证书的有效性，同时证明了网上身份的真实性。

PKI 作为安全基础设施，能够提供身份认证、数据完整性、数据保密性、数据公正性、不可否认性和时间戳六种安全服务,为网上金融、网上银行、网上证券、电子商务、电子政务等网络中的数据交换提供了完备的安全服务功能。

9.5.2 数字证书

数字证书是网络通信中实体身份的证明,证明某一实体的身份以及其公钥的合法性,证明该实体与公钥的匹配关系,它提供了一种在网上验证身份的方式。数字证书在公钥体制中是密钥管理的媒介,不同的实体可以通过证书来互相传递公钥。它符合 x.509 标准,是由具备权威性、可信任性和公正性的第三方机构签发的,因此它是权威性的电子文档。

基于数字证书的应用角度,数字证书可以分为服务器证书、电子邮件证书、个人客户端证书、企业证书、代码签署证书等。

数字证书可以存储于硬盘、软盘、IC 卡的芯片等介质中。为了提高数字证书的安全性,防止受到病毒和木马的攻击,现在越来越多的重要场合将数字证书存储到专用芯片中。

9.6 项目实训 常用数据安全加密方法

由于互联网具有开放性,重要文档在通过互联网传播的过程中,一般需要对文档进行加密。这样即使文档意外失窃,因为没有密码也无法打开,从而保证了文档的保密性。通常采用压缩加密、文档加密等方式,来保证传输过程中文档数据的安全性。

9.6.1 任务1:使用压缩工具加密

1. 任务导入

通过互联网传输的文件或文件夹,通常以压缩文件的方式传输,以提高其传输效率。而且大部分压缩软件都支持密码保护功能,允许用户为压缩文件设置密码保护。尽管网络上有许多破解这些加密压缩的工具,但是由于这些工具大多是通过猜测密码的方式进行破解,因此,只要尽可能将密码设置的复杂一些,就可增加破解难度。压缩后带有密码保护的压缩文件和普通压缩文件基本没有区别,只是在打开压缩文件的过程中,必须输入正确的密码,才能将压缩文件解压。

流行的压缩软件 WinRAR 是一种常用的压缩工具,它界面友好,使用方便,在压缩率和速度等方面都非常优秀。本任务中使用 WinRAR 压缩软件对文件和文件夹进行压缩,同时为了安全需要,将给压缩文件设置密码,进一步保护文件的安全。

2. 任务目的

掌握常用压缩软件的压缩加密功能。

3. 实训环境

(1) 一台安装 Windows XP 及以上版本操作系统的计算机。

(2) 网络环境为计算机可访问互联网。

4. 任务实施

1) 使用压缩软件 WinRAR 压缩文件或文件夹,并设置压缩文件保护密码

(1) 选择需要压缩的文件或文件夹,右击,从弹开的快捷菜单中选择"添加到压缩文件(A)…"命令,将打开 WinRAR 软件的"压缩文件名和参数"对话框,如图 9-8 所示。

(2) 选择"高级"选项卡,将看到"设置密码"按钮,如图 9-9 所示。

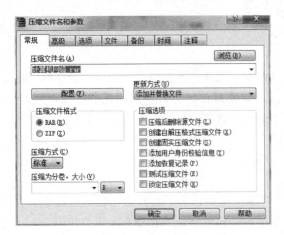

图 9-8 "压缩文件名和参数"对话框

图 9-9 "高级"选项卡

(3) 单击"高级"选项卡中的"设置密码"按钮,将打开"输入密码"对话框,如图 9-10 所示。该对话框中的"加密文件名"选项是指在没有密码的情况下打开该压缩包后是否能够看到被压缩文件的文件名。在"输入密码"对话框中输入压缩密码,即为压缩文件设置密码保护,单击"确定"按钮,将返回"压缩文件名和参数"对话框。

(4) 单击"压缩文件名和参数"对话框的"确定"按钮,将进行文件压缩并生成加密压缩文件。

2) 解压缩文件

选中生成的压缩文件,并右击,从弹开的快捷菜单中选择"解压到当前文件夹"命令,将打开 WinRAR 软件的"输入密码"对话框,如图 9-11 所示。此时,只有输入正确的密码,才可以解压文件或文件夹。

图 9-10 压缩时"输入密码"对话框

图 9-11 解压时"输入密码"对话框

5. 任务拓展

网上检索"破解压缩密码"等关键词,查询针对 WinRAR 压缩文件密码的破解软件,从中选择一款加密压缩文件破解软件。下载安装后,尝试使用其破解加密过的压缩文件,看是否能够破解成功,并针对密码的复杂程度对比破解的难易、快慢。

9.6.2 任务2:Office 文档的加密与解密

1. 任务导入

微软公司的 Office 办公软件,如 Word、Excel、PowerPoint 等,可以帮助人们制作多种文档,如文字、表格、演示文稿等。对于某些重要或私人文件的内容,人们可能会希望不能被他人查看文档的内容,或者他人可以查看内容但不能被修改。Office 软件提供了文档的密码保护功能,通过该功能可以比较有效地保护文档的安全。如果希望他人可以查看文档内容但不能被修改文档内容,可以使用 Office 的"修改"密码保护功能。如果打开文件时不能提供正确的"修改"密码,文件只能以只读方式打开。如果不希望他人查看文档内容,可以使用 Office 的"打开"密码保护功能。如果打开文件时不能提供正确的"打开"密码,则文件不能被打开。当然这两个密码保护功能也可同时使用。

本任务要求对 Word 文档增加打开和只读密码保护功能,以加强对 Office 文档的安全保护;安装使用相关密码破解工具,破解加密后的 Word 文档。

2. 任务目的

(1)掌握办公软件 Word 的文档加密保护功能。

(2)了解相关破解软件的使用。

3. 实训环境

(1)一台安装 Windows XP 及以上版本操作系统和 Microsoft Office 办公软件的计算机。

(2)网络环境为计算机可访问互联网。

4. 任务实施

1)设置文档保护密码

(1)创建或打开一个 Word 文档,依次选择"文件"→"另存为"命令,打开"另存为"对话框,如图 9-12 所示。

提示:本任务使用的是 Word 2013 版本,其他版本操作界面及操作过程可能略有不同。

图 9-12 "另存为"对话框

（2）单击"另存为"对话框的工具按钮,将打开"工具"菜单,如图9-13所示。选择其中的"常规选项"命令,打开"常规选项"对话框,可以在该对话框中同时设置"打开"密码和"只读"密码,如图9-14所示。

图9-13　"另存为"对话框中的"工具"菜单

图9-14　"常规选项"对话框

（3）在"常规选项"对话框中，输入"打开文件时的密码""修改文件时的密码"，单击"确定"按钮，然后保存文件并且关闭文件。本实训中两个密码都设置了。

2）打开加密后的 Word 文档

双击打开加密后的 Word 文档，根据前面设置密码的情况，将打开输入"打开文件所需的密码""修改文件所需的密码"对话框，如图 9-15 所示。如果只设置了其中一个密码将打开相应的密码输入对话框。如果两个密码都设置了，将依次打开两个对话框。如果不能提供正确的"打开文件所需的密码"，则文件不能打开。如果不能提供正确的"修改文件所需的密码"，则只能以只读的方式打开文件。

图 9-15　打开文件时的"密码"对话框

3）使用相关密码破解软件解密加密后的 Word 文档

通过使用 Office 办公软件的自带功能，可以实现对 Office 办公文档最基本的加密安全保护。但是，一旦忘记了加密的密码，会给工作带来极大的不方便。Office Password Recovery Toolbox 是一款小巧实用的 Office 文档密码破解的第三方工具。它能帮助快速破解 Word、Excel 和 Access 等文档密码。该软件使用中需要注意，破解密码的过程需要联网。

（1）从网上搜索软件 Advanced Office Password Recovery，下载并安装，如图 9-16 所示。

图 9-16　安装 Advanced Office Password Recovery 软件

(2) 运行安装好的 Advanced Office Password Recovery 软件,如图 9-17 所示。

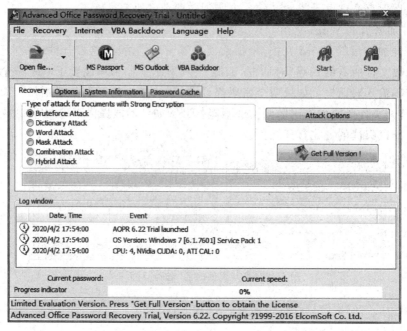

图 9-17　Advanced Office Password Recovery 软件

(3) 单击 Open file…按钮,将打开 Open file…对话框,浏览并找到前面设置了密码保护的 Word 文档,如图 9-18 所示。

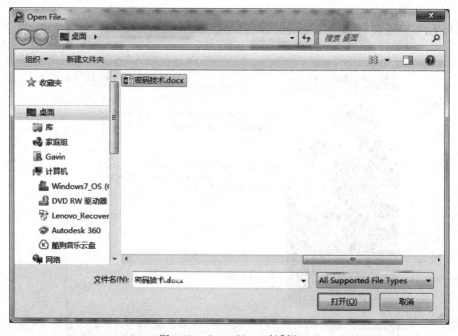

图 9-18　Open file…对话框

(4) 选择该文件,单击"打开"按钮,软件将开始联网破解密码。破解成功后,打开 Word

Passwords Recovered 对话框,该对话框中显示文件的密码,如图 9-19 所示。至此,对加密文件的破解成功,可以用显示的密码打开 Word 文档。

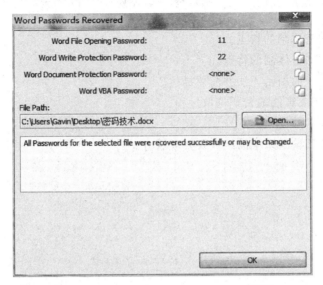

图 9-19　Word Passwords Recovered 对话框

5. 任务拓展

尝试对 Office 其他文档(如 Excel 文档)进行加密和破解。

本章小结

1. 计算机安全主要包括系统安全和数据安全两个方面,密码技术是对数据安全采取的主动的安全保护。密码理论与技术主要包括两部分:基于数学的密码理论与技术、非数学的密码理论与技术。

2. 密码学的发展主要经历了传统密码、对称密钥密码、非对称密钥密码(公开密钥密码)三个阶段。

3. 密码体制根据原理可以分为对称密码体制和非对称密码体制。对称密码体制,即单钥体制,其加密密钥和解密密钥相同,系统保密性关键是保证密钥的安全性。非对称密码体制,即公钥体制,要求密钥成对使用,加密和解密使用不同的密钥。

4. 常用加密算法主要有 DES 算法、IDEA 算法和 RSA 算法等。DES 算法和 IDEA 算法都是对称加密算法,RSA 算法是非对称加密算法。

5. 数字签名,就是只有信息发送者才能产生的、别人无法伪造的一段数字串,这段数字串同时也是对发送者发送信息真实性的一个证明,数字签名技术是实现交易安全的核心技术之一。

6. PKI 是创建、颁发、管理和撤销公钥证书所涉及的所有软件、硬件系统,以及所涉及的整个过程安全策略规范、法律法规和人员的集合。PKI 的核心执行者是 CA,其核心元素是证书。

本章习题

1. 简述对称加密体制的特点。
2. 简述非对称加密体制的特点。
3. 列举几种传统的加密方法并简要描述。
4. 举例说明 RSA 算法的密钥选取过程。
5. 简述数字签名的过程。
6. 简述公钥基础设施系统的组成及安全服务。

第10章

操作系统安全技术

学习目标

(1) 了解 Windows 系统的安全体系结构；
(2) 了解 Windows 系统权限的相关知识；
(3) 了解 Windows 系统注册表的相关知识；
(4) 掌握 Windows 系统的常用安全配置方法。

10.1 操作系统安全技术概述

10.1.1 操作系统安全的重要性

计算机系统自下而上的层次组成为硬件、操作系统、网络软件、数据库管理系统软件以及应用软件，各层次在下层的基础上实现各自功能及相应的安全职责。其中，自操作系统之上(包括操作系统)都属于软件系统，操作系统处在最低层。操作系统(operating system)是一组面向机器和用户的程序，是用户程序和计算机硬件之间的接口，其目的是最大限度、高效、合理地使用计算机资源，同时对系统的所有资源(软件和硬件资源)进行管理。操作系统直接运行在硬件系统之上，是所有其他软件运行的基础。因此它是计算机系统中最重要的软件，在整个计算机系统软件中处于核心地位。

操作系统作为最低层、最重要的系统软件，它在解决安全问题上也起着基础性、关键性的作用，没有操作系统的安全支持，计算机软件系统的安全就缺乏了根基。上层软件要获得运行的可靠性和信息的完整性、保密性，必须依赖于操作系统提供的系统软件作为基础。在网络环境中，网络安全依赖于网络中各主机的安全性，而各主机系统的安全是由操作系统的安全性决定。因此，操作系统安全是系统安全的基础，它的安全性极大地决定了整个计算机系统的安全。

操作系统的安全是利用安全手段防止操作系统本身被破坏，防止非法用户对计算机资源的窃取。在目前的操作系统中，对安全机制的设计不尽完善，存在较多的安全漏洞。面对黑客盛行、网络攻击日益频繁、运用的技术愈加先进，计算机操作系统的安全显得尤为重要。

10.1.2 Windows 安全体系结构

任何操作系统都有一套规范的、可扩展的安全定义，从计算机的访问到用户策略等。操作系统的安全定义主要包括五大类：身份认证、访问控制、数据保密性、数据完整性和不可否认性。Windows 系统采用金字塔形的安全架构，如图 10-1 所示。

图 10-1 Windows 系统安全架构

1. 身份认证

身份认证是最基本的安全机制，用于确定用户在系统中身份的真实性，包括用户的标识和鉴别，是用户进入系统后的第一道防线。当用户登录到计算机操作系统时，要求进行身份认证，认证方法主要有基于口令的认证方式、基于智能卡的认证方式和基于生物特征的认证方式等。其中最常见的就是基于口令的认证方式，它使用账号以及密钥验证身份，但由于该方法的局限性，所以当计算机出现漏洞或密钥泄露时，可能会出现安全问题。

2. 访问控制

在计算机安全领域中，访问控制就是限制访问主体（如用户、组、进程、服务等）对访问客体（如文件、系统等）的访问权限，对不同的用户提供不同的资源访问权限，即不同用户对不同资源的操作权力不同，从而使计算机系统在合法范围内使用。构成访问控制的主要概念是权限。在 Windows 系统中，访问控制带来了更加安全的访问方法。该机制包括很多内容，如磁盘的使用权限、文件夹的权限以及文件权限继承等。最常见的访问控制是 Windows 的 NTFS 文件系统。

3. 数据保密性

数据保密性是要确保数据不泄露给未经授权的个人和实体。计算机系统中的数据保密性，尤其是服务器中数据的安全性对于用户来讲尤为重要。目前采取的主要措施有数据加密、控制访问数据的权限、防止硬件辐射泄漏等。

4. 数据完整性

数据的完整性是防止数据被未经授权的人篡改，即保证数据在存储或传输过程中不被修改、破坏及丢失。完整性可通过对数据完整性进行校验、对数据交换真实性和有效性进行鉴别以及对系统功能正确性进行确认来实现。这个过程可通过密码技术实现，目前最好的方法是采用公钥加密算法。

5. 不可否认性

不可否认性也称为不可抵赖性，在网络信息系统的信息交互过程中，确信参与者的真实同一性。根据《中华人民共和国公共安全行业标准》的计算机信息系统安全产品部件的规范，验证发送方信息发送和接收方信息接收的不可否认性。信息发送者的不可否认性鉴别是信息必须是不可伪造的；信息接收者的不可否认性鉴别是信息必须是不可伪造的。它包括收发双方均不可否认。为此，应采用数字签名、认证、数据完备、鉴别等有效措施，以实现信息的不可否认性。

10.2 Windows 权限

1. 权限的基本概念

Windows NT 之后的 Windows 操作系统版本（Windows 2000/XP/2007 等）都提供了非常细致的权限控制项，能够精确定制用户对资源的访问控制能力，大多数的权限从其名称上就可以基本了解其所能实现的内容。

权限是针对资源而言的,设置权限只能是以资源为对象,如设置某个文件夹有哪些用户可以拥有相应的权限,不能是以用户为主,如设置某个用户可以对哪些资源拥有权限。这就意味着权限必须针对资源而言,脱离了资源去谈权限毫无意义。利用权限可以控制对资源被访问的方式,如 User 组的成员对某个资源拥有"读取"操作权限、Administrators 组的成员拥有"读取＋写入＋删除"操作权限等。

与 Windows 权限密切相关的概念有三个:安全标识符(security identifier,SID)、访问控制列表(access control List,ACL)、安全主体(security principal)。

(1) 安全标识符。在 Windows 操作系统中,系统是通过安全标识符(SID)对用户进行识别的,而不是用户名。SID 可以应用于系统内的所有用户、组、服务或计算机,因为 SID 是一个具有唯一性、绝对不会重复产生的数值。所以,在删除了一个账户(如名为 AA 的账户)后,再次创建一个 AA 账户时,前一个 AA 与后一个 AA 账户的 SID 是不相同的。这种设计使得账户的权限得到了最基础的保护,杜绝了盗用权限的情况。

(2) 访问控制列表。访问控制列表(ACL)是权限的核心技术。顾名思义,这是一个权限列表,用于定义特定用户对某个资源的访问权限,实际上这就是 Windows 系统对资源进行保护时所使用的一个标准。在访问控制列表中,每一个用户或用户组都对应一组访问控制项(access control entry,ACE)。在"组或用户名称"列表中,选择不同的用户或组时,可通过下方的权限列表设置项查看 ACE。显然,所有用户或用户组的权限访问设置都将会存储在访问控制列表中,并允许随时被有权限修改的用户进行调整,如取消某个用户对某个资源的"写入"权限。

(3) 安全主体。在 Windows 系统中,可以将用户、用户组、计算机或服务都看作一个安全主体,每个安全主体都拥有相对应的账户名称和 SID。根据系统架构的不同,账户的管理方式也有所不同,如本地账户被本地的 SAM 管理、域的账户则会被活动目录进行管理等。

一般来说,权限的指派过程实际上就是为某个资源指定安全主体(即用户、用户组等),并使其拥有指定操作的过程。因为用户组包括多个用户,所以大多数情况下,为资源指派权限时建议使用用户组来完成,这样便于统一管理。

2. 权限管理的基本原则

在 Windows 系统中,针对权限的管理有四项基本原则:权限最小化原则、权限继承性原则、拒绝优于允许原则和累加原则。这四项基本原则对于权限的设置来说,将会起到非常重要的作用。

(1) 权限最小化原则。保持用户最小的权限是作为 Windows 系统的一个基本原则来执行的,这一点是非常有必要的。该原则可以确保资源得到最大程度的安全保障,可以尽量让用户不能访问或不必要访问的资源得到有效的权限赋予限制。该原则一方面给予主体"必不可少"的权限,这就保证了所有的主体都能在所赋予的权限之下完成所需要完成的任务或操作;另一方面,它只给予主体"必不可少"的权限,这就限定了每个主体所能进行的操作。该原则有效地限制、分割了用户对资源进行访问时的权限,降低了非法用户或非法操作可能给系统及数据带来的损失,对于系统安全具有重要作用。基于这条原则,在实际的权限赋予操作中,必须为资源明确赋予允许或拒绝操作的权限。例如,系统中某用户在默认状态下对某文件夹是没有任何权限的,现需要为该用户赋予对该文件夹具有"读取"操作的权限,那么就必须在该文件夹的权限列表中为该用户添加"读取"权限。

（2）权限继承性原则。权限继承性原则可以让资源的权限设置变得更加简单。例如，某个文件夹中有若干子文件夹，现需要用户 AA 对该文件夹及其下的子文件夹均设置拥有"写入"权限。根据继承性原则，只需要对该文件夹设置用户 AA 对其有"写入"权限，其下的所有子文件夹将自动继承这个权限的设置，即用户 AA 对该文件夹及其以下的子文件夹都可以进行"写入"操作。

（3）拒绝优于允许原则。拒绝优于允许原则是一条非常重要且基础性的原则，它可以解决因用户在用户组的归属方面引起的权限"纠纷"问题。例如，用户 AA 既属于用户组 BB，也属于用户组 CC。当用户组 CC 对某个资源进行"写入"权限的集中分配（即针对用户组进行）时，该组中用户 AA 将自动拥有对该资源的"写入"权限；而另一个用户组 BB 也对该资源进行了权限的集中分配，但设置的权限是"拒绝写入"，则该组中用户 AA 也将自动拥有对该资源的"拒绝写入"权限。此时，用户 AA 对该资源同时拥有了"写入"权限和"拒绝写入"的权限。基于"拒绝优于允许"的原则，用户 AA 在 BB 组中被赋予的"拒绝写入"权限将优先在用户组 CC 中被赋予的允许"写入"权限被执行。因此，在实际操作中，用户 AA 无法对该资源进行"写入"操作。

（4）累加原则。累加原则比较好理解，假设用户 AA 既属于用户组 BB，也属于用户组 CC。对于某个资源，它所在的用户组 BB 的权限是"读取"，用户组 CC 的权限是"写入"，那么根据累加原则，用户 AA 对于该资源的实际权限将会是两种权限的累加，即"读取＋写入"。

综上所述，"权限最小化"原则是用于保障资源安全的，"权限继承性"原则是用于"自动化"执行权限设置的，"拒绝优于允许"原则是用于解决权限设置上的冲突问题的，"累加"原则是让权限的设置更加灵活多变的。

需要注意的是，在 Windows 系统中，Administrators 组的全部成员都拥有取得所有者身份的权力，即管理员组的成员可以从其他用户手中"夺取"其身份的权力。例如受限用户 AA 建立了一个文件夹，并只赋予自己拥有读取权限，实际上，Administrators 组的全部成员将可以通过夺取所有权等方法获得这个权限。

3. 文件与文件夹权限

依据是否被共享到网络上，文件与文件夹的权限可以分为 NTFS 权限与共享权限两种，这两种权限既可以单独使用，也可以相辅使用。两者之间既能够相互制约，也可以相互补充。

1）NTFS 权限

只要是存在 NTFS 磁盘分区上的文件夹或文件，无论是否被共享，都具有此权限。此权限对于使用 FAT16/FAT32 文件系统的文件与文件夹无效。

NTFS 权限有两大要素：标准访问权限和特别访问权限。标准访问权限将一些常用的系统权限选项比较笼统地组成几组权限。标准访问权限包括 6 组权限，分别是完全控制、修改、读取和运行、列出文件夹内容、读取和写入，其中文件没有"列出文件夹内容"项。

在大多数的情况下，标准访问权限是可以满足管理需要的，但对于权限管理要求严格的环境，可能就不能满足要求，如只想赋予某用户有建立文件夹的权限，却没有建立文件的权限；如只能删除当前文件夹中的文件，却不能删除当前文件夹中的子目录的权限等。此时，就可以使用特别访问权限。特别访问权限的使用可以允许用户进行"菜单型"的细节化权限管理选择,可以实现更具体、全面、精确的权限设置。特别访问权限包括完全控制、遍历文件夹/运行文件、列出文件/读取数据、读取属性、读取扩展属性、创建文件/写入数据、创建文件夹/附加数据、写入属性、写入扩展属性、删除子文件夹及文件、删除、读取权限、更改权限和取得所有权,其中文件没有"删除子文件夹及文件"项。

需要单独说明一下"修改"权限与"写入"权限的区别。如果仅对一个文件拥有修改权限,那么不仅可以对该文件数据进行写入和附加,而且可以创建新文件或删除现有文件。而如果仅对一个文件拥有写入权限,那么既可以对文件数据进行写入和附加,也可以创建新文件,但是不能删除文件。也就是说,有写入权限不等于具有删除权限,但拥有修改权限,就等同于拥有删除和写入权限。

2) 共享权限

只要是共享出来的文件夹就一定具有此权限。如该文件夹存在于 NTFS 分区中,那么它将同时具有 NTFS 权限与共享权限,如果这个资源同时拥有 NTFS 和共享两种权限,那么系统中对权限的具体实施将以两种权限中的"较严格的权限"为准,这也体现了"拒绝优于允许"原则。例如,某个共享资源的 NTFS 权限设置为完全控制,而共享权限设置为读取,那么远程用户对该共享资源只具有"读取"权限。

共享权限包括三个权限:完全控制、更改和读取。

需要注意的是,如果是 FAT16/FAT32 文件系统中的共享文件夹,那么将只能受到共享权限的保护,这样就容易产生安全性漏洞。这是因为共享权限只能够限制从网络上访问资源的用户,并无法限制直接登录本机的人,即用户只要能够登录本机,就可以任意修改、删除 FAT16/FAT32 分区中的数据了。因此,从安全角度来看,我们是不推荐在 Windows 系统中使用 FAT16/FAT32 文件系统的。

4. 资源移动或复制时权限的变化

在权限的应用中,设置了权限的资源在移动或复制后,其权限的变化主要有以下几种。

1) NTFS 分区

(1) 资源复制。在复制资源时,原资源的权限不会发生变化,而新生成的资源副本,将继承其目标位置父级资源的权限。

(2) 资源移动。在移动资源时,一般会遇到以下两种情况。

① 如果资源的移动发生在同一驱动器内,那么对象保留本身原有的权限不变(包括资源本身权限及原先从父级资源中继承的权限)。

② 如果资源的移动发生在不同的驱动器之间,那么不仅对象本身的权限会丢失,而且原先从父级资源中继承的权限也会被从目标位置的父级资源继承的权限所替代。实际上,移动操作就是首先进行资源的复制,然后从原有位置删除资源的操作。

2) 非 NTFS 分区

如果将资源复制或移动到非 NTFS 分区(如 FAT16/FAT32 分区)上,那么所有权限均会自动全部丢失。

5. 内置安全主体与权限

在 Windows 系统中,有一群特殊且鲜为人知的用户,它们的作用是可以让我们指派权限到某种"状态"的用户,如匿名用户、网络用户等,而不是某个特定的用户或组(如用户

AA、用户组 BB）。这群特殊的用户在 Windows 系统中，统一称为内置安全主体。通过内置安全主体进行权限的具体指派时，可以使权限的应用精确程度更高、权限的应用效果更加高效。

在权限设置中，使用的内置安全主体主要有以下几种。

- ANONYMOUS LOGON：任何没有经过 Windows 验证程序（Authentication），而以匿名方式登录域的用户均属于此组。
- AUTHENTICATED USERS：与前项相反，所有经过 Windows 验证程序登录的用户均属于此组。设置权限和用户权力时，可考虑用此项代替 Everyone 组。
- BATCH：这个组包含任何访问这台计算机的批处理程序。
- DIALUP：任何通过拨号网络登录的用户。
- EVERYONE：所有经验证登录的用户及来宾（Guest）。
- NETWORK：任何通过网络登录的用户。
- INTERACTIVE：任何直接登录本机的用户。
- TERMINAL SERVER USER：任何通过终端服务登录的用户。

10.3 Windows 注册表

1. 概述

注册表是 Windows 操作系统的重要组成部分，是确保计算机系统正常运行的核心"数据库"，用于存储系统和应用程序的所有配置信息。注册表直接控制着 Windows 系统的启动、硬件驱动程序的装载以及一些应用程序的运行，对整个计算机系统起着核心作用。

注册表中记录了用户安装在计算机上的各种应用程序和程序间的相互关联信息、计算机的硬件配置、自动配置的即插即用的设备和已有的各种设备说明、状态属性以及各种状态信息和数据，包含了有关计算机如何运行的信息。系统启动时，在 Windows 功能和应用软件被执行前，首先从注册表中取出参数，根据这些参数决定软件的具体运行过程。注册表中 Windows 将它的配置信息存储在以树状结构组织的注册表数据库中，因此也可以说注册表是一个非常巨大的树状分层结构的数据库系统。利用这个功能强大的注册表数据库来统一集中地管理计算机系统的硬件设施、软件配置等信息，从而方便了管理，增强了系统的稳定性。

注册表编辑器是用来查看和更改系统注册表设置的高级工具。但通常尽量不要使用该工具，因为更改错误可能会损坏系统。除非必要，否则不要编辑注册表。

如果注册表受到了破坏，轻则使 Windows 的启动过程出现异常，重则可能会导致整个 Windows 系统的完全瘫痪。注册表也是黑客攻击的主要对象之一。黑客通过对被攻击方注册表的访问获取大量系统信息，甚至通过破坏注册表直接击毁系统。因此正确地认识使用注册表、维护注册表的安全性、及时备份以及有问题时恢复注册表，对于保证系统正常、安全运行是非常重要的。

2. 注册表的数据结构

注册表由键（项）、子键（子项）和键值项构成。一个键就是分支中的一个文件夹，而子键就是这个文件夹的子文件夹，子键同样它也是一个键。一个键值项则是一个键的当前定义，由名称、数据类型以及分配的值组成。一个键可以有一个或多个值,每个值的名称各不相同,如果一个值的名称为空,则该值为该键的默认值。在 Windows 系统的注册表中一般都包含五大主键:HKEY_CLASSES_ROOT(根主键)、HKEY_CURRENT_USER(当前用户主键)、HKEY_LOCAL_MACHINE(机器主键)、HKEY_USERS(用户主键)、HKEY_CURRENT_CONFIG(当前配置主键)。

- HKEY_CLASSES_ROOT:该主键包含启动应用程序所需的全部信息,包括扩展名、应用程序与文档之间的关系、驱动程序名、DDE 和 OLE 信息、类 ID 编号和应用程序与文档的图标等。
- HKEY_CURRENT_USER:该主键包含当前登录用户的配置信息、包括环境变量、个人程序以及桌面设置等,也被称为用户配置文件。
- HKEY_LOCAL_MACHINE:该主键包含本地计算机(对任何用户)的全部系统配置信息(控制系统和软件设置的信息),包括硬件和操作系统信息、安全数据和计算机专用的各类软件设置信息等。
- HKEY_USERS:该主键包含计算机上所有用户的配置信息,这些数据只有在用户登录系统时才能访问。
- HKEY_CURRENT_CONFIG:该主键包含当前硬件的配置信息,其信息是从 HKEY_LOCAL_MACHINE 中映射出来的。

注册表中的所有信息都是以各种形式的键值项数据保存的,其数据类型主要有以下几种。

- REG_BINARY:二进制值。在注册表中,二进制值没有长度限制,可以是任意字节长。多数硬件组件信息都以二进制数据格式存储,在注册表编辑器中以十六进制格式显示。
- REG_DWORD:双字值。一个 32 位(4 字节)的二进制值。在注册表编辑器中,以二进制、十六进制、十进制的格式显示,许多设备驱动程序和服务的参数是这种类型。
- REG_SZ:字符串值。文本字符串,一般用于表示文件的描述和硬件的标识。通常由字母和数字组成,也可以是汉字,最大长度不能超过 255 字符。
- REG_EXPAND_SZ:可扩充字符串值,是长度可变的数据字符串。该数据类型包含在程序或服务使用该数据时确定的变量。
- REG_MULTI_SZ:多字符串值。含有多个文本值的字符串,各项用空格、逗号或其他标记分开。
- REG_FULL_RESOURCE_DESCRIPTOR:用于存储硬件元件或驱动程序资源列表的一列嵌套数组。

10.4 项目实训 Windows 系统常用安全配置

操作系统是计算机系统中最重要的软件,在整个计算机系统软件中处于核心地位。它直接运行在硬件系统之上,是所有其他软件运行的基础。在计算机系统的安全问题上,操作系统也起着基础性、关键性的作用,操作系统安全是系统安全的基础。

Windows 系统安全配置主要包括账户安全管理、网络安全管理、IE 浏览器安全配置、注册表安全、组策略、权限管理和安全审计等方面。

10.4.1 任务1：账户安全管理

1. 任务导入

安装 Windows 操作系统时,系统会自动建立两个账户：Administrator 和 Guest,也称为内置账户。这两个账户在 Windows 操作系统安装后已经存在并且被赋予了相应的权限,它们不能被删除(即使是管理员也不能)。

(1) Administrator 账户。Administrator(管理员)账户拥有计算机的最高管理权限,每一台计算机至少需要一个拥有管理员权限账户,但不一定必须使用 Administrator 这个名称。Administrator 账户是 Administrators 组的成员,且不可以从该组中删除,它可以被重命名或禁用该账户,这可使针对它的恶意攻击变得更为困难。黑客入侵计算机系统的常用手段之一就是试图获得管理员账户的密码。如果系统的管理员账户的名称没有修改,那么黑客将轻易得知管理员账户的名称,接下来就是寻找密码了。比较安全的做法是对系统的管理员账户的名称进行修改。这样,如果黑客要得到计算机系统的管理员权限,需要同时猜测账户的名称和密码,增加了黑客入侵的难度。

(2) Guest 账户。在 Windows 系统中,Guest 账户即所谓的来宾账户,它是供在域和计算机中没有固定账户的用户临时访问域或使用计算机。Guest 账户只有基本的权限并且默认是禁用的,它默认属于 Guests 组,该组允许用户登录系统,其他权限都必须由 Administrators 组的成员赋予。如果不需要 Guest 账户,一定禁用它,因为 Guest 也为黑客入侵提供了方便。

Windows 操作系统对于账户的管理主要包括账户的基本操作(如新建、删除账户等)、可靠的密码设置两个方面。本任务中将学习用户账户的新建、删除、密码设置、密码策略、设置系统启动密码等操作方法。

2. 任务目的

(1) 了解 Windows 操作系统中账户管理的相关知识。

(2) 掌握 Windows 操作系统中账户管理的基本方法。

(3) 掌握 Windows 操作系统中可靠密码设置的方法。

3. 实训环境

安装有 Windows XP 或 Windows 7 操作系统的计算机。

4. 任务实施

1) 用户账号管理的基本操作

(1) 查看系统中的用户。依次选择"控制面板"→"管理工具"→"计算机管理",打开"计算机管理"窗口；然后,在左侧窗格找到并展开"本地用户和组"→"用户",将在右侧窗格中看到系统中的账户,如图 10-2 所示。

(2) 重命名 Administrator 账户。右击"Administrator 账户",在弹开的快捷菜单中选择"重命名",Administrator 账户的名称将处于编辑状态,此时在名称框里输入新名称,如图 10-3 所示,最后回车确认,即完成账户重命名。

(3) 禁用 Guest 账户。右击"Guest 账户",在弹出的快捷菜单中选择"属性"命令,将打

图 10-2 "计算机管理"窗口

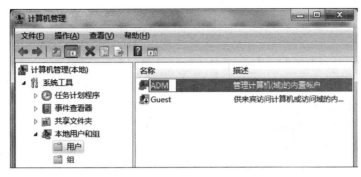

图 10-3 重命名 Administrator 账户

开"Guest 属性"对话框,如图 10-4 所示,勾选"账户已禁用"复选框,并单击"确定"按钮,即完成账户禁用。

(4)创建新用户。在图 10-2 中,右击左侧窗格中的"用户"项,在弹出的快捷菜单中选择"新用户"命令,打开"新用户"对话框,如图 10-5 所示,输入用户名,单击"创建"按钮,即完成新用户创建。本任务中创建两个新用户:A1、A2,如图 10-6 所示。

图 10-4 "Guest 属性"对话框　　　　图 10-5 "新用户"对话框

图 10-6　新建新用户

提示：在创建新用户的同时，可以设置其他信息，如全名、描述、密码、是否禁用等。

（5）删除用户。右击用户 A2，在弹出的快捷菜单中选择"删除"命令，将打开"本地用户和组"对话框，给出删除提示信息，单击"是"按钮，即完成用户删除。

2）可靠的密码设置

（1）设置用户密码。在"计算机管理"窗口的右侧窗格中，右击用户 A1，在弹出的快捷菜单中选择"设置密码"命令，将打开"为 A1 设置密码"对话框，给出设置密码的提示信息，如图 10-7(a) 所示；单击"继续"按钮，将可以设置用户密码，如图 10-7(b) 所示；在对话框中输入密码后，单击"确定"按钮，即完成用户密码设置。

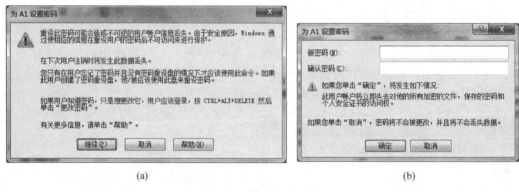

(a)　　　　　　　　　　　　　　　　(b)

图 10-7　设置用户密码

（2）利用 SYSKEY 设置双重保护密码。Windows 系统除了使用用户密码来确保系统安全外，还提供了一个更安全有用的"系统启动密码"功能，该密码是在开机时先于用户密码验证，它保护了 SAM 文件中的账户信息，即实现了账户的双重加密。默认情况下，系统启动密码是一个随机生成的密码，存储在本地计算机上，也可以人工设置该密码，还可以生成钥匙盘。在桌面的"开始"菜单中打开"运行"对话框，输入命令 syskey，打开"保证 Windows 账户数据库的安全"对话框，如图 10-8 所示；选中"启用加密"单选按钮，单击"确定"按钮，即完成对账户双重加密，不过这个加密过程对用户来说是透明的（一般是系统默认的）。

如果要更改系统启动密码，那么可在"保证 Windows 账户数据库的安全"对话框中单击"更新"按钮，打开"启动秘钥"对话框，如图 10-9 所示。该对话框中有以下两个选项。

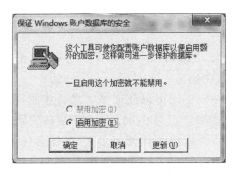
图 10-8 "保证 Windows 账户数据库的安全"对话框

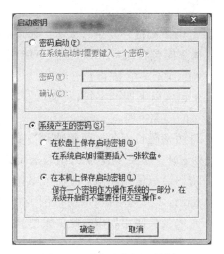
图 10-9 "启动密钥"对话框

- 启动密码：需要人工设置一个密码，则在登录 Windows 之前需要先输入该密码，然后才能选择登录的账户。
- 系统产生的密码：有"在本机上保存启动密码"和"在软盘上保存启动密码"两个选项。前者是系统的默认选项，系统程序仅在后台完成加密过程，在用户登录时不要求输入任何密码，因为密码就保存在本机的内部；如果对安全要求很高，那么可以选择后者——"在软盘上保存启动密码"，单击"确定"按钮之后会提示在软驱里放入一张软盘，创建完毕后会在软盘上生成一个 StartKey.Key 文件，以后每次启动系统时必须放入该软盘才能登录，此时相当于系统有了一张可以随身携带的钥匙盘。

(3) 设置密码策略。首先，依次选择"控制面板"→"管理工具"→"本地安全策略"，打开"本地安全策略"窗口；然后，在左侧窗格找到并展开"账户策略"→"密码策略"，将在右侧窗格中看到六项关于密码设置的策略，如图 10-10 所示。通过对这些密码策略的配置，可以建立完备密码策略，强制设置高强度密码。

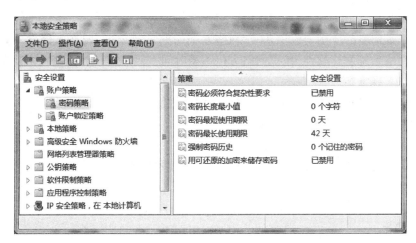
图 10-10 密码策略

6个密码策略的说明如下。
- 密码必须符合复杂性要求：如果启用此项策略，密码必须符合以下最低要求。
  - 不能包含用户的账户名，不能包含用户姓名中超过两个连续字符的部分。
  - 至少有六个字符长。
  - 包含以下四类字符（英文大写字母、英文小写字母、10个基本数字、非字母字符）中的三类字符。
- 最短密码长度：此项策略用于确定用户账户密码包含的最少字符数，取值范围为0～14。如果设置为0，则表示可以不设置密码。
- 密码最短使用期限：此项策略用于确定一个密码可以使用多久之后才能再次修改密码，以天为单位，取值范围为0～998。如果设置为0，则允许立即更改密码。
- 密码最长使用期限：此项策略用于确定一个密码可以使用多久，之后会过期，并要求用户更换密码，以天为单位，取值范围为0～999。如果设置为0，则表示密码永不过期。
- 强制密码历史：此项策略用于确定可保存的用户曾经用过的密码个数，取值范围为0～14。此策略使管理员能够通过确保旧密码不被连续重新使用来增强安全性。默认情况下，该策略不保存用户的密码，建议保存5个以上。
- 用可还原的加密来存储密码：此项策略用于确定操作系统是否使用可还原的加密来存储密码。此策略为某些应用程序提供支持，这些应用程序使用的协议需要用户密码来进行身份验证。使用可还原的加密存储密码与存储纯文本密码在本质上是相同的。因此，除非应用程序需求比保护密码信息更重要，否则绝不要启用此策略。默认情况下，禁用该策略。

5. 任务拓展

尝试通过用户组来管理用户以及进行用户组的管理，包括用户组的创建、删除、成员管理等。

10.4.2 任务2：网络安全管理

1. 任务导入

随着计算机网络的应用向纵深普及，网络安全问题日益突出，网络入侵事件频繁发生。由于计算机网络系统的开放性，使得网络入侵不受时间、地域的限制，网络攻击隐蔽性强，并且入侵手段越来越复杂。

本任务学习通过对操作系统的配置来增强网络方面的安全性，包括优化服务、禁止远程协助、防范IPC攻击、设置IP安全策略等。

2. 任务目的

掌握操作系统中关于增强安全网络方面的常用相关配置方法。

3. 实训环境

安装有Windows XP或Windows 7操作系统的计算机。

4. 任务实施

1) 服务优化

为了方便用户，Windows操作系统默认启动了许多不一定会用到的服务，这同时也打开了入侵系统的后门。如果不需要最好关闭它们,如 Computer Browser、Distributed File System、Distributed Linktracking Client、Error Reporting Service 等。表 10-1 中列出一部分可关闭的服务及其说明。

表 10-1 服务及说明

服 务	说 明
Alerter	通知所选用户和计算机有关系统管理级警报
Clipbook	启用"剪贴板查看器"存储信息并与远程计算机共享
Computer Browser	维护网络上计算机的最新列表以及提供这个列表
Distributed Linktracking Client	用于局域网更新连接信息
Error Reporting Service	服务和应用程序在非标准环境下运行时,允许错误报告
Messenger	传输客户端和服务器之间的 NET SEND 和警报器服务消息
Microsoft Search	提供快速的单词搜索
NTLM Security Support Provide	Telnet 服务和 Microsoft Serch 用的
Print Spooler	如果没有打印机可禁用
Remote Desktop Help Session Manager	远程协助
Remote Registry	远程修改注册表
Smart Card	管理计算机对智能卡的读取访问
Task Scheduler	允许程序在指定时间运行
Uninterruptible Power Supply	管理连接到计算机的不间断电源
Workstation	创建和维护到远程服务的客户端网络连接

(1) 打开"服务"窗口。依次选择"控制面板"→"管理工具"→"服务",打开"服务"窗口,如图 10-11 所示。

图 10-11 "服务"窗口

(2) 关闭多余服务。在右侧窗格中,找到并双击需要关闭的服务,将打开相应服务的属性对话框;在该对话框中,将"启动类型"改为"手动",单击"停止"按钮,停止该服务,如图 10-12 所示。

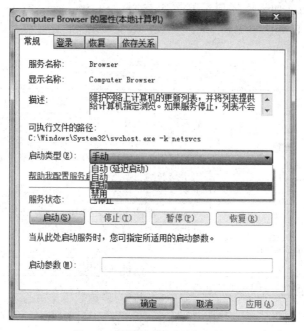

图 10-12 "服务"的属性对话框

2) 禁止远程协助/远程桌面连接

与其他所有远程控制技术一样,远程协助和远程桌面连接因为其用途的关系具有一定的安全风险。

"远程协助"功能允许用户在使用计算机发生困难时,向 MSN 等应用上的好友发出远程协助邀请,来帮助自己解决问题。而这个"远程协助"功能是"冲击波"病毒所要攻击的 RPC(remote procedure call,远程过程调用)服务在 Windows 系统上的表现形式。建议用户禁用该功能。

用户利用"远程桌面"连接可以对远程计算机系统实现远程控制。如果有人知道计算机上的一个账号以及计算机的 IP 地址,那么他就有可能利用远程桌面连接来控制计算机。

(1) 打开"系统属性"对话框的"远程"选项卡。右击桌面上的"计算机",在弹出的快捷菜单中选择"属性"命令,将打开"系统属性"对话框;在该对话框中选择"远程"选项卡。

(2) 禁止远程协助和远程桌面连接。在"远程"选项卡中,取消选中"允许远程协助连接到这台计算机"复选框,选中"不允许连接到这台计算机"复选框,单击"确定"按钮,即完成设置。

3) 防范 IPC 攻击

在默认情况下,Windows 系统允许任何用户通过空用户连接(IPC$)得到系统所有账号和共享列表,这本来是为局域网用户共享资源和文件提供方便,但是任何一个远程用户也可以利用这个空连接得到用户列表。黑客利用该功能,得到系统的用户列表,然后使用一些字典攻击工具,对系统进行攻击,这就是网上比较流行的 IPC 攻击。为了防范 IPC 攻击,可永久关闭 IPC$ 和默认共享所依赖的服务 lanmanserver(server)。

依次选择"控制面板"→"管理工具"→"服务",打开"服务"窗口;在右侧窗格,找到 Server 服务,停止该服务,并设置其启动类型为手动或禁止。

4）IP 安全策略

利用操作系统的策略功能,通过新建 IP 安全策略来关闭计算机中的危险端口,可以防范病毒和木马的入侵与蔓延。

(1) 打开"本地安全策略"窗口。依次选择"控制面板"→"管理工具"→"本地安全策略",打开"本地安全策略"窗口,如图 10-13 所示。

图 10-13 "本地安全策略"窗口

(2) 创建 IP 安全策略。在左侧窗格找到并选择"IP 安全策略,在本地计算机",然后在右侧窗格的空白处右击,在弹出的快捷菜单中选择"创建 IP 安全策略"命令,将打开"IP 安全策略向导"对话框,如图 10-14 所示,开始在向导的提示下创建 IP 安全策略。

① 在图 10-14 中,单击"下一步"按钮,设置"IP 安全策略名称",如图 10-15 所示。

图 10-14 "IP 安全策略向导"对话框　　　　图 10-15 "IP 安全策略名称"对话框

② 在图 10-15 中,单击"下一步"按钮,设置"安全通讯请求",取消选中"激活默认响应规则"复选框,如图 10-16 所示。

③ 在图 10-16 中,单击"下一步"按钮,选中"编辑属性"复选框,如图 10-17 所示,单击"完成"按钮,完成 IP 安全策略向导设置,并打开该 IP 安全策略的属性(test 属性)对话框,如图 10-17 所示。

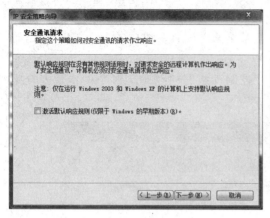 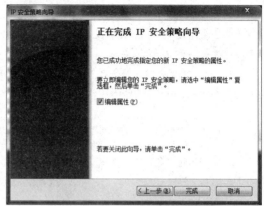

图 10-16 "安全通讯请求"对话框　　　图 10-17 完成 IP 安全策略向导设置

(3) 编辑 IP 安全策略属性。

① 在"test 属性"对话框(见图 10-18)中,取消选中"使用'添加向导'"复选框,然后单击"添加"按钮,将打开"新规则 属性"对话框,如图 10-19 所示。

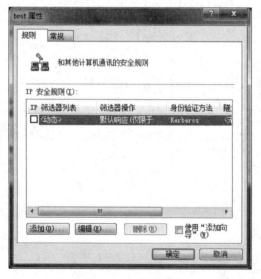 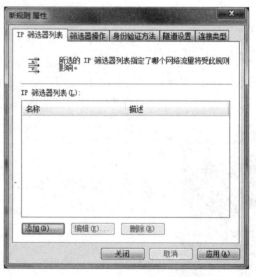

图 10-18　"test 属性"对话框　　　图 10-19　"新规则 属性"对话框 1

② 在"新规则属性"对话框的"IP 筛选器列表"选项卡中,单击"添加"按钮,将打开"IP 筛选器列表"对话框,如图 10-20 所示,取消选中"使用'添加向导'"复选框。

③ 单击"IP 筛选器列表"对话框中的"添加"按钮,打开"IP 筛选器 属性"对话框;在"地址"选项卡中,设置源地址为"任何 IP 地址",目标地址为"我的 IP 地址",如图 10-21 所示;在"协议"选项卡,在"选择协议类型"下拉列表中选择"TCP",选中"到此端口"单选按钮并在其下的文本框中输入 135,如图 10-22 所示;单击"确定"按钮,将返回到"IP 筛选器列表"对话框,如图 10-23 所示,可以看到已经添加了一条筛选器,即添加了一个屏蔽 TCP 135 (RPC)端口的筛选器,它可以防止外界通过 135 号端口连接本机。

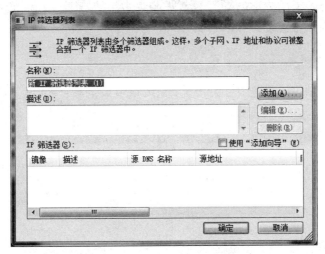

图 10-20 "IP 筛选器列表"对话框 1

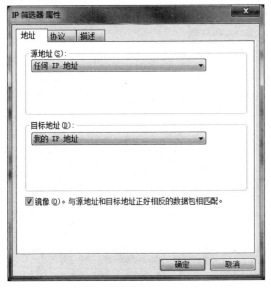

图 10-21 "地址"选项卡

图 10-22 "协议"选项卡

④ 重复③,继续添加 TCP 137、139、445、1025、2745、3127、6129、3389 和 UDP 135、139、445 等危险端口的屏蔽策略,为它们建立相应的筛选器;最后在如图 10-23 所示的对话框中,单击"确定"按钮,返回"新规则 属性"对话框,如图 10-24 所示。

⑤ 在图 10-24 中,单击"新 IP 筛选器列表"左边圆圈,激活新 IP 筛选器;然后选择"筛选器操作"选项卡,如图 10-25 所示。

⑥ 在图 10-25 中,取消选中"使用'添加向导'"复选框,然后单击"添加"按钮,将打开"新筛选器操作 属性"对话框,如图 10-26 所示;在该对话框的"安全方法"选项卡中,选中"阻止"单选按钮,然后单击"确定"按钮,返回到"新规则 属性"对话框的"筛选器操作"选项卡,如图 10-27 所示。

图 10-23 "IP 筛选器列表"对话框 2

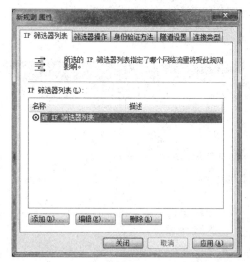

图 10-24 "新规则 属性"对话框 2

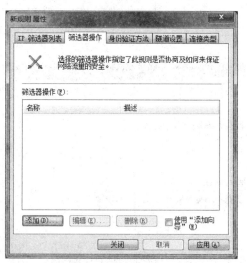

图 10-25 "筛选器操作"选项卡 1

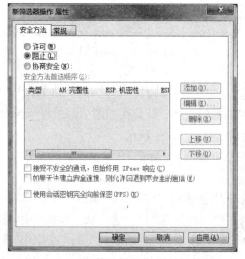

图 10-26 "新筛选器操作 属性"对话框

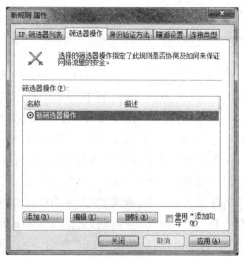

图 10-27 "筛选器操作"选项卡 2

⑦ 在图 10-27 中，单击"新筛选器操作"左边圆圈，激活新筛选器操作；然后单击"关闭"按钮，返回"test 属性"对话框，如图 10-28 所示。

图 10-28 "test 属性"对话框

⑧ 在图 10-28 中，在勾选"新 IP 筛选器列表"复选框，然后单击"确定"按钮，返回到"本地安全策略"窗口，如图 10-29 所示，可以看到新创建的安全策略 test。

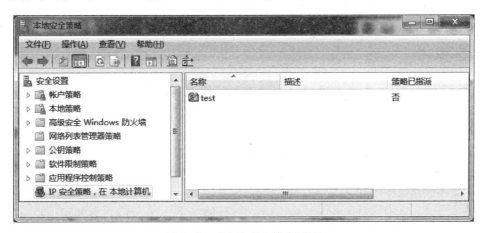

图 10-29 "本地安全策略"窗口

⑨ 在图 10-29 中，右击新创建的 IP 安全策略 test，在弹出的快捷菜单中，选择"分配"命令，如图 10-30 所示，即完成上述端口设置，重新启动计算机后，上述网络端口被关闭，从而增强了计算机的安全性。

5．任务拓展

上网检索 Windows 系统还有哪些服务可以优化，并关闭多余的服务；还存在哪些威胁端口并尝试关闭。

图 10-30　启用新创建的 IP 安全策略

10.4.3　任务 3：IE 浏览器

1. 任务导入

IE 浏览器是 Windows 系统自带的浏览器，也是用户使用最多的网络资源浏览工具。网络上利用页面进行的网络攻击非常多，也非常隐蔽，因此对于 IE 浏览器的安全配置也是非常重要的。

本任务学习通过对 IE 浏览器的安全配置来增强系统安全性，包括安全设置、清除浏览历史记录、高级设置等。

2. 任务目的

掌握 IE 浏览器常用安全配置的方法。

3. 实训环境

安装有 Windows XP 或 Windows 7 操作系统的计算机。

4. 任务实施

1) 打开 IE 浏览器的"Internet 选项"对话框

打开 IE 浏览器，依次选择"工具"→"Internet 选项"，打开"Internet 选项"对话框，如图 10-31 所示。IE 浏览器的所有安全配置都在该对话框中实现。

2)"常规"选项卡

(1) 删除浏览历史记录。在"常规"选项卡（见图 10-31）中，单击"删除"按钮，将打开"删除浏览历史记录"对话框，如图 10-32 所示；选中该对话框中的所有复选框，单击"删除"按钮，完成删除后返回"Internet 选项"对话框。

(2) Internet 临时文件。在"常规"选项卡（见图 10-31）中，单击"浏览历史记录"区的"设置"按钮，将打开"网站数据设置"对话框，如图 10-33 所示。在该对话框的"Internet 临时文件"选项卡中，可依据硬盘空间大小来设定临时文件夹的容量大小。

在上网的过程中，IE 浏览器会自动地将浏览过的图片、Cookies 等数据信息保存在 Internet 临时文件夹内，目的是便于下次访问该网页时迅速调用已保存在硬盘中的网页文件，从而加快上网的速度。但长此以往，Internet 临时文件夹占用的空间会越来越大，这将导致磁盘碎片的产生，影响系统的正常运行。因此，可以考虑改变 Internet 临时文件的路径，这样既可以减轻系统的负担，还可以在系统重装后保留临时文件。单击图 10-33 中的"移动文件夹"按钮，选择 Internet 临时文件夹路径。

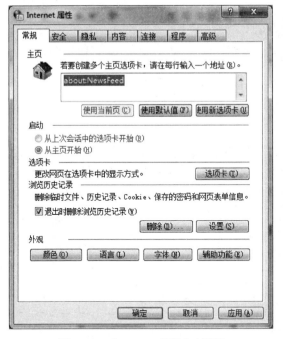

图 10-31 "Internet 属性"对话框

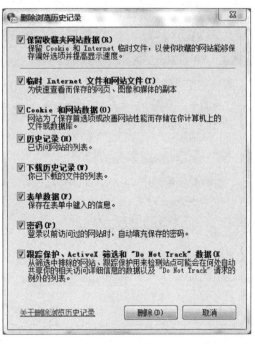

图 10-32 "删除浏览历史记录"对话框

3)"安全"选项卡

(1) 在"Internet 选项"对话框中,选择"安全"选项卡,如图 10-34 所示。

(2) 安全设置。在"安全"选项卡中选择 Internet,就可以对 Internet 区域的一些安全选项进行设置了。虽然有不同级别的默认设置,但是可根据实际情况进行调整。单击"自定义级别"按钮,将打开"安全设置-Internet 区域"对话框,其中包含 IE 的所有安全设置。

(3) 添加受信任的站点。

① 完成 IE 的安全设置后,可能会影响到少数必须要访问的站点,但是为了安全又不想把 Internet 区域的安全级别设置的太低,那么可以将一些信任的站点添加到"受信任的站点"。

图 10-33 "网站数据设置"对话框

② 在图 10-34 中的"Internet 属性"对话框的"安全"选项卡中,单击"受信任的站点",然后单击"站点"按钮,将打开"受信任的站点"对话框,如图 10-35 所示;在该对话框中输入希望添加的网址,然后单击"添加"按钮,即可完成受信任站点的添加。

4)"隐私"选项卡

(1) 在"Internet 选项"对话框中,选择"隐私"选项卡,如图 10-36 所示。

(2) 在"隐私"选项卡中,通过滑杆来调整 Cookies 的隐私设置,从高到低依次为:阻止所有 Cookies、高、中高、中、低、接受所有 Cookies,共六个级别,默认级别为中。另外,要选中"启用弹出窗口阻止程序"复选框。

图10-34 "安全"选项卡

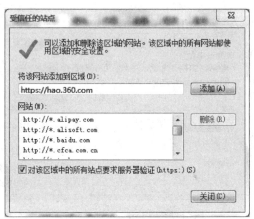

图10-35 "受信任的站点"对话框

5)"内容"选项卡

(1)在"Internet 属性"对话框(见图10-31)中,选择"内容"选项卡,如图10-37所示。

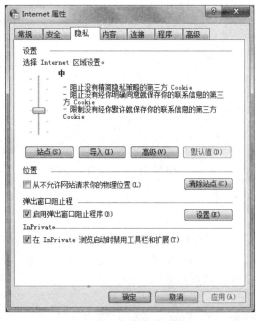

图10-36 "隐私"选项卡

图10-37 "内容"选项卡

(2) 自动完成功能

自动完成可以节省很多时间,但同时也带来了很大的安全隐患。

在"内容"选项卡中,单击"自动完成"区的"设置"按钮,打开"自动完成设置"对话框,如图 10-38 所示,其中列出来的每一项,自动完成功能都会保存特定的内容。

6) 高级选项卡

在"Internet 属性"对话框(见图 10-31)中,选择"高级"选项卡,如图 10-39 所示。该对话框中几个主要的设置介绍如下。

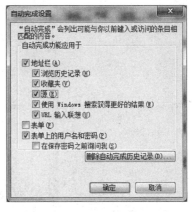

图 10-38 "自动完成设置"对话框

- 不将加密的页存盘:启用这个选项后,对于加密页面(主要是 URL 以 https 打头的)将不会保存到 Internet 临时文件夹中。如果多人共用同一台计算机,这个选项是很有必要的,这样别人就无法通过 Internet 临时文件窥探到用户访问过的加密网页了(如某些电子商务网站的信用卡付费页面)。

- 检查发行商的证书是否吊销:启用这个选项后,当访问某些需要认证的站点时,IE 会首先检查站点提供的证书是否依然有效。一般情况下,建议启用该设置。

- 检查服务器的证书吊销:这个选项将会使 IE 浏览器检查站点服务器的证书是否仍然有效,一般也应该启用该设置。

- 检查下载程序的签名:启用这个选项后,在下载程序后 IE 浏览器会通过签名自动检查程序是否被非法改动过,一般应当启用该设置。

- 将提交的 POST 重定向到不允许发送的区域时发出警告:启用这个设置后,在某些论坛或类似的地方提交的一些信息如果被发送到了其他的服务器上,IE 浏览器会发出警报提醒,一般应当启用该设置。

- 使用 SSL 2.0、SSL 3.0 和 TLS 1.0 等:它们都与在 Internet 上通过协议加密数据有关。例如一些网站的身份认证和重要数据的传输,在这些过程中都会用到 SSL 加密。因此最佳建议是这 3 个选项全部启用。但是如果启用后用户访问某些加密站点时出现错误,那么可以禁用除 SSL 2.0 之外的其他协议,因为不同版本之间可能会有冲突,而 SSL 2.0 是被采用最广泛的,一般的加密站点都会支持。

- 在安全和非安全模式之间转换时发出警告:启用这个设置后,如果要从一个安全的网页(可能是经过 SSL 加密的)进入一个不安全的网页时,IE 浏览器会发出警告提醒,以避免在不知情的情况下泄露一些私人的信息。

- 使用被动 FTP(用于防火墙和 DSL 调制解调器兼容):这个设置将会允许在使用 IE 浏览器访问 FTP 服务器时,使用被动模式,这种模式更加安全,因为服务器方无法获得本地 IP 地址,如果不能正常访问某些 FTP 服务器,就可以尝试启用或者禁用该项设置。

5. 任务拓展

尝试了解和使用更多 IE 浏览器的安全和高级配置。

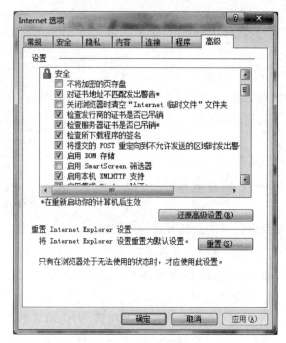

图 10-39 "高级"选项卡

10.4.4 任务 4：注册表

1. 任务导入

注册表是 Windows 操作系统中的一个核心数据库，其中存放着各种参数，直接控制着 Windows 的启动、硬件驱动程序的装载以及一些 Windows 应用程序的运行，确保 Windows 操作系统、硬件设备以及客户应用程序的正常运行，从而在整个系统中起着核心作用。如果注册表受到了破坏，轻则使 Windows 的启动过程出现异常，重则可能会导致整个 Windows 系统的完全瘫痪。因此正确地认识使用注册表、维护注册表的安全性、及时备份以及有问题时恢复注册表，对于保证系统正常、安全运行是非常重要的。

本任务学习通过注册表编辑器对 Windows 注册表进行管理和维护其安全性等操作方法。

2. 任务目的

(1) 了解注册表的作用。

(2) 掌握注册表管理及其安全性维护的主要操作。

3. 实训环境

安装有 Windows XP 或 Windows 7 操作系统的计算机。

4. 任务实施

1) 打开注册表编辑器

在桌面的"开始"菜单中打开"运行"对话框，输入命令 regedit，打开"注册表编辑器"窗口，如图 10-40 所示。在注册表编辑器窗口左侧的定位区域中显示的文件夹表示注册表中的项。在右侧的主题区域中，则显示项中的值项。双击值项，将打开"编辑"对话框。

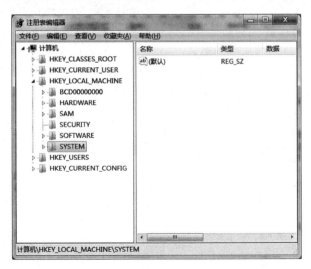

图 10-40 "注册表编辑器"窗口

2）维护注册表的安全性

在注册表编辑器（见图 10-40）中，右击想要指派权限的项，在弹出的快捷菜单中选择"权限"命令，打开相应注册表项的"权限"对话框，在该对话框中可以对所选项指派访问权限。

3）备份/恢复注册表

（1）备份注册表。备份注册表是通过注册表编辑器的"导出"功能来实现的，即通过将全部或部分注册表导出到文本文件中，实现注册表备份。

在"注册表编辑器"窗口（见图 10-40）中，依次选择"文件"→"导出"命令，打开"导出注册表文件"对话框，如图 10-41 所示；在该对话框中，输入导出的注册表文件的名称，并选择"导出范围"（全部：备份整个注册表；选定的分支：只备份注册表树中指定的某一分支），单击"保存"按钮，即完成导出（备份）注册表操作。

图 10-41 "导出注册表文件"对话框

(2) 恢复注册表。恢复注册表是通过注册表编辑器的"导入"功能来实现的,即通过将全部或部分注册表导入,实现注册表恢复。

在"注册表编辑器"窗口(见图 10-40)中,依次选择"文件"→"导入"命令,打开"导入注册表文件"对话框,如图 10-42 所示;在该对话框中,查找并选中要导入的文件,单击"打开"按钮,即完成导入(恢复)注册表的操作。

图 10-42 "导入注册表文件"对话框

提示:在资源管理器中,双击扩展名为.reg 的文件也可以将该文件导入计算机的注册表中。

4) 修改注册表

(1) 清除系统的页面文件。Windows 系统即使在用户操作完全正常的情况下,也会泄露重要的机密数据(包括密码)。用户不会注意这些泄露机密的文件,但黑客会看。因此用户首先要做的是,在关机的时候清除系统的页面文件(交换文件),这可以通过修改注册表来实现。具体操作如下。

在"注册表编辑器"窗口(见图 10-40)中,找到 HKEY_LOCAL_MACHINE\SYSTEM\Current ControlSet\Control\Session Manager\Memory Management 项;在该项中,创建或修改变量 ClearPageFileShutdown,其类型为 DWORD,键值为 1,如图 10-43 所示。

(2) 自启动项优化。所谓自启动项,是指开机自动运行的程序,如果太多会影响系统速度,而且一些病毒经常在这里添加自己的启动项,使病毒开机自动运行。因此需要将自启动项中的不必要的选项清空,只需保留杀毒软件和其他自己需要的启动项。具体操作如下。

在"注册表编辑器"窗口(见图 10-40)中,找到 HKEY_LOCAL_MACHINE\SOFTWARE\Microsoft\Windows\CurrentVersion\Run 项,右侧窗格中显示的就是自启动项;只保留必须和杀毒软件,清除其他项。注意"默认"一行不要删除。

图 10-43　修改注册表举例

5. 任务拓展

利用互联网了解更多注册表参数的含义。

10.4.5　任务 5：组策略

1. 任务导入

组策略一种管理员限制用户和限制计算机使用的工具,可以控制用户账户和计算机账户的工作环境。它提供了操作系统、应用程序和活动目录中用户设置的集中化管理和配置,例如用户可用的程序、用户桌面上出现的程序以及"开始"菜单选项等。组策略包括影响计算机的"计算机配置"和影响用户的"用户配置"。"计算机配置"是对整个计算机中的系统配置进行设置,对计算机中所有用户的运行环境起作用;"用户配置"是对当前用户的系统配置进行设置,它仅对当前用户起作用。

本任务学习通过组策略来增强操作系统的安全性。

2. 任务目的

(1) 了解组策略的作用。

(2) 掌握组策略与系统安全有关的一些操作方法。

3. 实训环境

安装有 Windows XP 或 Windows 7 操作系统的计算机。

4. 任务实施

(1) 打开组策略窗口。在桌面的"开始"菜单中打开"运行"对话框,输入 gpedit.msc,打开"本地组策略编辑器"窗口,如图 10-44 所示。

(2) 解开被锁注册表。在"本地组策略编辑器"窗口(见图 10-44)的左侧窗格中,依次展开"用户配置"→"管理模板",单击"系统",在窗口右侧将显示如图 10-45 所示的内容;在右侧窗格中,找到并双击"阻止访问注册表编辑工具"策略,将打开"阻止访问注册表编辑工

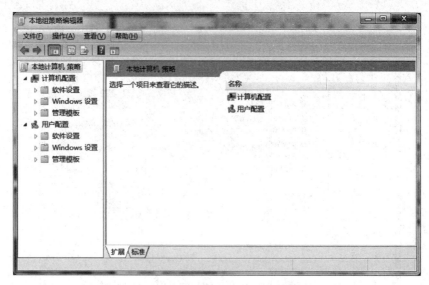

图 10-44 "本地组策略编辑器"窗口

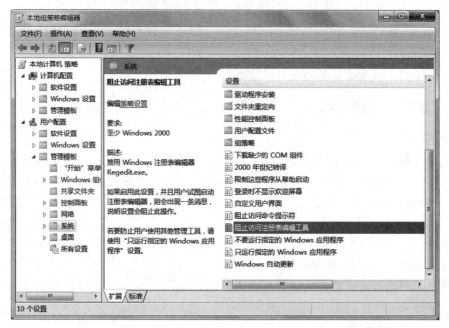

图 10-45 "用户配置"的"系统"组策略内容

具"对话框,如图 10-46 所示;选择"已禁用",单击"确定"按钮,即解锁注册表。

(3) 隐藏计算机的驱动器。在"本地组策略编辑器"窗口(见图 10-44)的左侧窗格中,依次选择"用户配置"→"管理模板"→"Windows 组件",选择"Windows 资源管理器"选项,然后在窗口右侧中,找到并双击"隐藏'我的电脑'中的这些指定的驱动器"策略;在弹出的对话框中选择"已启用",并从下拉列表上选择一个驱动器或几个驱动器,单击"确定"按钮,即完成策略设置。

提示:这项策略只是隐藏驱动器图标,但用户仍可通过其他方式继续访问驱动器的内容,如在运行对话框或命令行窗口中输入驱动器的目录路径。同时,该策略不会防止用户使

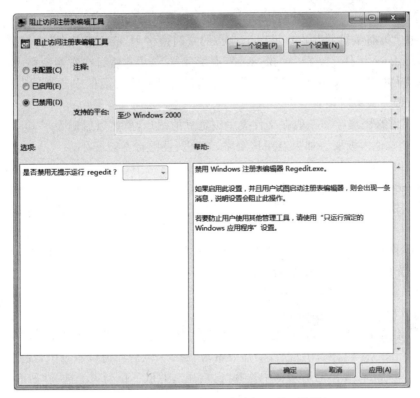

图 10-46 "阻止访问注册表编辑工具"对话框

用程序访问这些驱动器或其内容,也不会防止用户使用"磁盘管理"管理单元查看并更改驱动器特性。

(4) 防止访问驱动器。在上一步中隐藏电脑的驱动器后,可发现"我的电脑"里指定的磁盘驱动器不见了,但在地址栏输入盘符后,仍然可以访问。为了解决该问题,可采用以下策略设置。

在"本地组策略编辑器"窗口(见图 10-44)的左侧窗格中,依次展开"用户配置"→"管理模板"→"Windows 组件",单击"Windows 资源管理器";然后在窗口右侧中,找到并双击"防止从'我的电脑'访问驱动器"策略;在弹出的对话框中选择"已启用",并从下拉列表上选择一个驱动器或几个驱动器,单击"确定"按钮,即完成策略设置。

启用该项设置后,用户可以浏览在"我的电脑"或"Windows 资源管理器"中所选择的目录结构,但是不能打开文件夹或访问其中的内容。同时也无法使用运行对话框或映射网络驱动器对话框来查看在这些驱动器上的目录。

提示:如果没有第(3)步,那么这些代表指定驱动器的图标仍旧会出现在"我的电脑"中,但是如果用户双击图标,会弹出"限制"对话框,提示本次操作受限。不过这一设置不会防止用户使用程序访问本地和网络驱动器,并且不防止他们使用磁盘管理单元查看和更改驱动器特性。

(5) 隐藏文件夹选项。当文件夹或文件设置了"隐藏"属性后,他人只需在文件夹选项里改变设置——显示所有文件,就可以看见"隐藏"的文件。如果从 Windows 资源管理器菜单和控制面板中删除"文件夹选项"项目,用户就不能使用改变"文件夹选项"设置了。具体操作方法如下。

在"本地组策略编辑器"窗口(见图 10-44)的左侧窗格中,依次选择"用户配置"→"管理模板"→"Windows 组件",选择"Windows 资源管理器"选项;然后在右侧窗格中,找到并双击"从'工具'菜单删除'文件夹选项'菜单"策略;在弹出的对话框中选择"已启用",单击"确定"按钮,即完成策略设置。

(6) 关闭缩略图缓存。一般在文件夹中浏览过的图片,虽然以后删除了,但是缩略图缓存仍可能会被其他人读取。如果启用该策略,缩略图视图将不被缓存。

在"本地组策略编辑器"窗口(见图 10-44)的左侧窗格中,依次选择"用户配置"→"管理模板"→"Windows 组件",选择"Windows 资源管理器"选项;然后在窗口右侧中,找到并双击"关闭缩略图的缓存"策略;在弹出的对话框中选择"已启用",单击"确定"按钮,即完成策略设置。

(7) 关闭自动播放。自动播放功能会在媒体插入后读取其中的数据。默认情况下,Windows 系统会自动运行光驱中插入的所有光盘,这将会造成可执行的内容在被允许前自动执行。默认的情况下,软盘和网络驱动器的自动播放功能被禁用了。要禁止所有驱动器上的自动播放功能,具体操作如下。

在"本地组策略编辑器"窗口(见图 10-44)的左侧窗格中,依次选择"计算机配置"→"管理模板"→"Windows 组件",单击"自动播放策略"命令;然后在窗口右侧中,找到并双击"关闭自动播放"策略;在弹出的对话框中选择"已启用",并从下拉列表上选择"所有驱动器"选项,单击"确定"按钮,即完成策略设置。

该策略设置在"计算机配置"和"用户配置"两个文件夹中都有。如果两个设置都配置,"计算机配置"中的设置比"用户配置"中的设置优先。此设置不阻止自动播放音乐 CD。

5. 任务拓展

(1) 为了防止其他用户通过组策略来更改计算机的设置,可以更改组策略的文件名,请尝试在计算机中找到组策略文件,并将其重命名。

(2) 组策略的功能非常强大,本任务只介绍了其中很少的一部分功能。请利用互联网了解更多组策略的功能。

10.4.6 任务 6:权限

1. 任务导入

Windows 操作系统提供了非常细致的权限控制项,能够精确定制用户对资源的访问控制能力。权限是针对资源而言的,设置权限只能是以资源为对象,即"设置某个文件夹有哪些用户可以拥有相应的权限",而不能是以用户为主,即"设置某个用户可以对哪些资源拥有权限"。利用权限可以控制资源被访问的方式,使计算机系统在合法范围内使用,提高了系统的安全性。

本任务学习通过 NTFS 权限的设置来增强系统的安全访问控制,主要包括标准访问权限的设置和特殊访问权限的设置。

2. 任务目的

(1) 了解 Windows 操作系统权限的相关知识。

(2) 掌握权限设置的操作方法。

3. 实训环境

安装有 Windows XP 或 Windows 7 操作系统的计算机，且至少有一个分区是 NTFS 分区。

4. 任务实施

以 Windows 7 系统的 NTFS 分区（C:）中名为"练习"的文件夹为例，进行以下权限设置。

1) 找到相应资源的"安全"选项卡

NTFS 权限的设置需要在相应资源的安全属性中实现。右击 C 盘（NTFS 分区）的"练习"的文件夹，在弹开的快捷菜单中选择"属性"，将打开该文件夹的"练习 属性"对话框，如图 10-47 所示，选择"安全"选项卡。针对该资源进行的 NTFS 权限设置就是通过该选项卡来实现的。

2) 设置标准访问权限

在"安全"选项卡中，可从"组或用户名"列表中选择需要赋予标准权限的用户或组；然后在下方的"权限"列表中，设置该用户可以拥有的标准访问权限。

3) 设置特殊访问权限

在"练习 属性"对话框（见图 10-47）的"安全"选项卡中，如果"组或用户名"列表中没有所需用户，可通过编辑该列表来添加/删除用户或组。

以下将为"练习"文件夹设置用户 A1（10.4.1 小节中创建的用户）对它的特殊访问权限，具体操作如下。

（1）添加用户 A1。在"练习 属性"对话框（见图 10-47）的"安全"选项卡中，单击"编辑"按钮，将打开"练习的权限"对话框，如图 10-48 所示；在该对话框中，单击"添加"按钮，将打开"选择用户或组"对话框，单击"高级"按钮，单击"立即查找"按钮，对话框显示效果如图 10-49 所示；选择用户 A1，连续单击几个对话框的"确定"按钮，直至返回"练习 属性"对话框，如图 10-50 所示。

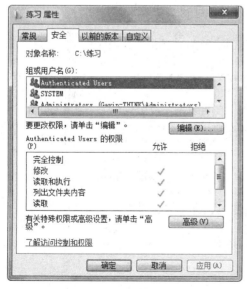

图 10-47 "练习 属性"对话框

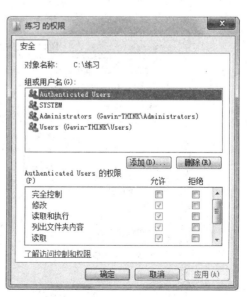

图 10-48 "练习的权限"对话框

图 10-49 "选择用户或组"对话框

图 10-50 添加用户 A1

(2) 断开当前权限设置与父级权限设置之间的继承关系。在图 10-50 中,单击"高级"按钮,在打开"练习的高级安全设置"对话框(有 4 个选项卡),如图 10-51 所示;单击"更改权限"按钮,将打开"练习的高级安全设置"对话框(只有一个权限选项卡),如图 10-52 所示;取消选中"包括可从该对象的父项继承的权限"复选框,即可断开当前权限设置与父级权限设置之间的继承关系;随即会打开"Windows 安全"对话框,如图 10-53 所示,单击"复制"或"删除"按钮(单击"复制"按钮可以首先复制继承的父级权限设置,然后断开继承关系),返回"练习的高级安全设置"对话框,然后单击"应用"按钮,即设置生效。

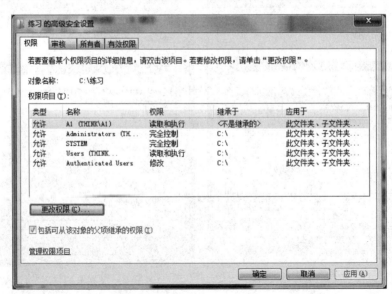

图 10-51 "练习的高级安全设置"对话框(有 4 个选项卡)

图 10-52 "练习的高级安全设置"对话框（只有 1 个权限选项卡）

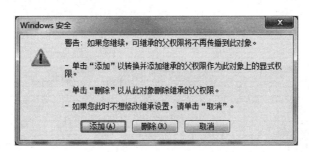

图 10-53 "Windows 安全"对话框

（3）特殊访问权限。在图 10-52 中，选中用户 A1，单击"编辑"按钮，将打开"练习的权限项目"对话框，如图 10-54 所示；首先单击"全部清除"按钮，然后在"权限"列表中选择"遍历文件夹/执行文件""列出文件夹/读取数据""读取属性""创建文件/写入数据""创建文件夹/附加数据"和"读取权限"选项，然后连续单击几个对话框的"确定"按钮，直至所有权限设置相关对话框关闭，即完成特殊访问权限设置。

在经过上述设置后，用户 A1 在对"练习"文件夹进行删除操作时，就会弹出提示框警告操作不能成功。显然相对于标准访问权限，特别访问权限可以实现更具体、全面、精确的权限设置。

4）内置安全主体与权限

在 Windows 系统中，内置安全主体的作用是可

图 10-54 "练习的权限项目"对话框

以指派权限到某种"状态"的用户,如匿名用户、网络用户等。

以下将为"练习"文件夹设置内置安全主体中的 Network 类用户的权限,具体操作方法如下。

(1) 右击"练习"文件夹,在弹出的快捷菜单中选择"属性"命令,打开该文件夹的"练习 属性"对话框,如图 10-47 所示,选择"安全"选项卡;单击"编辑"按钮,将打开"练习的权限"对话框,如图 10-48 所示;在该对话框中,单击"添加"按钮,打开"选择用户或组"对话框,如图 10-55 所示;单击"对象类型"按钮,打开"对象类型"对话框,如图 10-56 所示。

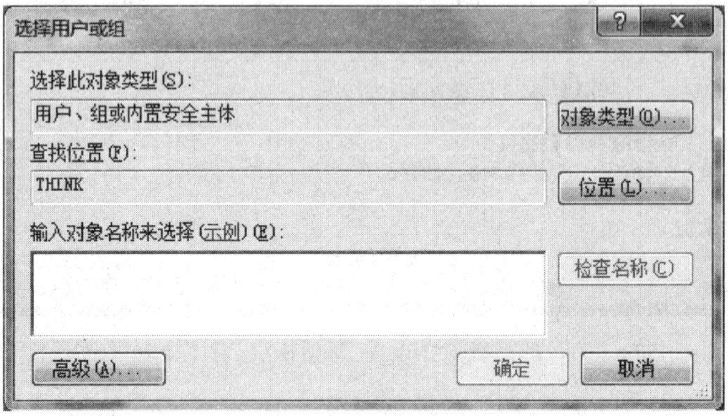

图 10-55 "选择用户或组"对话框

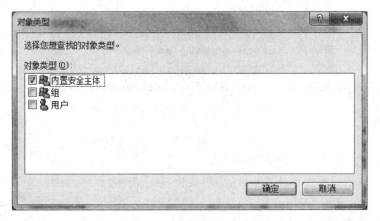

图 10-56 "对象类型"对话框

(2) 在图 10-56 中,只选中列表中的"内置安全主体",然后单击"确定"按钮。返回"选择用户或组"对话框(见图 10-55);单击"高级"按钮,再单击"立即查找"按钮,对话框中显示查找的结果,如图 10-57 所示,图中列出了系统中的所有内置安全主体。

(3) 在图 10-57 中,选择 Network 类用户,然后单击"确定"按钮,返回"练习 属性"对话框(见图 10-47),可以依照前面的步骤为 Network 类用户指派对于"练习"文件夹的 NTFS 权限。

5. 任务拓展

尝试为"练习"文件夹设置共享权限。

图 10-57　选择"内置安全主体"

10.4.7　任务 7：安全审计

1. 任务导入

审计(审核)是对访问控制的必要补充，是访问控制的一个重要内容。审计会对用户使用何种信息资源、使用时间以及执行何种操作进行记录与监控。审计和监控是实现系统安全的最后一道防线，处于系统的最高层，对于责任追查和数据恢复非常有必要。在 Windows 系统中需要分别设置审核功能来捕捉事件，开启审核是加强系统安全的重要一步。在 Windows 系统中对特定活动的跟踪都记录在安全事件日志中。如果审核内容过多，将会给系统增加不必要的负担并降低操作系统的效率。如果审核内容太少，将会忽略一些问题。Windows 系统可以使用审核跟踪用于访问文件或其他对象的用户账户、登录尝试、系统关闭或重新启动以及类似事件，而审核文件和 NTFS 分区下的文件夹可以保证文件和文件夹的安全。

本任务学习通过审核的基本设置方法来进一步增强系统的安全性。

2. 任务目的

（1）了解审核的意义。

（2）掌握审核设置的基本操作方法。

3. 实训环境

安装有 Windows XP 或 Windows 7 操作系统的计算机，且至少有一个分区是 NTFS 分区。

4. 任务实施

以 Windows 7 系统的 NTFS 分区（C:）中名为"练习"的文件夹为例，进行以下审核设置：审核用户 A1 对该文件夹的访问操作。

提示：NTFS 文件系统的支持审核功能，FAT 文件系统不支持审核功能。

1) 启用审核策略

（1）参考 10.4.5 小节内容，打开"本地组策略编辑器"窗口，如图 10-58 所示。

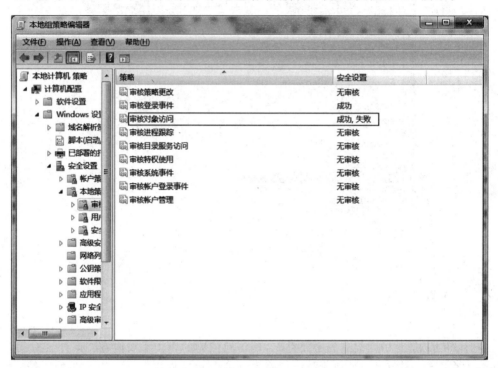

图 10-58 "本地组策略编辑器"窗口

（2）在"本地组策略编辑器"窗口的左侧窗格中，逐级选择"计算机配置"→"Windows 设置"→"安全设置"→"本地策略"，选择"审核策略"选项；在右侧窗格中，双击"审核对象访问"选项，将打开"审核对象访问 属性"对话框，如图 10-59 所示，选中"成功"和"失败"复选框，然后单击"确定"按钮，即完成启用审核策略。

提示：审核是基于成功和失败两种情况的。成功是用于记录哪些用户正常地访问了文件；失败则指出哪些人在没有正确的权限情况下试图访问文件，这有可能是攻击造成的结果，但也有可能是文件系统权限设置得不正确所导致的。

推荐要审核的项目是：策略更改、登录事件、对象访问、目录服务访问、特权使用、系统事件、账户登录事件。

2) 审核设置

（1）右击想要审核的"练习"文件夹，在弹出的快捷菜单中选择"属性"命令，打开"练习属性"对话框，选择"安全"选项卡，如图 10-47 所示。

提示：审核设置必须是管理员组成员或者在组策略中被授权有"管理审核和安全日志"权限的用户才可以审核文件或文件夹。审核文件或文件夹之前，必须启用图 10-58 中右侧

图 10-59 "审核对象访问 属性"对话框

窗格的"审核对象访问"策略。否则,当设置完文件或文件夹审核时会返回一个错误消息,并且文件或文件夹都没有被审核。

(2) 在图 10-47 中,单击"高级"按钮,将打开"练习的高级安全设置"对话框,如图 10-51 所示;选择该对话框的"审核"选项卡,如图 10-60 所示;在该选项卡中,单击"添加"按钮,将打开"选择用户或组"对话框(见图 10-49),从列表中选择用户 A1,然后单击"确定"按钮,将打开"练习的审核项目"对话框,如图 10-61 所示。

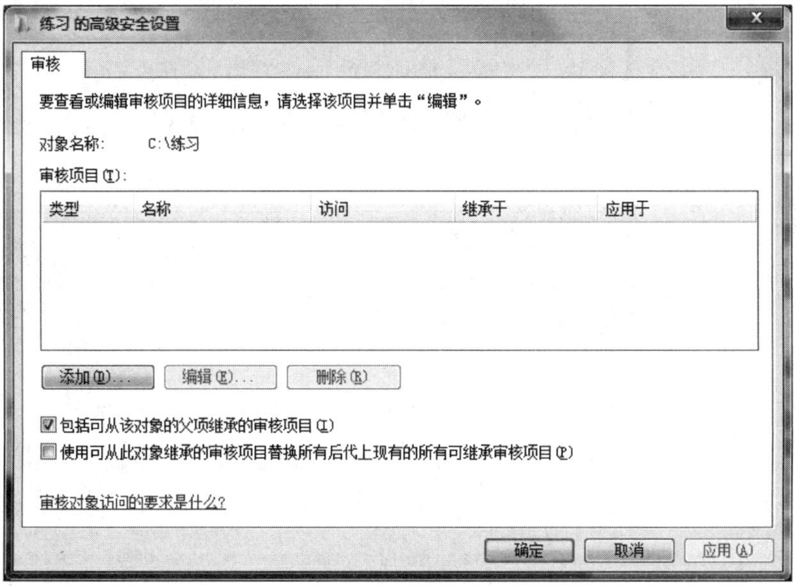

图 10-60 "审核"选项卡

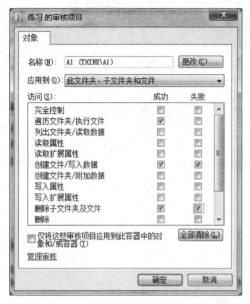

(3) 在图 10-61 中,从"应用到"列表中选择希望审核的对象;从"访问"列表中选择希望审核的操作。如果想禁止目录树中的文件和子文件夹继承这些审核项目,可选中"仅将这些审核项目应用到此容器中的对象和/或容器"复选框;然后连续单击几个对话框的"确定"按钮,直至所有审核设置相关对话框关闭,即完成审核设置。

3) 审核操作

(1) 以用户 A1 身份登录系统,在"练习"文件夹中新建一个文本文件(这一创建操作会在事件查看器中看到)。

(2) 使用事件查看器分析审核信息。

审核被开启后,如果不对收集到的信息进行监视,那么这种审核是没有意义的,所以应该有规律的使用事件查看器分析审核的信息。

图 10-61 "练习的审核项目"对话框

依次选择"控制面板"→"管理工具"→"事件查看器",打开"事件查看器"窗口,如图 10-62 所示;在左侧窗格中,选择"Windows 日志"中的"安全",然后在右侧窗格中将显示时间列表及详细信息,双击要查看的事件,将打开"事件属性"对话框,如图 10-63 所示,从描述中可知该事件即对应于创建文本文件的操作。

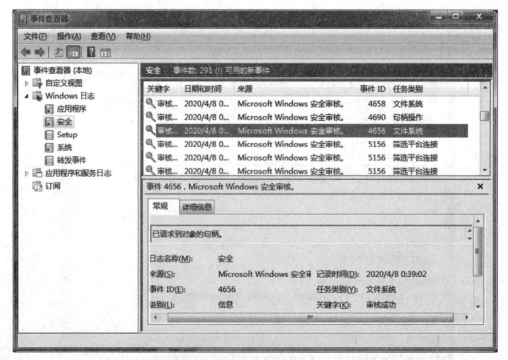

图 10-62 "事件查看器"窗口

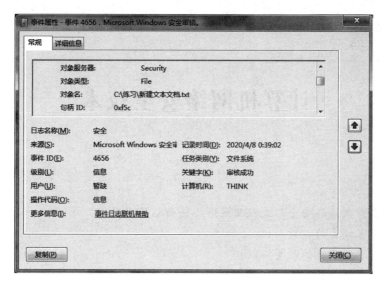

图 10-63 "事件属性"对话框

5. 任务拓展

审核计算机中所有用户对于"练习"文件夹的访问操作,并分析审核信息。

本章小结

1. 操作系统的安全定义主要包括五大类,即身份认证、访问控制、数据保密性、数据完整性和不可否认性。

2. 与权限密切相关的概念有三个,即安全标识符(SID)、访问控制列表(ACL)、安全主体。

3. 在 Windows 系统中,针对权限的管理有四项基本原则:权限最小化原则、拒绝优于允许原则、累加原则和权限继承性原则。

4. 依据是否被共享到网络上,文件与文件夹的权限可以分为 NTFS 权限与共享权限两种。NTFS 权限有两大要素:标准访问权限和特别访问权限。

5. 注册表是 Windows 操作系统的重要组成部分,是确保计算机系统正常运行的核心"数据库",用于存储系统和应用程序的所有配置信息。注册表直接控制着 Windows 系统的启动、硬件驱动程序的装载以及一些应用程序的运行,对整个计算机系统起着核心作用。

本章习题

1. 操作系统的安全主要包括哪几大类?
2. 简述 Windows 系统中权限管理的四项基本原则。
3. 简述注册表的作用。
4. Windows 系统的安全有哪些方面?

第11章

计算机网络安全技术

学习目标
(1) 了解目前网络的安全形式以及网络安全面临的威胁；
(2) 了解黑客攻击的相关知识；
(3) 了解计算机病毒的相关知识；
(4) 了解防火墙的相关知识；
(5) 理解入侵检测、入侵防御、虚拟局域网、蜜罐等常见网络安全技术的相关知识；
(6) 掌握网络安全的常用配置方法。

11.1 计算机网络安全技术概述

随着计算机网络技术的飞速发展和互联网的广泛普及，它们已经成为推动社会发展的重要因素。信息网络涉及政治、经济、文化、军事等诸多领域，其中存储、传输和处理的信息有许多是重要且敏感的信息，如政府重要的宏观调控政策、商业信息、银行资金转账、股票证券、科研数据、国家机密等。所以难免会吸引来自世界各地的各种攻击，如信息泄露、信息窃取、数据篡改等。在当今这个网络大环境下，病毒与黑客攻击日益增多，攻击手段千变万化，使大量网络用户随时面临着被攻击和入侵的危险，这导致人们不得不在享受网络带来的便利的同时，寻求更为可靠的网络安全解决方案。

网络安全是指网络系统的硬件、软件及其系统中的数据受到保护，不会由于偶然的或者恶意的原因而遭受到破坏、更改、泄露，系统可以连续、可靠、正常地运行，网络服务不会中断。网络安全从其本质上讲就是网络上的信息安全。从广义上讲，凡是涉及网络上信息的保密性、完整性、可用性、真实性和可控性的相关技术和理论都是网络安全的研究领域。网络安全是计算机网络技术发展中一个至关重要的问题，也是 Internet 的一个薄弱环节。

11.1.1 网络安全面临的威胁

计算机网络所面临的威胁大体可分为两种：对网络中信息的威胁和对网络中设备的威胁。影响计算机网络安全的因素很多，如系统存在的漏洞、系统安全体系的缺陷、人为因素及管理制度等，它们使网络安全面临的威胁日益严重。概括起来，主要表现在以下几个方面。

(1) 来自内部的威胁。来自内部的威胁包括内部涉密人员有意或无意地泄密、更改记录信息，内部非授权人员有意或无意地偷窃机密信息、更改网络配置和记录信息，以及内部人员破坏网络系统等。

(2)非法访问。非法访问是指没有预先经过同意,非法使用网络或计算机资源,如有意避开系统访问控制机制对网络设备及资源进行非正常使用、擅自扩大权限、越权访问信息等。它的主要表现形式有假冒、身份攻击、非法用户进入网络系统进行违法操作、合法用户以未授权方式进行操作等。

(3)信息泄露或丢失。信息泄露或丢失指敏感数据在有意或无意中被泄露或丢失。通常包括信息在传输过程中丢失或泄露、信息在存储介质中丢失或泄露、通过建立隐蔽隧道等窃取敏感信息等。例如,黑客利用网络监听、电磁泄露或搭线窃听等方式可截获机密信息,或通过对信息流向、流量、通信频度和长度等参数的分析,推测出有用信息。它不破坏传输信息的内容,不易被察觉。

(4)破坏信息的完整性。破坏信息的完整性主要体现在三个方面:篡改、删除和插入。篡改指改变信息流的次序、时序,更改信息的内容、形式;删除是指删除某个信息或信息的某些部分;插入是指在信息中插入另一些信息,使接收方接收的信息错误或读不懂。

(5)破坏系统的可用性。破坏系统的可用性包括使合法用户不能正常访问网络资源、使有严格时间要求的服务不能及时得到响应、恶意摧毁系统等。

(6)重演。重演是指截获并录制信息,然后在必要的时候重发或反复发送这些信息。

(7)行为否认。行为否认包括发送方事后否认曾经发送过某条消息或其内容、接收方事后否认曾经接收过某条消息或其内容。

(8)拒绝服务攻击。拒绝服务攻击是指通过某种方法使系统响应减慢甚至瘫痪,如不断对网络服务系统进行干扰、占用资源、改变正常的作业流程、执行无关程序等,影响合法用户获得正常的服务。

(9)利用网络传播恶意程序。通过网络应用(如网页浏览、即时聊天、邮件收发等)大面积、快速地传播恶意程序,如病毒、木马、逻辑炸弹等,其破坏性远远高于单机系统,而且用户很难防范,它们已经成为威胁网络安全的因素中极其严重的问题之一。

(10)其他威胁。网络系统的威胁还包括电磁泄露、软硬件故障、各种自然灾害和人为操作失误等。

11.1.2 网络安全的目标

网络安全的目标主要是系统的可靠性、可用性、保密性、完整性、不可抵赖性、可控性等方面。

(1)可靠性。可靠性是系统能够在规定条件下和规定的时间内完成规定功能的特性,它是网络安全最基本的要求之一。目前,对于网络可靠性的研究基本上集中在硬件可靠性方面,如研制高可靠性元器件设备、采取合理的冗余备份措施等。但实际上,有许多故障和事故,与软件、人员和环境的可靠性有关,其中人员可靠性在网络可靠性中起着重要作用。有关资料表明,系统失效中很大一部分是由人为因素造成的。

(2)可用性。可用性是指网络信息和通信服务可被授权实体访问并按需求使用的特性。即网络信息服务在需要时,允许授权个人或实体使用的特性,或者是网络部分受损或需要降级使用时,仍能为授权用户提供有效服务的特性。

(3)保密性。保密性是指网络信息不被泄露给非授权的用户、实体或过程,或供其使用的特性。即防止信息泄露给非授权个人或实体,信息只为授权用户使用的特性。保密性是面向信息的安全要求,它是在可靠性和可用性基础之上,保障网络信息安全的重要手段。

(4)完整性。完整性是指网络信息未经授权不能进行改变的特性。即网络信息在存储或传输过程中保持不被偶然或蓄意地删除、修改、伪造、乱序、重放和插入等破坏的特性。完整性是一种面向信息的安全性。它与保密性不同,保密性要求信息不被泄露给未授权的人,而完整性则要求信息不受到各种原因的破坏,保持信息的原样。影响网络信息完整性的主要因素有设备故障、误码(传输、处理和存储过程中产生的误码,定时的稳定度和精度降低造成的误码,各种干扰源造成的误码等)、人为攻击、计算机病毒等。

保障网络信息完整性的主要方法有协议、纠错编码方法、密码校验和方法、公证。通过各种安全协议可以有效地检测出被复制的信息、被删除的字段、失效的字段和被修改的字段。通过纠错编码方法可完成检错和纠错功能,最简单和常用的纠错编码方法是奇偶校验法。密码校验和方法是防止修改和传输失败的重要手段。数字签名用于保障信息的真实性。公证是指请求网络管理或中介机构证明信息的真实性。

(5)不可抵赖性。不可抵赖性也称为不可否认性,在网络系统的信息交互过程中,确信参与者的真实同一性。即所有参与者都不可能否认或抵赖曾经完成的操作和承诺。利用信息源证据可以防止发信方不真实地否认已发送信息,利用递交接收证据可以防止收信方事后否认已经接收的信息。目前,在网络通信过程中,主要采用数字签名、认证、数据完备、鉴别等有效技术措施,实现网络安全的不可抵赖性。

(6)可控性。可控性是指对网络信息的传播及内容具有控制能力的特性。

概括地说,网络信息安全与保密的核心是通过计算机、网络、密码技术和安全技术,保护在公用网络通信系统中传输、交换和存储的消息的保密性、完整性、真实性、可靠性、可用性、不可抵赖性等。

11.1.3 网络安全的特点

根据网络安全的历史及现状,可以总结出网络安全主要具有以下几个特点。

1. 网络安全的涉及面广

随着网络使用范围的不断扩大,网络安全几乎涉及社会的各个层面。从网络安全所保护的对象来看,网络安全包括国家安全、商业安全、个人安全、网络自身安全等,即保护国家机密不受黑客的袭击而泄露,保护商业机密、企业资料不遭窃取,保护个人隐私,保证接入网络的计算机系统不受病毒的侵袭而瘫痪等。由此可以看出,网络安全不仅涉及如何运用适当的技术保护网络安全,还涉及与此相关的一系列包括安全管理制度、安全法律法规等在内的众多内容。

2. 网络安全涉及的技术层面深

目前互联网已经深入社会生活的各个角落,它改变了人们生活和工作的方式。网络已经形成了一个跟现实社会紧密相关的虚拟社会,大量的信息流、资金流和物流都运行其上。为了实现所需功能,网络本身就采用了众多的新兴技术。此外,黑客所采用的攻击手段和技术很多都是一些以前没有发现的全新的系统漏洞,防御的技术难度比较大。这一切都使网络安全所涉及的技术层面不断加深。

3. 网络安全的黑盒性

网络安全是一种以防患于未然为主的安全保护方式,而网络面临威胁的隐蔽性和潜在性更增加了保证安全的难度,致使网络安全防范的对象广泛而难以明确。例如,一种入侵检测系统到底能够检测出哪些攻击,一般是无法知道的。因此,对于网络安全产品,中介机构的介入就非常关键,如我国公安部网络安全检测中心、国际上的各种认证机构(如国际计算机安全协会 ICSA)等中介机构的介入,对于安全产品的定位和评价都很有帮助。

4. 网络安全的动态性

动态性是指网络中存在的各种安全风险处于不断的变化之中。从内因来看,网络本身就在变化和发展之中,如网络中的设备更新、系统及软件升级、系统设置改变、业务变化等因素,都可能导致新的安全风险的出现。从外因来看,各种软硬件系统的安全漏洞不断地被发现、各种网络攻击手段在不断发展。这些动态变化中的因素都可能使得今天还处于相对安全状态的网络,在明天就可能出现新的安全风险。因此,网络安全必须能够紧跟网络发展的步伐,适应新兴的黑客技术。唯有如此,才能够确保网络的安全。国际上,把这种适应黑客和病毒发展技术的能力,作为评价网络安全产品的一个重要标准。

5. 网络安全的相对性

任何网络安全都是相对的。由于受成本以及实际业务需求的约束,任何网络安全的解决方案都不可能解决网络中所有的网络安全问题,百分之百安全的网络系统是不存在的。任何网络安全产品的安全保证都只能说是提高网络安全的水平,而不能杜绝危害网络安全的所有事件。因此,现实中的网络安全领域,失败是常有的事情。只是启用了网络安全防护系统的网络其遭到攻击的可能性低一些,即使遭受攻击其损失也小一些而已。网络安全的这个属性表明安全应急计划、安全检测、应急响应和灾难恢复等都应该是安全保障体系中的重要环节。

6. 网络安全的整体性

整体性是指网络安全是一个整体的目标,正如木桶原理——木桶容量取决于最短的木板,一个网络系统的安全水平也取决于防御最薄弱的环节。因此,均衡应该是网络安全保障体系的一个重要原则,这包括安全管理和安全技术实施、各个安全环节、各个保护对象的防御措施等方面的均衡,以实现整体的网络安全目标。

7. 网络安全的跨国性

利用互联网传送信息时,没有国界和地理距离的限制,这也为犯罪分子、恐怖分子等跨地域、跨国界的计算机网络犯罪提供了可能。

11.2 黑客攻击

11.2.1 黑客攻击概述

"黑客"一词源自英文 Hacker,泛指擅长 IT 技术的计算机高手,尤其是程序设计人员。他们熟知计算机硬件和软件知识,精通操作系统和编程语言,善于发现系统中的漏洞及其原因所在,尽力挖掘计算机程序功能最大潜力,依靠自己掌握的知识和技术帮助系统管理员找出系统中的漏洞并加以完善。他们恪守"永不破坏任何系统"的原则,检查系统的完整性和安全性,并乐于与他人分享研究成果。显然,真正的黑客是指那些真正了解系统,对计算机的发展有创新和贡献的人们,而不是以破坏为目的的入侵者。正是因为有了黑客的存在,人们才能不断了解了计算机系统中存在的安全问题。可以说,黑客曾一度为计算机的发展起到了重要的推动作用。

但后来,许多所谓的黑客利用学会的黑客技术,做违法的事情,如利用系统漏洞入侵系统、破坏数据、盗取用户信息、利用黑客程序控制别人的机器等,这些人被称为Cracker,可翻译为"骇客"或"垮客"。骇客是通过各种黑客技术对目标系统进行攻击、入侵或者做其他一些有害于目标系统或网络的事情。

今天"黑客"和"骇客"的概念已经被人们混淆,"黑客"一词已被用于泛指那些利用计算机和网络、未经许可就入侵他人系统进行破坏的人。

目前,黑客已经成为一个特殊的社会群体,他们有自己的组织,并经常进行技术交流活动。同时,他们还利用自己公开的网站提供免费的黑客工具软件,介绍黑客攻击方法及出版网上黑客杂志和书籍。这使得普通人也很容易通过互联网学会使用些简单的网络攻击工具及方法,进一步恶化了网络安全环境。

11.2.2 黑客攻击的目的和手段

1. 黑客攻击的目的

不同黑客进行攻击的目的也不尽相同,有的黑客是为了窃取、修改或者删除系统中的相关信息,有的黑客是为了显示自己的网络技术,有的黑客是为了商业利益,而有的黑客是出于政治目的等。具体来说,黑客攻击的目的主要有以下四种。

1) 获取非法访问权限

每一个攻击者都希望获得足够大的权限,一旦获取非法访问权限,尤其是超级用户的权限,就意味着可以做很多事情。例如,可以完全隐藏自己的行踪,可以修改系统资源的配置,在系统中埋伏下一个方便的后门等,以便为自己攫取更多好处。

2) 获取所需资料

一般攻击者的目标是获取系统中的重要数据,包括系统信息、个人信息、金融账户、技术成果等。攻击者可以通过非法登录目标主机或使用网络监听程序来进行攻击。当获取到重要数据后,如远程登录的用户账号及口令等,攻击者就可以借此顺利登录主机,访问更多重要的受限数据。

3) 篡改数据

篡改数据是对重要数据的修改、更换和删除,是以故意破坏为目的的攻击行为。攻击者设法破坏或改变计算机中存储的数据,并使其无法恢复,以此达到自己的非法目的。

4) 利用资源

攻击者为了避免暴露自己,往往会利用已入侵的系统运行所需程序,对其他目标进行攻击或发布虚假信息。这样即使被发现,也只能找到中间站点的地址。

2. 黑客攻击的手段

黑客攻击可分为非破坏性攻击和破坏性攻击两类。非破坏性攻击,一般是为了扰乱系统的运行,并不盗窃系统资料,通常采用拒绝服务攻击或信息炸弹的方式。破坏性攻击是以侵入他人计算机系统、盗窃系统保密信息、破坏目标系统的数据为目的。

黑客常用的攻击手段有密码破解后门程序、中间人攻击、电子邮件攻击、信息炸弹、拒绝服务、网络监听、利用网络系统漏洞进行攻击、暴库、注入、旁注、Cookie诈骗、WWW的欺骗技术等。

11.2.3 黑客攻击的步骤

基于以上目的，黑客会对计算机网络系统进行各种各样的攻击。虽然他们针对的目标和采用的方法各不相同，但所用的攻击步骤基本相同。一般黑客的攻击可分为预攻击探测、获得对系统的访问权力、隐藏踪迹三个阶段。

1. 预攻击探测

黑客对一个大范围的网络进行扫描以确定潜在的入侵目标，锁定了目标后，还要收集相关信息。例如，检查要入侵目标的开放端口，进行服务分析，获取目标系统提供的服务和服务进程的类型和版本、目标系统的操作系统类型和版本等信息，看是否存在能够被利用的服务，以寻找其安全漏洞或安全弱点。根据收集的相关信息，采取进一步攻击决策。

2. 攻击——获得对系统的访问权力，控制计算机

当黑客探测到足够的系统信息，并对系统的安全弱点有所了解后就会发动攻击。黑客会根据不同的网络结构、系统情况，采用不同的攻击手段。

黑客利用找到的安全漏洞或安全弱点，试图获取未授权的访问权限。首先，利用缓冲区溢出或暴力攻击破解口令，登录系统；其次，利用目标系统的操作系统或应用程序的漏洞，试图提升在该系统上的权限，获得管理员权限。

黑客获得控制权之后，不会马上进行破坏活动。一般入侵成功后，黑客为了能长时间保留和巩固对系统的控制权，为了确保以后能够重新进入系统，他们会更改某些系统设置、在系统中植入特洛伊木马（设置后门）或其他一些远程控制程序。

下一步黑客才进行实质性攻击操作。例如，可能会窃取主机上的软件资料、重要数据、私人账号等各种敏感信息，可能只是把该系统作为其存放黑客程序或资料的仓库，也可能会利用这台已经攻陷的主机去继续入侵其他系统（如继续入侵内部网络），或者将这台主机作为 DDoS 攻击的一员。

3. 攻击后——隐藏踪迹

一般入侵成功后，黑客为了不被管理员发现，会清除日志、删除复制的文件，以隐藏自己的踪迹。日志往往会记录一些黑客攻击的蛛丝马迹，黑客会删除或修改系统和应用程序日志中的数据，或者用假日志覆盖它。

11.2.4 黑客攻击的常用方法

1. 信息收集

信息收集对于一次攻击来说是非常重要的，收集到的信息越多，攻击的成功概率就越大，前期收集到的信息对于以后的阶段有着非常重要的价值。信息收集方式主要有直接访问、端口扫描、利用第三方的服务对目标系统进行了解等。其中端口扫描是非常重要的预攻击方式。计算机系统通过端口进行数据的传输。端口扫描就是指与目标主机的某些端口建立 TCP 连接、进行传输协议的验证等，从而得知目标主机的扫描端口是否处于激活状态、主机提供了哪些服务、提供的服务中是否含有某些缺陷等。黑客一般会发送特洛伊木马程序，当用户不小心运行后，计算机内的某一端口就会被打开，黑客就可通过这一端口入侵用户的计算机系统。

2. 口令攻击

登录计算机系统需要账号和密码(即口令)。口令攻击就是指使用某些合法用户的账号和口令登录到目标主机,然后实施攻击活动。这种方法的前提是必须首先得到目标主机上某个合法用户的账号,然后进行合法用户口令的破译。常用的方法有暴力破解、登录界面攻击法、网络监听和密码探测四种。

(1) 暴力破解。黑客在知道用户的账号后,利用一些专门的软件强行破解用户口令,这种方法不受网段限制,但需要有足够的耐心和时间。

(2) 登录界面攻击法。黑客可以在被攻击的主机上,利用程序伪造一个登录界面,以骗取用户的账号和密码。

(3) 网络监听。黑客可以通过网络监听非法得到用户口令,这类方法有一定的局限性,但危害性极大。由于很多网络协议(如 Telnet、FTP、HTTP、SMTP 等传输协议)根本就没有采用任何加密或身份认证技术,用户账号和密码信息都是以明文格式传输的,此时若黑客利用数据包截取工具便可以很容易地收集到用户的账号和密码。另外,黑客有时还会利用软件和硬件工具时刻监视系统主机的工作,等待记录用户登录信息,从而取得用户密码。

(4) 密码探测。一般情况下,操作系统保存和传送的密码都要经过一个加密处理的过程,而且理论上也很难逆向还原密码。但黑客可以利用密码探测工具,反复模拟编码过程,并将编出的密码与加密后的密码相比较,如果两者相同,就表示得到了正确的密码。

3. 缓冲区溢出攻击

缓冲区溢出是一个非常普遍、非常危险的漏洞,在各种操作系统、应用软件中广泛存在。缓冲区溢出是指当计算机向缓冲区内填充数据位数时,超过了缓冲区本身的容量,溢出的数据会覆盖合法数据。溢出带来两种后果,一是过长的字符串覆盖了相邻的存储单元,引起程序运行失败,严重的可引起死机、系统重新启动等后果;二是利用这种漏洞可以执行任意指令,甚至可以取得系统特权。理想的情况是:程序会检查数据长度,而且并不允许输入超过缓冲区长度的字符。但是绝大多数程序都会假设数据长度总是与所分配的存储空间相匹配,这就为缓冲区溢出埋下隐患。针对这些漏洞,黑客可以利用它执行非授权指令,甚至可以取得系统特权,进而进行各种非法操作。恶意地利用缓冲区溢出漏洞进行的攻击,可以导致程序运行失败、系统死机、重启等后果,更为严重的是,可以利用它执行非授权指令,甚至可以取得系统特权,进而进行各种非法操作,取得机器的控制权。

4. 植入特洛伊木马程序

特洛伊木马(简称木马)是隐藏在系统中的用以完成未授权功能的非法程序,是黑客常用的一种攻击工具。区别于其他恶意代码,特洛伊木马不以感染其他程序为目的,一般也不使用网络进行主动复制传播,而是伪装成合法程序,诱使用户打开带有特洛伊木马程序的邮件附件或从网上直接下载,以便植入系统,对计算机网络安全构成严重威胁。这些代码或者执行恶意行为,或者为非授权访问系统的特权功能提供后门。一旦特洛伊木马程序成功植入,就能够在计算机管理员未发觉的情况下开放系统权限、泄露用户信息,甚至窃取整个计算机管理使用权限,被植入木马的计算机系统就成为其攻击和控制的对象。

5. Web 欺骗技术

Web 欺骗是一种电子信息欺骗,攻击者通过伪造某个 Web 站点,通过该伪造站点的入口进入攻击者的 Web 服务器,并经过攻击者机器的过滤作用,从而达到攻击者监控受攻击者的活动以获取有用信息的目的。简单地说,Web欺骗能破坏两台计算机之间通信链路上的正常数据流,并可能向通信链路上插入数据,它是一种主动攻击技术。一般Web欺骗使用两种技术:URL地址重写技术和相关信息掩盖技术。首先,黑客建立一个使人相信的Web站点的复制,它具有所有的页面和链接;然后,利用URL地址重写技术,将自己的Web地址加在所有真实URL地址的前面。这样,当用户与站点进行数据通信时,就会毫无防备地进入黑客的服务器,用户的所有信息便处于黑客的监视之下了。但由于浏览器一般均设有地址栏和状态栏,用户可以在地址栏和状态栏中获得连接中的Web站点地址及其相关的传输信息,并由此可以发现问题。所以黑客往往在URL地址重写的同时,还会利用相关信息掩盖技术,以达到其掩盖欺骗的目的。

6. 电子邮件攻击

电子邮件是互联网上一种使用十分广泛的通信方式,但同时它也面临着巨大的安全风险。电子邮件攻击,是最多的一种商业攻击手段,其中一种称为邮件炸弹的攻击尤为突出。攻击者可以使用一些邮件炸弹软件向目标邮箱发送大量内容重复、无用的垃圾邮件,使网络流量加大占用处理器时间,消耗系统资源,从而使系统瘫痪。另外,对于电子邮件的攻击还包括窃取、篡改邮件数据,以及伪造邮件、利用邮件传播计算机病毒等。

7. 通过"肉鸡"攻击

被黑客成功入侵并完全控制的主机称为"肉鸡"。黑客往往以此主机作为根据地,攻击其他主机以隐藏其入侵路径。他们可以使用网络监听的方法,尝试攻破同一网络内的其他主机,也可以通过IP地址欺骗和主机信任关系,攻击其他主机。

8. 网络监听

网络监听是一种监视网络状态、数据流程以及网络上信息传输的管理工具,它可以将网络界面设定成监听模式,并且可以截获网络上所传输的信息。也就是说,当黑客登录网络主机并取得超级用户权限后,若要登录其他主机,使用网络监听便可以有效地截获网络上的数据,这是黑客使用的最有效的方法。但是网络监听只能应用于连接同一网段的主机,通常被用来获取用户密码等。

11.3 计算机病毒

11.3.1 计算机病毒概述

随着计算机技术发展与普及,计算机病毒也随之渗透到计算机世界的各个角落,常以人们意想不到的方式侵入计算机系统。计算机病毒的流行引起了人们的普遍关注,成为影响计算机系统安全的一个重要因素。随着网络的普及,计算机病毒的传播速度大大加快,传播形式与破坏方式也有了新的变化。

1. 计算机病毒的概念

病毒一词源自医学,后来被用在计算机中。计算机病毒的概念是由美国计算机研究专家F. Cohen博士最早提出的。计算机病毒是一段人为编制的计算机程序代码,它像生物病毒一样,具有复制能力,可以很快蔓延,又常常难以根除。这段代码一旦进入计算机并得以执行,它就会搜寻其他符合传染条件的程序或存储介质,确定目标后再将自身代码插入其中,达到自我繁殖的目的,并以磁盘、光盘、U盘和网络等作为媒介进行传播。当用户看到病毒载体似乎仅仅表现在文字和图像上时,它们可能已毁坏了文件、格式化了硬盘或引发了其他类型的灾害。若是病毒并不寄生于一个污染程序,那么它仍然能通过占据存储空间给系统带来麻烦,并降低计算机的性能。

在我国正式颁布实施的《中华人民共和国计算机信息系统安全保护条例》第二十八条中将计算机病毒定义为:"计算机病毒指编制或者在计算机程序中插入的破坏计算机功能或者毁坏数据、影响计算机使用,并能自我复制的一组计算机指令或者程序代码。"

20世纪80年代早期出现了第一批计算机病毒。随着网络技术的发展以及更多的人开始研究病毒技术,病毒的数量、被攻击的平台数以及病毒的复杂性和多样性都开始显著提高。

2. 计算机病毒的传播途径

计算机病毒传染的前提条件是计算机系统的运行、磁盘的读写。计算机病毒的主要功能是自我复制和传播,这意味着计算机病毒的传播非常容易,通常可以交换数据的环境就可以进行病毒传播。计算机病毒的传播途径主要有以下三种。

(1) 通过不可移动的计算机硬件设备传播病毒。如利用专用集成电路芯片(ASIC)和硬盘进行传播。这种计算机病毒虽然极少,但破坏力却极强。

(2) 通过移动存储设备传播病毒。如使用U盘、CD、软盘、移动硬盘等都可以传播计算机病毒。由于它们经常被移动使用,所以它们更容易得到计算机病毒的青睐,成为计算机病毒的携带者。

(3) 通过网络传播病毒。网络中传播病毒的方式有很多,如网页、电子邮件、QQ、BBS等都可以传播计算机病毒。特别是随着网络技术的发展和互联网普及,计算机病毒的传播速度越来越快,范围也在逐步扩大。目前,随着移动通信网络的发展及移动终端(手机)功能的不断强大,计算机病毒开始从传统的互联网络走进移动通信网络世界,进入"手机病毒"阶段。与互联网用户相比,手机用户覆盖面更广、数量更多,因此高性能的手机病毒易爆发,其危害和影响比"冲击波""震荡波"等互联网病毒还要大。

3. 计算机病毒的特征

计算机病毒具有的基本特征主要有传染性、潜伏性、触发性和破坏性,此外它还具有可执行性、寄生性、隐蔽性、针对性、衍生性等特征。

(1) 传染性。传染性是指病毒通过U盘、网络等各种途径从已被感染的计算机扩散到其他机器上,造成大面积的病毒感染。随着网络信息技术的不断发展,在短时间内,病毒能够实现较大范围的恶意入侵。是否具有传染性是判别一个程序是否为计算机病毒的最重要条件。

(2) 潜伏性。一些编制精巧的病毒程序感染系统之后,一般不会马上发作,它可长期隐藏在系统中,只有在满足其特定条件时,才启动表现其破坏性。只有这样它才可进行广泛地传播。例如,"黑色星期五"病毒是在逢13日的星期五发作、CIH病毒是每月26日发作。这些病毒在平时会隐藏得很好,只有在发作日才会露出本来面目。

(3) 触发性。计算机病毒的发作一般都有预定的触发条件,即条件控制可能是日期、时间、特定程序的运行、某些特定数据或事件等。

(4) 破坏性。病毒入侵计算机,往往具有破坏性,会对系统及应用程序产生不同程度的影响。如降低计算机工作效率、占用系统资源、破坏数据信息,甚至造成大面积的计算机瘫痪等。如常见的木马、蠕虫等计算机病毒,可以大范围入侵计算机,为计算机带来安全隐患。

(5) 可执行性。与其他合法程序一样,病毒是一段可执行程序,但不是一个完整的程序,而是寄生在其他可执行性程序上,因此享有一切程序所能得到的权力。病毒运行时与合法程序争夺系统的控制权,往往会造成系统崩溃,导致计算机瘫痪。

(6) 寄生性。通常情况下,计算机病毒都是在其他正常程序或数据中寄生,病毒对其他文件或系统进行一系列非法操作,使其带有这种病毒,破坏宿主的正常机能,并成为该病毒一个新的传染源。

(7) 隐蔽性。计算机病毒不易被发现,这是由于计算机病毒具有较强的隐蔽性,往往以隐含文件或程序代码的方式存在。在普通的病毒查杀中,难以实现及时有效的查杀。病毒伪装成正常程序,计算机病毒扫描难以发现。一些病毒被设计成病毒修复程序,诱导用户使用,进而实现病毒植入计算机。大部分病毒的代码之所以设计得非常短小,也是为了隐藏。因此,计算机病毒的隐蔽性,使得计算机安全防范处于被动状态,造成严重的安全隐患。

(8) 针对性。计算机病毒是针对特定的计算机和特定的操作系统的。例如,有针对IBM PC 及其兼容机的,有针对 Apple 公司的 Macintosh 的,还有针对 UNIX 操作系统的。例如小球病毒是针对 IBM PC 及其兼容机上的 DOS 操作系统的。

(9) 衍生性。衍生性为病毒制造者提供了一种创造新病毒的捷径。分析计算机病毒的结构可知,传染的破坏部分反映了设计者的设计思想和设计目的。但是,这可以被其他掌握原理的人以其个人的企图进行任意改动,从而又衍生出一种不同于原版本的新的计算机病毒(又称为变种),这就是它的衍生性。这种变种病毒造成的后果可能比原版病毒严重得多。

11.3.2 计算机病毒的分类

从第一个计算机病毒出现至今,尤其是进入网络时代,病毒的数量以加速度方式不断增加,且表现形式也日趋多样化。通过以适当的标准对它们进行归纳分类,可以更好地了解和认识它们。

1. 按寄生方式分类

1) 文件型病毒

文件型病毒主要感染可执行程序和数据文件等(如文件扩展名为.com、.exe、.ovl、.doc等)。当运行或打开文件时即可激活病毒,大多数文件型病毒都是常驻在内存中的。如2007 年出现的"磁碟机"病毒,其主要寄生对象为扩展名为.exe 的可执行文件,用户很难直接判断文件是否已感染病毒。文件型病毒主要包括源码型病毒、嵌入型病毒、外壳型病毒和宏病毒等。

2) 引导型病毒

引导型病毒是一种在 ROM BIOS 运行之后,系统引导时执行的病毒。引导型病毒会感染磁盘的启动扇区(Boot)和硬盘的系统引导扇区(MBR),它主要用病毒的全部或部分代码代替正常的引导记录,将正常的引导记录转移到磁盘的其他地方。由于引导区是磁盘能正常使用的先决条件,因此这种病毒在系统启动的一开始就被触发而能获得控制权,它先于操作系统存在,常驻内存,破坏性很大,传染性较大,根除难度大。典型的有 Brain、小球病毒等。

3）混合型病毒

混合型病毒是指同时具有引导型病毒和文件型病毒特点的计算机病毒,既感染磁盘的引导记录,又感染文件,它的破坏性更大,传染机会更多,算法更复杂,消除也更困难。

4）操作系统型病毒

操作系统型病毒在运行时,用自己的逻辑部分取代操作系统的合法程序模块,根据病毒自身的特点和被替代的操作系统中合法程序模块在操作系统中运行的地位与作用,以及病毒取代操作系统的取代方式等,对操作系统进行破坏,这种病毒具有很强的破坏力,可以导致整个系统的瘫痪。通常,这类病毒作为操作系统的一部分,只要计算机开始工作,病毒就处在随时被触发的状态。

2. 按计算机病毒的破坏情况分类

1）良性计算机病毒

良性计算机病毒是指不包含对计算机系统产生直接破坏作用代码的程序。这类病毒为了表现其存在,只是不停地进行扩散,从一台计算机传染到另一台,并不破坏计算机内的数据。

2）恶性计算机病毒

恶性计算机病毒是指包含对计算机系统产生直接破坏作用代码的程序。这类病毒表现出极大的破坏性,如损毁文件/数据、摧毁分区表导致无法启动、直接格式化硬盘等。

11.3.3 计算机病毒的检测与防范

1. 计算机病毒的检测

随着网络的发展,伴随而来的计算机病毒传播与危害的问题越来越引起人们的关注。在与计算机病毒的对抗中,如果能采取有效的检测、防范措施,就能减少系统感染病毒,或者感染病毒后能减少损失。当计算机系统或文件染有计算机病毒时,会有许多明显或不明显的特征,如文件长度和日期的改变、系统执行速度下降、出现一些奇怪的信息、系统无故死机、硬盘被格式化等。

想要知道自己的计算机是否染有病毒,最简单的方法是使用较新的防病毒软件对磁盘进行全面的检测。这些防病毒软件常用的检测病毒方法有:特征代码法、校验和法、行为监测法和软件模拟法,这些方法依据的原理不同,实现时所需开销不同,检测范围不同,各有所长。

2. 计算机病毒的防范

防范是对付计算机病毒积极而又有效的措施。对于计算机病毒的防范,尤其是网络环境下的计算机病毒防范,是一个非常棘手的问题。虽然多用几种防毒软件比较好,因为它们都各有特色,综合使用可以优势互补,产生较强的防御效果,但是在一台计算机中最好只安装一种防毒软件,以免占用过多系统资源而影响系统的正常使用,避免软件间发生冲突。

要做好计算机病毒的防范工作,首先是建立防范体系和制度,加强管理和使用人员的安全意识,有效控制和管理内部及内外网的数据交换;其次,采用多层防护,有选择地加载保护计算机系统及网络安全的防毒产品,及时发现、监视、跟踪计算机病毒的入侵,并采取有效的手段阻止其传播和破坏。

1) 计算机病毒的预防措施

计算机一旦感染病毒,可能会给用户带来无法挽回的损失。因此在使用计算机时,要采取一定的措施来预防病毒,从而最低限度地降低损失。为实现计算机病毒的防范,应采取以下几项防范措施。

(1) 不使用来历不明的程序或软件。

(2) 在使用移动存储设备之前应先杀毒,在确保安全的情况下再使用。

(3) 安装防火墙,防止网络上的病毒入侵。

(4) 安装最新的杀毒软件,并定期升级,实时监控。

(5) 养成良好的计算机使用习惯,定期优化、整理磁盘、定期全面杀毒。

(6) 对于重要的数据信息和系统数据要及时备份,以便在机器遭到破坏后能及时恢复。

(7) 关注漏洞公告,及时更新系统或安装补丁程序。

2) 常用反病毒软件

老一代的反病毒软件只能对计算机系统提供有限的保护,只能识别出已知的计算机病毒。新一代的反病毒软件则不仅能识别出已知的计算机病毒,在计算机病毒运行之前发出警报,还能屏蔽掉计算机病毒程序的传染功能和破坏功能使受感染的程序可以继续运行(即所谓的带毒运行)。同时还能利用计算机病毒的行为特征,防范未知计算机病毒的侵扰和破坏。另外,新一代的反病毒软件还能实现超前防御,将系统中可能被计算机病毒利用的资源都加以保护,不给计算机病毒可乘之机。

随着世界范围内计算机病毒的大量流行,病毒编制不断变化,各种反病毒产品也在不断地推陈出新、更新换代。目前国内最常见的有 360 杀毒、金山毒霸、瑞星,占据了国内约 80% 的市场份额。这些产品的特点表现为技术领先、误报率低、杀毒效果明显、界面友好、良好的升级和售后服务技术支持、与各种软硬件平台兼容性好等方面。

11.3.4 典型计算机病毒简介

1. 宏病毒

宏病毒把带有宏能力的数据文件作为攻击目标。它利用 Office 特有的"宏(Macro)"编写病毒,专门攻击微软 Office 系列的 Word 和 Excel 文件。例如"7 月杀手"宏病毒,会在 7 月的任意一天发作,发作时弹出"醒世恒言"对话框,要求用户选择"确定"或"取消",如果单击"取消"按钮,就会在 autoexec.bat 中增加一条删除 C 盘的命令,重新开机时,就会删除 C 盘上的全部数据。

1) 宏病毒的作用机制

宏病毒是利用了一些数据处理系统内置宏命令编程语言的特性而形成的。病毒可以把特定的宏命令代码附加在指定的文件上,通过文件的打开或关闭来获取控制权,实现宏命令在不同文件之间的共享和传递,达到传染的目的。目前在可被宏病毒感染的系统中,以微软的 Word、Excel 居多。

以 Word 为例,一旦宏病毒侵入 Word,它就会替代原有正常的宏,如 FileOpen、FileSave、FileSaveAs 和 FilePrint 等,并通过这些宏所关联的文件操作功能获取文件交换的控制。当某项功能被调用(如 FileOpen,即打开文档)时,相应的病毒宏就会篡夺控制权,实施病毒所定义的非法操作,包括传染操作、表现操作及破坏操作等。

宏病毒在感染一个文档时,首先要把文档转换成模板格式,然后把所有病毒宏(包括自动宏)复制到该文档中。被转换成模板格式后的染毒文件无法转存为任何其他格式。当感染宏病毒的文件被其他计算机的 Word 程序打开时,便会自动感染该计算机。目前,几乎所有已知的宏病毒都沿用了相同的作用机制,即如果 Word 系统在读取一个感染宏病毒的文件时被感染,则其后所有新创建的 DOC 文件都会被感染。

宏病毒一般在发作的时候没有特别的迹象,通常会伪装成其他的对话框让用户确认。在感染了宏病毒的计算机上,会出现不能打印文件、Office 文档无法保存或另存为等情况。

2)宏病毒的特征

(1)感染数据文件。宏病毒只感染数据文件,改变了"数据文件不会传播病毒"的传统认识。

(2)跨平台感染。宏病毒打破了平台限制,它独立于平台,可实现跨平台传播病毒。

(3)容易编写。宏病毒是以人们容易阅读的源代码形式呈现,所以编写和修改宏病毒更容易。

(4)容易传播。宏病毒是通过文档和 DOT 模板进行自我复制及传播的,而计算机文档是交流最广的文件类型。特别是互联网的普及,Email 的大量应用更为 Word 宏病毒传播铺平道路。

(5)破坏可能性极大。宏病毒用 Word Basic 语言编写,它提供了许多系统级底层调用,这可能对系统直接构成威胁,而 Word 在指令安全性、完整性上检测能力很弱,破坏系统的指令很容易被执行。它还可能删除硬盘上的文件,将私人文件复制到公开场合、从硬盘上发送文件到指定的 E-mail、FTP 地址等,如宏病毒 Nuclear 能破坏操作系统。

3)防范措施

最好不要多人共用一个 Office 程序,要加载实时的病毒防护功能。病毒的变种可以附带在邮件的附件里,会在打开或预览邮件的时候执行,应该多留意。一般的杀毒软件都可以清除宏病毒。

2. CIH 病毒

CIH 病毒,别名 Win95.CIH、Spacefiller、Win32.CIH、PE_CIH 等,属文件型病毒,使用面向 Windows 的 VxD 技术编制,主要感染 Windows 95/98 下的可执行文件,其实时性和隐蔽性都特别强,使用一般反病毒软件很难发现这种病毒在系统中的传播。

1)CIH 病毒的传播途径

CIH 病毒主要通过互联网、电子邮件、盗版光盘等途径传播。目前 CIH 病毒包括"原体"在内有多个版本,相互之间主要区别在于"原体"会使受感染文件增长,但不具破坏力;而"变种"的版本,不但使受感染的文件增长,同时还有很强的破坏性,特别是有一种"变种",每月 26 日都会发作,会摧毁硬盘上所有数据。CIH 是目前最著名和最有破坏力的病毒之一,它是第一个能破坏计算机系统硬件的恶性病毒。

2)CIH 病毒的发作特征

CIH 属恶性病毒,当其发作条件成熟时,将破坏硬盘数据,甚至可能破坏 BIOS 程序,使主机无法启动,其发作特征主要有两个方面。

(1)通过篡改或清除主板 BIOS 里的数据,造成计算机开机就黑屏,使用户无法进行任何数据抢救和杀毒操作。

(2) 常常删除硬盘上的文件及破坏硬盘的分区表。它以 2048 个扇区为单位,从硬盘主引导区开始依次往硬盘中写入垃圾数据,直到硬盘数据被全部破坏为止。最坏的情况是硬盘所有数据(含全部逻辑盘数据)均被破坏。所以 CIH 发作以后,即使换了主板或其他计算机引导系统,如果没有正确的分区表备份,染毒的硬盘上特别是其 C 分区的数据挽回的机会很少。

3) 防范措施

已经有很多 CIH 免疫程序诞生,包括病毒制作者本人写的免疫程序。一般运行了免疫程序就可以不怕 CIH 了。如果已经中毒,但尚未发作,一定要先备份硬盘分区表和引导区数据再进行查杀,以免杀毒失败造成硬盘无法自举。

3. 蠕虫病毒

蠕虫病毒利用计算机网络和安全漏洞来复制自身的一小段代码,蠕虫代码可以扫描网络来查找具有特定安全漏洞的其他计算机,然后利用该安全漏洞获得计算机的部分或全部控制权并且将自身复制到计算机中,然后又从新的位置开始进行复制。蠕虫在自我复制时将会耗尽计算机的处理器时间以及网络的带宽,并且它们通常还有一些恶意目的,蠕虫的超大规模爆发能使网络逐渐陷于瘫痪状态。因此蠕虫是互联网最大的威胁,如果有一天发生网络战争,蠕虫将会是网络世界中的原子弹。

著名的冲击波病毒就是一种蠕虫病毒。它利用 Windows 系统的 RPC(远程过程调用)漏洞进行传播、随机发作、破坏力强。它不需要通过电子邮件(或附件)来传播,更隐蔽,更不易察觉。它使用 IP 扫描技术来查找网络上操作系统为 Windows 2000/XP/2003 的计算机,一旦找到有漏洞的计算机,它就会利用 DCOM(分布式对象模型,一种协议,能够使软件组件通过网络直接进行通信)/RPC 缓冲区漏洞植入病毒体,以控制和攻击该系统。该病毒的发作特征为:系统资源紧张,应用程序运行速度异常,网速减慢,用户不能正常浏览网页或收发电子邮件,不能进行复制、粘贴操作,Word 等软件无法正常运行,系统无故重启,或在弹出"系统关机"警告提示后自动重启等。

典型的蠕虫病毒还有"尼姆亚""熊猫烧香""求职信"等,它们的危害都很大。

1) 蠕虫的工作机制

蠕虫程序的工作机制可以分为漏洞扫描、攻击、传染、现场处理 4 个阶段。蠕虫程序随机选取某一段 IP 地址(也可以采取其他的 IP 生成策略),对这一地址段上的主机进行扫描;扫描到有漏洞的计算机系统后,就开始利用自身的破坏功能获取主机的相应权限;并且将蠕虫主体复制到目标主机;然后,蠕虫程序进入被感染的系统,对目标主机进行现场处理,现场处理部分的工作包括隐藏和信息搜集等;同时,蠕虫程序生成多个程序副本;重复上述流程,将蠕虫程序复制到新主机并启动。

2) 蠕虫的危害

蠕虫的危害主要有以下两个方面。

(1) 蠕虫大量而快速的复制使得网络上的扫描数据包迅速增多,占用大量带宽,造成网络拥塞,进而使网络瘫痪。

(2) 网络上存在漏洞的主机被扫描到以后,会被迅速感染,可能造成管理员权限被窃取。

3) 防范措施

(1) 选购合适的杀毒软件。蠕虫病毒的发展已经使传统的杀毒软件的"文件级实时监控系统"落伍,杀毒软件必须向内存实时监控和邮件实时监控发展。另外,面对防不胜防的网页病毒,也使得用户对杀毒软件的要求越来越高。

(2) 经常升级病毒库。杀毒软件对病毒的查杀是以病毒的特征码为依据的,而病毒每天都层出不穷,尤其是在网络时代,蠕虫病毒的传播速度快、变种多,所以必须随时更新病毒库,以便能够查杀最新的病毒。

(3) 提高防杀毒意识。不要轻易去点击陌生的站点,有可能里面就含有恶意代码。如提高 IE 浏览器的安全级别,将 ActiveX 插件和控件、Java 脚本等全部禁止,这可以大大减少被网页恶意代码感染的概率,但是也会使影响网站的正常访问。

(4) 不随意查看陌生邮件,尤其是带有附件的邮件。由于有的病毒邮件能够利用 IE 和 Outlook 的漏洞自动执行,所以计算机用户需要升级相关程序和应用。

4. 特洛伊木马

特伊洛木马源于古希腊特洛伊战争中著名的"木马屠城记"。传说古希腊大军围攻特洛伊城,久攻不下。后来想出一个木马计,制造一只高二米的大木马假装作战马神,让士兵藏匿于巨大的木马中。攻击数天后仍然无功,大部队假装撤退而将木马弃于特洛伊城下,城中敌人得到解围的消息,将木马作为战利品拖入城内,全城饮酒狂欢。木马内的士兵则乘夜晚敌人庆祝胜利放松警惕的时候,从木马中出来,开启城门,与城外的部队里应外合而攻下了特洛伊城。后来这只大木马被称为"特洛伊木马"。

在计算机领域,特洛伊木马只是一个程序,一般是指利用系统漏洞或通过欺骗手段被植入远程用户的计算机系统中的,通过修改启动项或捆绑进程方式自动运行,并且具有控制该目标系统、进行信息窃取等功能,运行时一般用户很难察觉。特洛伊木马驻留在目标计算机中,随计算机启动而自动启动,并且在某端口进行监听,对接收到的数据进行识别,然后对目标计算机执行相应的操作。

特洛伊木马是黑客常用的一种攻击工具。它实质上只是一种远程管理工具,本身没有伤害性和感染性,且不会自动进行自我复制,因此不能称为病毒。但由于如果有人使用不当,其破坏力可能比病毒更强,因此也有人称其为第二代病毒。另外,特洛伊木马与病毒和恶意代码不同,其隐蔽性很强。

1) 特洛伊木马的组成

特洛伊木马一般由被控端和控制端两个部分组成。

(1) 被控端。被控端又称服务端,将其植入要控制的计算机系统中,用于记录用户的相关信息,比如密码、账号等,相当于给远程计算机系统安装了一个后门。

(2) 控制端。控制端又称客户端,黑客用其发出控制命令,比如传输文件、屏幕截图、键盘记录,甚至是格式化硬盘等。

2) 木马传播方式

木马传播方式有很多,例如,利用邮箱传播木马、网站主页挂马、论坛漏洞挂马、文件类型伪装、QQ 群发网页木马、图片木马、RM 木马、Flash 木马、Word 文档中加入木马文件、用 BT 制作木马种子、黑客工具中绑定木马、伪装成应用程序的扩展组件等。其中网页挂马是指黑客自己建立带病毒的网站,或者入侵大流量网站,然后在其网页中植入木马和病毒,当用户访问这些网站时就会中木马。由于通过网页挂马可以批量入侵大量计算机,快速组建僵尸网络、窃取用户资料,所以危害极大。网页挂马的方法也很多,如利用 Iframe 包含网页木马、利用 JavaScript 脚本文件调用网页木马、在 CSS 文件中插入网页木马、利用图片/SWF/RM/AVI 等文件的弹窗功能来打开网页木马等。

3）防范措施

（1）不执行来历不明的软件。大部分木马病毒都是通过绑定在其他的软件中来实现传播的，一旦运行了该软件就会被感染。因此，一般推荐去一些信誉较高的站点下载应用软件，并且在安装软件之前一定要用反病毒软件查杀，确定无毒后再使用。

（2）不随便打开邮件附件。绝大部分木马病毒都是通过邮件来传递，而且有的还会连环扩散，因此对邮件附件的运行尤其需要注意。

（3）重新选择新的客户端软件。很多木马病毒主要感染的是 Outlook、Outlook Express 的邮件客户端软件。如果选用其他的邮件软件，受木马病毒攻击的可能性就会减小。另外通过 Web 方式访问邮箱也可以减小感染木马的概率。

（4）尽量少用或不用共享文件夹。如果非因工作需要，尽量少用或不用共享文件夹，注意千万不要将系统目录设置成共享。多渠道地拒绝木马程序的传播。

（5）实时监控。使用木马查杀工具进行实时监控是最好的途径，同时也需要经常升级更新木马查杀程序及杀毒软件，并安装防火墙等软件工具，使计算机做到相对高的安全性。

5．网页病毒

网页病毒是利用网页来进行破坏的病毒，它存在于网页之中，使用一些脚本语言编写恶意代码，利用浏览器漏洞来实现病毒的植入，因此也称为脚本病毒。当用户登录某些含有网页病毒的网站时，网页病毒会被悄悄激活，这些病毒一旦激活，可以利用系统的一些资源进行破坏。例如，修改注册表，修改浏览器首页及标题，关闭系统的很多功能，安装木马，感染病毒，使用户无法正常使用计算机系统，严重者可以将用户系统进行格式化等。而这种网页病毒技术含量比较低，容易编写和修改，使用户防不胜防。在互联网的大环境下，脚本应用无所不在，网页病毒已成为危害最大、最为广泛、最流行的病毒。

网页病毒的本质是利用脚本解释器的检查漏洞和用户权限设置不当进行感染传播。病毒本身是 ASCII 码或加密的 ASCII 码，通过特定的脚本解释器执行产生规定行为，其行为对计算机用户会造成伤害，因此被定性为恶意程序。最常见的行为就是修改浏览器主页、搜索页、收藏夹、在每个文件夹下放置自动执行文件拖慢系统速度等。

1）网页病毒的特点

网页病毒是用脚本语言编写而成。脚本语言功能非常强大且编写简单。它利用 Windows 系统的开放性特点，通过调用一些现成的 Windows 对象、组件，可以直接对文件系统、注册表等进行控制。网页病毒主要有以下几个特点。

（1）编写简单。对病毒一无所知的病毒爱好者，经过简单学习，就可以在很短的时间里编出一个新型病毒。

（2）破坏力大。网页病毒的破坏力不仅表现在对用户系统文件及性能的破坏，它还可使邮件服务器崩溃、网络发生严重阻塞。

（3）感染力强。由于脚本是直接解释执行，不需要做复杂文件处理，因此这类病毒可以直接通过自我复制的方式感染其他同类文件，并且自我的异常处理非常容易。

（4）传播范围大。网页病毒通过 HTML 文档、E-mail 附件或其他方式传播，可以在很短时间内传遍世界各地。

（5）病毒源码容易被获取变种多。由于网页病毒是解释执行,其源代码可读性非常强,即使病毒源码经过加密处理,其源代码的获取还是比较简单的。因此这类病毒变种比较多,稍微改变一下病毒的结构,或者修改一下特征值,很多杀毒软件就可能无能为力。

（6）欺骗性强。网页病毒为了得到运行机会,往往会采用各种隐蔽的手段。例如,邮件的附件名采用双扩展名,如.jpg.vbs,由于系统默认不显示扩展名,使用户误认为它是一个.jpg图片文件。

（7）病毒生产机实现起来非常容易。所谓病毒生产机,就是可以按照用户的意愿,生产病毒的机器(这里指程序)。目前的病毒生产机,之所以大多数都是网页病毒生产机,其中最重要的一点还是因为脚本是解释执行的,实现起来非常容易。

正由于这些特点,使得网页病毒发展异常迅猛。特别是病毒生产机的出现,使得生成新型脚本病毒变得非常容易。

2）网页病毒的攻击方式

当网页病毒在本地运行时,它所执行的操作就不仅仅是下载后再读出,同时还可能做许多非法操作。网页病毒主要是利用软件或系统平台等的安全漏洞,通过执行嵌入在网页超文本标记语言内的Java Applet小应用程序、JavaScript脚本语言程序、ActiveX软件部件等网页交互技术支持可自动执行的代码程序,以强行修改用户操作系统的注册表设置、系统实用配置程序、非法控制系统资源盗取用户文件、恶意删除硬盘文件、格式化硬盘、下载并执行病毒软件或木马程序等为行为目标的非法恶意程序。

3）防御措施

网页病毒是目前网络上最为常见的一类病毒,它编写容易,源代码公开,修改起来相当容易和方便,而且往往给用户造成巨大危害。所以经常上网的用户应多留意,其防御措施建议如下。

（1）网页病毒是被动触发的,因此防御该类病毒最好的方法是不访问带毒的文件或Web网页。在网络时代,网页病毒多以欺骗的方式引诱人运行居多,因此应提高自身意识,不随便浏览陌生网站,不随便下载、运行、打开陌生文件或程序。

（2）安装并及时升级杀毒软件、防火墙等。

（3）尽量少使用插件较多的浏览器,经常升级浏览器版本。

（4）及时安装系统补丁。

11.4 防火墙技术

11.4.1 防火墙技术概述

1.防火墙的概念

防火墙原指建筑物中建在不同房间之间,用来防止火灾蔓延的隔断墙。现在人们将这个概念引用到计算机网络中。所谓防火墙(fire wall),是指一种将两个网络(如外网与内网、LAN的不同子网、专用网与公共网)分开的方法,它实际上是一种建立在现代通信网络技术和信息安全技术基础上的访问控制技术、隔离技术;它用于加强两个网络之间访问控制,限制被保护的网络与互联网络及其他网络之间进行的信息存取、传递等操作;它可以由软件、硬件或者是软件与硬件的结合体组成。因此，防火墙是一种重要的网络防护设备，是一种保护计算机网络、防御网络入侵的有效机制。在构建安全的网络环境过程中，防火墙作为第一道安全防线，已经得到广泛的应用。

2. 防火墙的基本原理

防火墙是保护计算机网络安全的技术性措施，是一种隔离控制技术。它借助硬件和软件技术，在内部网络和不安全的网络（如互联网）之间设置保护屏障，从而实现对不安全网络因素的阻断。它控制从网络外部对本网络的访问，通常位于两个网络之间的连接处（网络边界），充当不同网络或网络安全域之间信息的唯一出口/入口，能根据一定的安全策略控制出入网络的信息流。防火墙可通过监测、限制、更改跨越防火墙的数据流，尽可能地对外部屏蔽网络内部的信息、结构和运行状况，防止外部网络用户以非法手段通过外部网络进入内部网络，访问内部网络资源，从而以此来实现网络的安全保护。防火墙本身具有较强的抗攻击能力，是提供信息安全服务，实现网络和信息安全的基础设施。

3. 防火墙的作用

防火墙能够提高网络整体的安全性，通过它可以隔离风险区域和安全区域。防火墙能限制未授权的外网用户进入内部网络，保证内网资源的私有性；过滤掉内部不安全的服务被外网用户访问；对网络攻击进行检测和告警；限制内部用户访问特定站点；记录通过防火墙的信息内容和活动，为监视 Internet 安全提供方便。具体来说，防火墙的作用主要体现在以下几个方面。

1）防火墙是网络安全的屏障

防火墙作为网络中阻塞点、控制点，能极大地提高内部网络的安全性，同时通过过滤不安全的服务而降低风险。由于只有经过精心选择的应用协议才能通过防火墙，所以网络环境变得更安全。例如，防火墙可以禁止不安全的 NFS 协议进出受保护网络，这样外部的攻击者就不可能利用这些脆弱的协议来攻击内部网络。防火墙可以保护网络免受基于路由的攻击，如 IP 选项中的源路由攻击和 ICMP 重定向中的重定向路径。

2）防火墙可以强化网络安全策略

通过以防火墙为中心的安全方案配置，能将所有安全软件，如口令、加密、身份认证、审计等，配置在防火墙上。与将网络安全问题分散到各个主机上相比，防火墙的集中安全管理更方便，也更经济。例如在网络访问时，一次一密口令系统和其他的身份认证系统完全可以不必分散在各个主机上，而集中在防火墙上。

3）防火墙可以对网络的存取和访问进行监控审计

由于所有访问都须经过防火墙，因此防火墙能记录这些访问并做出日志记录，同时也能提供网络使用情况的统计数据。当发生可疑动作时，防火墙能进行适当的报警，并提供网络是否受到监测和攻击的详细信息。另外，收集一个网络的使用和误用情况也是非常重要的。因为它可以反映出防火墙是否能够抵挡攻击者的探测和攻击，以及防火墙的控制是否充足。而对网络需求分析和威胁分析等而言，网络使用统计也是非常重要的。

4）防火墙可以防止内部信息的外泄、避免网络暴露

通过利用防火墙对内部网络的划分，可以实现对内网中重点网段的隔离，有效地限制了局部重点或敏感网络安全问题对全局网络造成的影响。此外，隐私是内部网络非常关心的问题，一个内部网络中不引人注意的细节可能包含了有关安全的线索而引起外部攻击者的

兴趣,甚至因此而暴露了内部网络的某些安全漏洞。使用防火墙就可以隐蔽这些透漏内部细节的服务。当远程节点探测你的网络时,它们仅能看到防火墙,不会知道内部网络的布局。防火墙还可以提高认证功能和使用网络加密来限制网络信息的暴露。通过对进入的流量进行检查,以限制从外部发动的攻击。

除了安全作用,防火墙还支持具有互联网服务性的企业内部网络技术体系 VPN(虚拟专用网)。通过 VPN 可以将企业分布在世界各地的局域网或专用子网有机地联成一个整体,不仅省去了专用通信线路,而且为信息共享提供技术保障。

4. 防火墙的局限性

尽管防火墙有许多防范功能,但安装了防火墙之后并不能保证内网主机和信息资源的绝对安全,防火墙作为一种安全机制,也存在一些局限性。

(1) 防火墙不能防范来自内部的恶意知情者和用户。例如,不能防范恶意的内部用户通过复制磁盘将信息泄露到外部,也不能防范故意伪装成超级用户,劝说没有防范心理的用户公开口令或授予其临时的网络访问权限。

(2) 防火墙不能防范不通过它的攻击。例如,内部用户可以通过 SLIP 或 PPP 绕开防火墙和外部网络建立连接,而这种通信是不能受到防火墙保护的,这为从后门攻击创造了极大的可能。

(3) 防火墙不能防备全部的威胁,即未知的攻击。

(4) 防火墙不能查杀病毒,但可以在一定程度上防范计算机受到蠕虫病毒的攻击和感染。防火墙技术经过不断发展,已经具有了抗 IP 假冒攻击、抗木马攻击、抗口令字攻击、抗网络安全性分析、抗邮件诈骗攻击等能力,并且朝着透明接入、分布式防火墙的方向发展。但是防火墙不是万能的,需要与防病毒系统和入侵检测系统等其他网络安全产品协同配合,进行合理分工,才能从可靠性和性能上满足用户的安全需求。

11.4.2 防火墙分类

1. 根据防火墙的软、硬件形式分类

根据防火墙的软、硬件形式,防火墙可分为软件防火墙、硬件防火墙以及芯片级防火墙。

1) 软件防火墙

软件防火墙运行于特定的计算机上,它需要客户预先安装的计算机操作系统的支持,俗称"个人防火墙"。软件防火墙就像其他的软件产品一样需要先在计算机上安装并做好配置才可以使用。

2) 硬件防火墙

这里的硬件防火墙是指"所谓"的硬件防火墙。之所以加上"所谓"二字是针对芯片级防火墙所说,它们最大的差别在于是否基于专用的硬件平台。目前市场上大多数防火墙都是这种"所谓的硬件防火墙",它们都基于 PC 架构,也就是说,它们和普通的家庭用的 PC 没有太大区别。在这些 PC 上,架构防火墙运行一些经过裁剪和简化的操作系统,最常用的有老版本的 UNIX、Linux 和 FreeBSD 系统。值得注意的是,此类防火墙依然会受到操作系统本身的安全性影响。

传统硬件防火墙一般至少应具备 3 个端口,分别接内网、外网和 DMZ 区(非军事化区),现在一些新的硬件防火墙往往扩展了端口,常见四端口防火墙一般将第四个端口作为配置端口或管理端口。很多防火墙还可以进一步扩展端口数目。

3）芯片级防火墙

芯片级防火墙是基于专门的硬件平台。专有的 ASIC 芯片促使它们比其他种类的防火墙速度更快，处理能力更强，性能更高。这类防火墙最著名的厂商有 NetScreen、FortiNet、Cisco 等。这类防火墙由于使用专用操作系统，因此防火墙本身的漏洞比较少，不过价格相对比较贵。

2. 根据防火墙所采用的技术分类

根据防火墙所采用的技术，防火墙可以分为包过滤型防火墙、代理型防火墙、NAT 防火墙和状态检测型防火墙等。

1）包过滤型防火墙

包过滤型防火墙的原理是监视并且过滤网络上流入、流出的 IP 数据包，拒绝发送可疑的数据包。它设置在网络层，可以在路由器上实现包过滤。它对数据包实施有选择的通过，根据事先设置的过滤规则检查数据流中的每个包，根据包头信息确定是否允许数据包通过。只有满足过滤条件的数据包才被转发到相应的目的地，其余数据包则被从数据流中丢弃。

在包过滤型防火墙中，首先应建立一定数量的信息过滤表，即过滤规则。网络上的数据都是以包为单位进行传输的，数据在发送端被分割成很多有固定结构的数据包，每个数据包都包含包头和数据两大部分，包头中都会包含一些特定信息，如源 IP 地址、目的 IP 地址、传输协议类型（TCP、UDP、ICMP 等）、源端口号、目的端口号、连接请求方向等。包过滤型防火墙读取包头信息，与信息过滤规则进行比较，顺序检查规则表中的每条规则，直到发现包头信息与某条规则相符。如果没有任何一条规则能符合，防火墙就会使用默认规则，一般情况下，默认规则是要求防火墙丢弃该包。其次，通过定义基于 TCP 或 UDP 数据包的端口号，防火墙能够判断是否允许建立特定的连接，如 Telnet、FTP 连接。

常见的包过滤路由器是在普通路由器的基础上加入包过滤功能而实现的，因而也可以认为是一种包过滤型防火墙。现在安装在计算机上的软件防火墙（如 360 安全卫士等）几乎都采取了包过滤的原理来保护计算机安全。

包过滤技术的优点是简单实用、实现成本较低，在应用环境比较简单的情况下，能够以较小的代价在一定程度上保证系统的安全；缺点是包过滤技术是一种完全基于网络层的安全技术，无法识别基于应用层的恶意入侵，且配置困难。

2）代理型防火墙

代理型防火墙主要工作在 OSI 参考模型的最高层（即应用层）之上，其主要的特点是可以完全隔离网络通信流，通过对每种应用服务编制专门的代理程序，实现对应用层通信流的监视与控制。

代理型防火墙由代理服务器和过滤路由器组成。代理服务器位于客户机与服务器之间。从客户机端来看，代理服务器相当于一台真正的服务器；而从服务器端来看，代理服务器又是一台真正的客户机。当内网的客户机需要访问外网服务器的数据时，首先将请求发送给代理服务器，代理服务器再根据请求向服务器索取数据，然后由代理服务器将数据传输给客户机。代理服务器通常有高速缓存，缓存中有用户经常访问站点的内容，在下一个用户要访问同样的资源时，服务器就不用重复地去读取同样的内容，既节省了时间，也节约了网络资源。由于代理服务器将内网与外网隔开，从外面只能看到代理服务器，因此外部的恶意入侵很难伤害到内网系统。

代理型防火墙的优点是安全性较高,可以针对应用层进行侦测和扫描,对付基于应用层的侵入和病毒都十分有效;缺点是对系统的整体性能有较大的影响,速度相对较慢,而且代理服务器必须针对客户机可能产生的所有应用类型逐一进行设置,大大增加了系统管理的复杂性。

3) NAT 型防火墙

NAT(network address translation)是一种地址转换技术,可以将 IPv4 地址转换为另一个地址。通常情况下,利用 NAT 技术将私有 IPv4 转换为公网地址,可以实现内网的多个用户使用少量的公网地址同时访问互联网。因此,NAT 技术常用来解决随着互联网规模的日益扩大而带来的 IPv4 公网地址短缺的问题。

当受保护内网连到互联网时,内网用户若要访问互联网,必须使用一个合法的 IP 地址(即公网地址)。但由于合法公网 IPv4 地址有限,而且受保护网络往往有自己一套 IP 地址规划(私有 IP 地址)。网络地址转换器就是在防火墙上装一个合法 IP 地址集。当内部某用户要访问互联网时,防火墙动态地从地址集中选一个未分配的地址分配给该用户,该用户即可使用这个合法地址进行通信。同时,对于内部的某些服务器,如 Web 服务器,网络地址转换器允许为其分配一个固定的合法 IP 地址。外部网络的用户就可通过防火墙来访问内部的服务器。这种技术既缓解了少量的 IP 地址和大量的主机之间的矛盾,又对外隐藏了内部主机的 IP 地址,提高了安全性。

NAT 型防火墙的优点是安全性较高,可以隐藏内部 IP 地址,节省 IP 资源;它和包过滤型防火墙的缺点类似,虽然可以保障内部网络的安全,但它有一定的局限性,而且内网可以利用木马程序通过 NAT 与外部连接。现在有很多厂商开发的防火墙,特别是状态检测型防火墙,除了它们应该具有的功能之外也提供了 NAT 的功能。

4) 状态检测型防火墙

状态检测型防火墙是第三代防火墙技术,它采用了状态检测包过滤的技术,能对网络通信的各层进行主动的、实时的监测,是传统包过滤上的功能扩展。状态检测型防火墙在对这些数据加以分析的基础上,能够有效地判断出各层中的非法入侵。

状态检测型防火墙同包过滤技术一样,它能够通过检测 IP 地址、端口号以及 TCP 等标志过滤进出的数据包。它允许受信任的客户机和不受信任的主机建立直接连接,不依靠与应用层有关的代理,而是依靠某种算法来识别进出的应用层数据,这些算法通过已知合法数据包的模式来比较进出数据包,这样从理论上就能比应用级代理在过滤数据包上更有效。状态监视器的监视模块支持多种协议和应用程序,可方便地实现应用和服务的扩充。此外,它还可监测 RPC 和 UDP 端口信息,而包过滤和代理都不支持此类端口。

状态检测型防火墙基本保持了简单包过滤防火墙的优点,性能比较好,同时对应用是透明的,在此基础上,对于安全性有了大幅提升。这种防火墙摒弃了简单包过滤防火墙,仅考查数据包的 IP 地址等几个参数,而不关心数据包连接状态变化的缺点,在防火墙的核心部分建立状态连接表,并将进出网络的数据当成一个个会话,利用状态表跟踪每一个会话状态。状态检测对每一个包的检查不仅根据规则表,更考虑了数据包是否符合会话所处的状态,因此提供了完整的对传输层的控制能力。

状态检测型防火墙由于不需要对每个数据包进行规则检查,而是一个连接的后续数据包(通常是大量的数据包)通过散列算法,直接进行状态检查,从而使得性能得到了较大提高;而且由于状态表是动态的,因而可以有选择地、动态地开通1024号以上的端口,使得安全性得到进一步提高。

状态检测型防火墙的优点是安全性好、扩展性好、配置方便、应用范围广;缺点是就是不能分析高级协议中的数据,且所有这些记录、检测和分析工作可能会造成网络连接的某种迟滞,特别是在同时有许多连接激活的时候,或者是有大量的过滤网络通信的规则存在时,但可通过提高硬件速度来解决这个问题。

11.5 项目实训 网络安全常用技术

计算机网络特别是互联网的迅速发展,为人们的学习、生活和工作带来越来越多的便利。人们在享受网络服务的同时,其安全问题也变得愈加突出。病毒与黑客攻击日益增多,攻击手段千变万化,使大量网络用户随时面临着被攻击和入侵的危险,这导致人们不得不在享受网络带来的便利的同时,寻求更为可靠的网络安全解决方案。

本项目主要从加强计算机网络安全方面,详细介绍一些解决网络安全和网络管理问题的常用的配置方法和技术手段。

11.5.1 任务1:常用网络调试命令

1. 任务导入

计算机网络管理和调试的过程通常采用窗口图形界面的鼠标操作方式实现,这种方式因操作简单、直观而被人们所熟知。此外,Windows系统还提供了另一种操作手段——命令行方式。即可以在命令行窗口中,通过直接输入命令来对系统进行操作。尽管这种操作方式操作时较为烦琐,但在某些情况下,特别是在对系统的网络环境进行调试时,却体现出独特的优势,甚至能够完成通过鼠标无法实现的功能。

本任务学习在 Windows 的命令行窗口中执行的常用网络调试命令,如 ping、ipconfig、arp、nbtstat、tracert、net、nslookup 等。

2. 任务目的

掌握集成于Windows网络操作系统的常用网络调试命令。

3. 实训环境

(1) 两台安装 Windows XP 及以上版本操作系统的计算机。

(2) 网络环境为两台计算机属于同一个网段(局域网连通)且可访问互联网。

4. 任务实施

1) 启动命令行窗口

在 Windows 操作系统中,依次选择"开始"→"运行"命令,打开"运行"对话框,如图 11-1 所示;输入 cmd 命令,单击"确定"按钮后,打开命令行窗口,如图 11-2 所示。

2) ping

ping 命令是网络管理员使用频率最高的命令,主要用于检查网络的连通情况,帮助网管分析判定网络故障,如网络是否畅通、网络连接速度等。ping 命令的工作原理是利用网络中每台网络设备的 IP 地址的唯一性,通过向特定的目的主机发送 ICMP(internet control

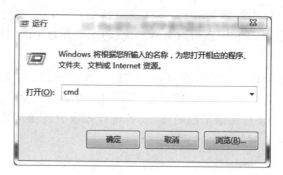

图 11-1 "运行"对话框

图 11-2 命令行窗口

message protocol，因特网报文控制协议）Echo 请求报文，进而获得主机的一些属性，用于确定本地主机能否与该目的主机交换（发送与接收）数据包。如果 ping 运行正常，就可以确定基本的网络连通性和配置参数没问题，大致可以排除网络访问层、网卡、Modem 的通信线路、电缆和路由器等存在的故障，减小了问题的范围，从而帮助网管分析网络连接情况、判定网络故障。

通过 ping 命令可以探测目标主机是否活动、查询目标主机的机器名、配合 arp 命令查询目标主机的 MAC 地址、进行 DDoS 攻击、解析得到域名对应的 IP 地址、推断目标主机的操作系统等。

(1) 通过 ping 命令检测网络故障的一般步骤如下。

① ping 127.0.0.1：判断本地的 TCP/IP 协议簇安装或运行是否存在问题。默认情况下，发送 4 个请求报文，正常应该收到 4 个回应报文，如图 11-3 所示。

② ping 本机 IP 地址：如 ping 不通，则表示本机网络配置或安装存在问题。此时，局域网用户要断开网络连接，然后重新 ping 本机 IP 地址；如果网线断开后能 ping 通，就表示局域网中有另一台主机的 IP 地址与本机 IP 地址相同，造成 IP 地址冲突。

③ ping 局域网中其他 IP 地址：如 ping 不通，则表示子网掩码设置不准确，或网卡配置有问题，或网络连接有问题。

④ ping 网关 IP：检测局域网的网关路由器是否正常运行。

⑤ ping 远程 IP：判断默认网关设置是否正确。

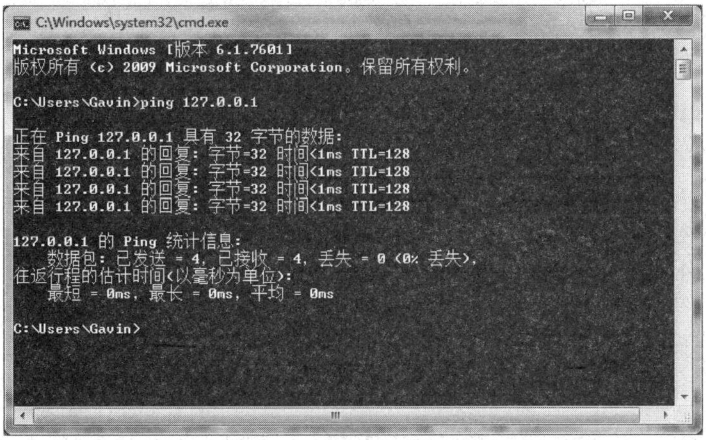

图 11-3　使用 ping 命令检测网络连通情况

⑥ ping localhost：localhost 是 127.0.0.1 的别名，每台计算机都应该能将 localhost 解析成 127.0.0.1。如不能 ping 通，则说明在主机文件(\etc\hosts)中存在问题。

⑦ ping 域名：如 ping www.baidu.com，根据域名获得其对应的 IP 地址（正向解析）。如 ping 不通，则表示 DNS 服务器的 IP 地址配置错误，或 DNS 服务器发生故障，或连外网的路由器有问题。

（2）通过帮助可以查看 ping 命令的更多选项及其使用说明，其常用选项有-t、-l、-n 等。

① 查看 ping 的帮助信息：ping/?，如图 11-4 所示。

图 11-4　查看 ping 命令的帮助信息

② 选项 t：ping -t IP 地址，将不断地向目标 IP 地址发送数据包，直到强制终止其运行。强制终止的快捷键是 Ctrl＋C，如图 11-5 所示。

图 11-5 ping 命令使用选项 t 的运行结果情况

③ 选项 n：ping -n 数值 IP 地址，指定向目标 IP 地址发送数据包的次数，如图 11-6 所示。

图 11-6 ping 命令使用选项 n 的运行结果

④ 选项 l：ping -l 数值 IP 地址，指定向目标 IP 地址发送数据包的大小，如图 11-7 所示。

3）ipconfig

ipconfig 命令用于查看当前 TCP/IP 的配置信息，其常用选项主要有以下几项。

（1）无选项：ipconfig，不带任何参数选项时，会显示已经配置的网络接口的 IP 地址、子网掩码和默认网关等信息。

（2）选项 all：ipconfig /all，会显示所有网络接口的详细网络配置信息，包括本机网卡的 DNS 和 WINS 服务器的配置信息，以及本机网卡的物理地址，如图 11-8 所示。

4）ARP

ARP（address resolution protocol，地址解析协议）是 TCP/IP 协议簇中的一个协议，用于将网络中的 IP 地址解析为对应的硬件地址（MAC 地址）。使用 arp 命令，可以查看本机

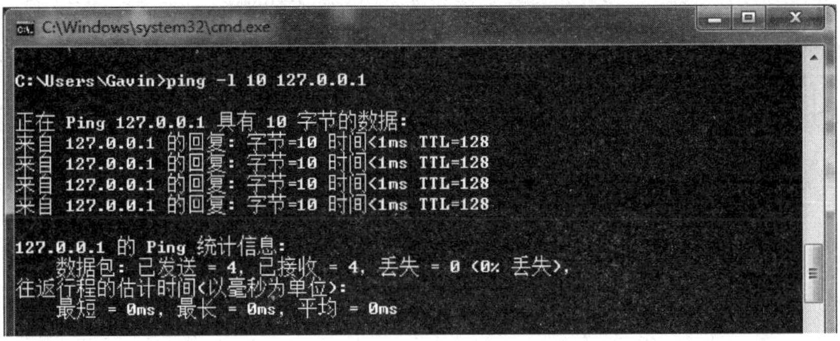

图 11-7　ping 命令使用选项 l 的运行结果

图 11-8　ipconfig 命令使用选项 all 的运行结果

arp 高速缓存中的内容,也可以用手工方式输入静态的 IP 地址/MAC 地址对。arp 高速缓存中记录了局域网中计算机 IP 地址和 MAC 地址映射表。默认情况下,该缓存中的项目是动态的,如果高速缓存中的动态项目(IP 地址/MAC 地址对)在 2~10min 内没有被使用,那么就会被自动删除。如果要查看局域网中某台计算机的 MAC 地址,可以先 ping 该计算机的 IP 地址,然后通过 arp 命令查看高速缓存。arp 命令的常用选项主要有以下几项。

(1) 选项 a:arp -a,查看本机 arp 高速缓存中的所有项目,如图 11-9 所示。

(2) 选项 d:arp -d IP 地址,删除一个静态项目。

(3) 选项 s:arp -s IP 地址 物理地址,向 arp 高速缓存中人工加入一个静态项目。

(4) 选项 release 和 renew:ipconfig /release、ipconfig /renew,这两个附加选项,只能在向 DHCP 服务器租用其 IP 地址的计算机上起作用。使用 release 选项,会将所有接口租用的 IP 地址归还给 DHCP 服务器。使用 renew 选项,本地计算机将设法与 DHCP 服务器取得联系,并重新租用一个 IP 地址。大多数情况下,网卡将被重新赋予和以前相同的 IP 地址。

5) nbtstat

nbtstat 命令用于查看在 TCP/IP 之上运行 NetBIOS(网络基本输入输出系统)服务的统计数据和 NBI(网络关联接口)的 TCP/IP 连接,并可以查看本地和远程计算机上的 NetBIOS 信息,如用户名、所属工作组、网卡的 MAC 地址等。nbtstat 命令的常用选项主要有以下几项。

(1) 选项 A:nbtstat -A IP 地址,显示远程主机的 NetBIOS 信息,如图 11-10 所示。

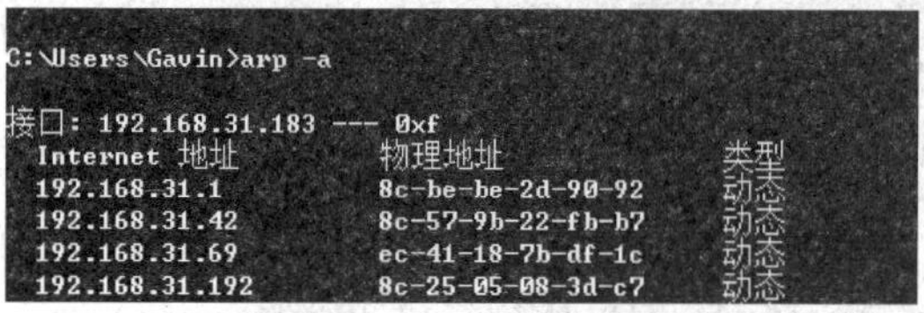

图 11-9　arp 命令使用选项 a 的运行结果 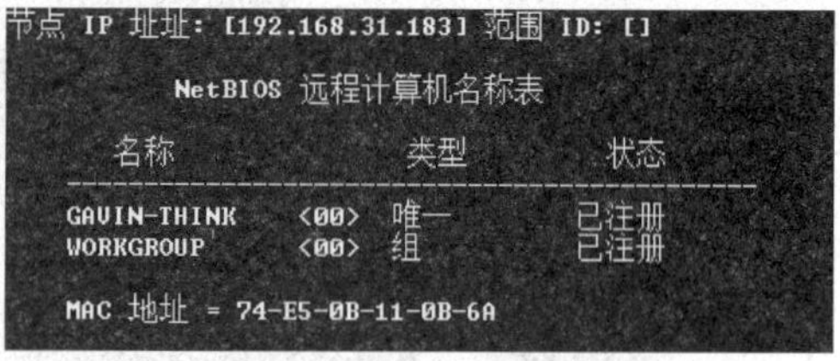　　　图 11-10　netstat 命令使用选项 a 的运行结果

（2）选项 a：nbtstat -a 主机名，显示远程计算机的 NetBIOS 信息。

（3）选项 c：nbtstat -c，列出最近与本机进行通信的远程计算机的名称及其 IP 地址的 NBT 缓存信息。

（4）选项 n：nbtstat -n，列出本地计算机的 NetBIOS 信息。

（5）选项 s：nbtstat -s，列出将目标 IP 地址转换成计算机 NetBIOS 名称的会话表。

（6）选项 S：nbtstat -S，列出具有目标 IP 地址的会话表。

（7）选项 r：nbtstat -r，列出通过广播和经由 WINS 解析的名称。

（8）选项 R：nbtstat -R，删除和重新加载远程缓存名称表。

6）tracert

tracert 命令可以跟踪数据包的路由信息，用于显示数据包到达目的主机所经过的每一个路由或网关的 IP 地址，并显示到达每个路由器或网关所用的时间。该命令可以用来检测网络故障的大概位置，也有助于了解网络的布局和结构。tracert 命令的常用选项主要有以下几项。

（1）无选项：tracert 目的主机，所经过的每一个路由或网关的 IP 地址，并显示到达每个路由或网关所用的时间，如图 11-11 所示。

（2）选项 d：tracert -d 目的主机，不将地址解析成主机名，如图 11-12 所示。

7）net

net 命令是一个功能强大的网络命令，其功能包含了网络环境的查询和配置、服务的开启和停止、用户账户管理及系统登录等。net 命令的常用子命令如下。

（1）net accounts：用于管理安全账号数据库，包括显示或修改所有账户的密码和登录请求，以实现用户登录的安全管理。例如，命令 net accounts，运行结果如图 11-13 所示。

图 11-11　tracert 命令运行结果 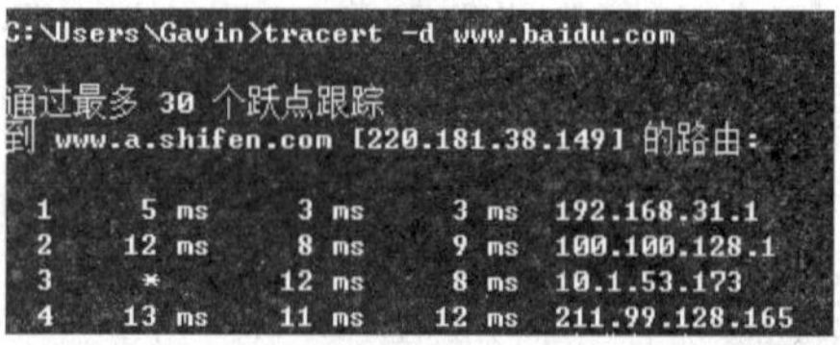　　　图 11-12　tracert 命令使用选项 d 的运行结果

（2）net view：用于显示计算机域的列表、计算机列表或指定计算机的共享资源列表。例如，命令 net view \\IP。

（3）net use：用于管理与远程主机共享资源的连接，或显示主机共享资源的连接情况。例如，命令 net use x：\\IP\sharename，将远程主机的某个共享资源映射为本地盘符。

（4）net start：当和远程计算机建立连接后，可以使用该命令启动远程主机上的某个服务。例如，命令 net start servername，启动指定的服务。

（5）net stop：当和远程主机建立连接后，可以使用该命令关闭远程主机上的某个服务。例如，命令 net stop servername，停止指定的服务。

（6）net user：用于管理、显示本地或域中计算机的用户账号信息，可以实现新建账户、删除账户、查看特定账户、激活账户、账户禁用等。例如，命令 net user，显示所有用户，包括已经禁用的用户。

（7）net share：显示共享资源。

8）nslookup

nslookup 命令用于一个监测网络中 DNS 服务器是否能正确实现域名解析。它可以查看远程主机的 IP 地址、主机名和 DNS 的 IP 地址、DNS 记录的生存时间等，还可以指定使用哪个 DNS 服务器进行解析。例如，命令 nslook www.baidu.com，运行结果如图 11-14 所示。

```
C:\Users\Gavin>net accounts
强制用户在时间到期之后多久必须注销?:          从不
密码最短使用期限(天):                        0
密码最长使用期限(天):                        42
密码长度最小值:                              0
保持的密码历史记录长度:                      None
锁定阈值:                                    从不
锁定持续时间(分):                            30
锁定观测窗口(分):                            30
计算机角色:                                  WORKSTATION
命令成功完成。
```

图 11-13　net accounts 命令

```
C:\Users\Gavin>nslookup www.baidu.com
服务器:  UnKnown
Address:  218.30.118.6

非权威应答:
名称:    www.a.shifen.com
Addresses:  220.181.38.149
          220.181.38.150
Aliases:  www.baidu.com
```

图 11-14　nslookup 命令

9）route print

route print 是 route 命令的一个子命令，用于查看路由表，如图 11-15 所示。首先显示接口列表，其中包括回送地址、网卡接口及网卡的 MAC 地址等；然后下方显示路由表，其各列内容从左到右依次是：目的地址、掩码、网关、接口、跃数。例如，图 11-15 中的第 1 行，表示发向任意网段的数据包，通过本机接口 192.168.31.183 被送往一个默认网关 192.168.31.1，跳数为 25。跳数越小，数据包在传输过程中经过的距离越短，可靠性就越高。

```
C:\Users\Gavin>route print
===========================================================================
接口列表
 41...02 50 f2 00 00 02 ......iNode VPN Virtual NIC
 33...74 e5 0b 11 0b 6b ......Microsoft Virtual WiFi Miniport Adapter
 16...00 ff 21 1b 3b 09 ......Sangfor SSL VPN CS Support System VNIC
 15...74 e5 0b 11 0b 6a ......Intel(R) WiFi Link 1000 BGN
 13...00 21 cc 69 cc fa ......Intel(R) 82579LM Gigabit Network Connection
 40...0a 00 27 00 00 28 ......VirtualBox Host-Only Ethernet Adapter
  1...........................Software Loopback Interface 1
 19...00 00 00 00 00 00 00 e0 Microsoft 6to4 Adapter
 39...00 00 00 00 00 00 00 e0 Teredo Tunneling Pseudo-Interface
 42...00 00 00 00 00 00 00 e0 Microsoft ISATAP Adapter #6
===========================================================================

IPv4 路由表
===========================================================================
活动路由:
网络目标        网络掩码          网关       接口   跃点数
          0.0.0.0          0.0.0.0     192.168.31.1   192.168.31.183     25
        127.0.0.0        255.0.0.0            在链路上         127.0.0.1    306
        127.0.0.1  255.255.255.255            在链路上         127.0.0.1    306
  127.255.255.255  255.255.255.255            在链路上         127.0.0.1    306
```

图 11-15　route print 命令

5. 任务拓展

（1）思考：当 ping 一台远程主机时，若不成功，则可能在网络和计算机配置上存在哪些问题？

（2）通过网络查询本任务中各命令的其他使用方法，进一步了解它们的功能及如何通过这些命令进行网络管理和调试。

11.5.2 任务2：宏病毒的创建与清除

1. 任务导入

宏是一系列命令和指令组合在一起形成的一个命令，以实现任务执行的自动化。宏可以保存到模板或文档中，默认情况下，Word 将宏存储在文件名为 Normal.dot 的模板中，该文件是 Word 最常用的通用模板文件，它是启动 Word 时载入的默认模板。该模板中的宏可以被所有 Word 文档使用。

宏病毒是一种利用应用程序宏语言编制的计算机病毒。它附着在某个文件上，当用户打开这个文件时，宏病毒就被激活，并产生连锁性的感染。针对 Microsoft Word 的宏病毒通常感染 Word 的 DOT 模板文件，尤其是 Normal.dot 文件。如果 Normal.dot 文件被病毒感染，当它被打开时，病毒就会扩散到其他文档和模板。宏病毒迫使正在编辑的文档以指定的模板格式存盘，以便进行传播。宏病毒无法附着在标准格式的 DOC 文件中，只有文档模板可以存储实际的宏代码，从而作为病毒载体。

本任务通过学习简单宏病毒的创建与清除的基本方法，了解宏病毒的基本原理。

2. 任务目的

（1）了解宏病毒的基本原理。

（2）掌握创建和清除宏病毒的基本方法。

3. 实训环境

两台安装 Windows XP 及以上版本操作系统和 Microsoft Word 软件的计算机。

4. 任务实施

本任务是在 Windows 7 操作系统环境中，使用 Microsoft Word 2013 软件实现以下操作。

1）创建宏

自动宏是 Word 自动执行的宏。当 Word 打开文件时，首先检查是否有自动宏存在，如有，就自动执行它。Word 宏病毒至少包含一个以上的自动宏，当 Word 启动时，宏病毒程序也自动执行。常见自动宏如表 11-1 所示。本任务以自动宏 AutoOpen 为例，每次打开一个已有文档时调用该宏。

表 11-1　自动宏

宏 名	说　　明	宏 名	说　　明
AutoNew	每次新建文档时调用	FileOpen	文件打开时调用
AutoOpen	每次打开一个文档时调用	FileSave	文件保存时调用
AutoClose	每次关闭一个文档时调用	FileSaveAs	文件另存时调用
AutoExit	每次退出 Word 时调用	Document_close	文档关闭时调用
AutoExec	启动 Word 时调用		

(1) 打开或新建一个 Word 文档，依次选择"视图"选项卡→"宏"→"查看宏"命令，将打开"宏"对话框，如图 11-16 所示。

(2) 定义宏名为一个自动宏。如 AutoOpen，输入宏名后，单击"创建"按钮，将进入 VB 编辑状态，输入内容如下，如下所示：

```
Sub AutoOpen()
' AutoOpen 宏
    Selection.TypeText "简单宏病毒举例"
End Sub
```

图 11-16 "宏"对话框

(3) 检验功能。打开一个已有 Word 文档，将看到文档内容的最前面多了几个字——"简单宏病毒举例"。

2) 删除宏

在"宏"对话框（见图 11-16）中，选择刚刚创建的宏，单击"删除"按钮即可。

5．任务拓展

尝试创建和删除其他自动宏，并上网查询有关宏和宏病毒的相关知识，进一步深入了解宏病毒的原理及其防治措施。

11.5.3 任务3：防范网页木马

1．任务导入

准确地说，网页木马并不是木马程序，其实质是利用漏洞向用户传播木马下载器。网页木马，表面上伪装成普通的网页文件或是将恶意的代码直接插入正常的网页文件中。当有人打开含有网页木马的网页时，网页木马就会利用对方系统或者浏览器的漏洞自动将配置好的木马服务端下载到访问者的计算机上，并自动执行。

网页中的图片、Flash、媒体文件、电子书、电子邮件等都可能放置木马。本任务介绍两种网页木马：Flash 动画木马和图片木马，及其防治方法。

2．任务目的

(1) 了解 Flash 动画木马和图片木马的攻击原理。

(2) 掌握 Flash 动画木马和图片木马的防治方法。

3．实训环境

(1) 一台安装 Windows XP 及以上版本操作系统的计算机。

(2) 网络环境为计算机可以访问互联网。

4．任务实施

1) Flash 动画木马

Flash 动画木马的攻击原理是在网页中显示或在本地直接播放 Flash 动画木马时，让 Flash 自动打开一个网址，而该网页就是攻击者预先制作好的一个木马网页。即 Flash 动画木马其实就是利用 Flash 的跳转特性，实现网页木马的攻击。要让 Flash 自动跳转到木马网页，只要使用 Macromedia Flash 之类的动画制作编辑工具，在 Flash 中添加一段跳转代码，让 Flash 跳转到木马网页即可。用浏览器打开 Flash 动画木马或是包含 Flash 动画木马的网页时，可以看到随着 Flash 动画播放，自动弹出一个浏览器窗口，里面将会显示一个无关的网页，这个网页很可能就是木马网页。

不管 Flash 木马如何设计，最终都是要跳转到木马网页，所以防范 Flash 动画木马需要开启 Windows 的窗口拦截功能，另外，一定要在上网时开启杀毒软件的网页监控功能。具体操作方法如下。

（1）打开 IE 浏览器，依次选择"工具"→"Internet 选项"命令，打开"Internet 属性"对话框，如图 11-17 所示。

（2）选择"隐私"选项卡，选中"启用弹出窗口阻止程序"复选框。

（3）单击"设置"按钮，将打开"弹出窗口阻止程序设置"对话框，设置筛选级别为"高：阻止所有弹出窗口"，如图 11-18 所示，确定后完成设置。

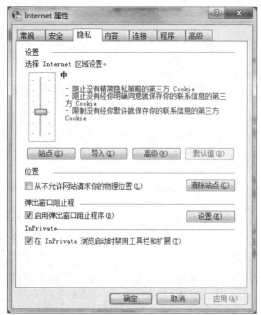

图 11-17 "Internet 选项"对话框

图 11-18 "弹出窗口阻止程序设置"对话框

2）图片木马

图片木马主要有两种形式：伪装型图片木马和漏洞型图片木马。伪装型图片木马通常是通过修改文件图标，伪装成图片文件来实现的。漏洞型图片木马通常是利用系统或软件的漏洞，对真正的图片动了手脚，制作出真正夹带木马的图片，当用户打开图片时就会受到木马的攻击。

对于伪装型图片木马，无论其外观多么具有迷惑性，但是木马必然是可执行程序，其后缀名是.exe。因此，可以比较容易地发现伪装型图片木马。具体操作方法如下。

（1）在资源管理器窗口中，依次选择"工具"→"文件夹选项"，将打开"文件夹选项"对话框，如图 11-19 所示。

（2）在"文件夹选项"对话框（见图 11-19）中，选择"查看"选项卡；在高级设置列表中取消选中"隐藏受保护的操作系统文件"和"隐藏已知文件的扩展名"复选框，并在"隐藏文件和文件夹"选项中选择"显示所有文件和文件夹"选项，确定后完成设置。

5. 任务拓展

上网了解更多网页木马的相关知识及其防治措施。

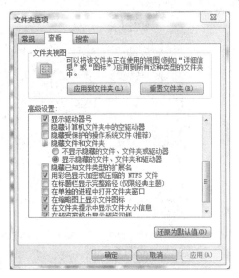

图 11-19　"文件夹选项"对话框

11.5.4　任务 4：通过端口监控网络安全

1. 任务导入

木马通常基于 TCP/UDP 协议簇进行客户端与服务器端之间的通信。因此，木马会在服务器端打开监听端口，以等待客户端的连接。例如，冰河的监听端口号是 7626。所以，可以通过查看本机开放的端口，不仅可以了解端口的状态，而且可以从中检查出是否被植入了木马或其他黑客程序。

查看计算机或者服务器的端口信息，可以通过专业的端口监控软件来查看，也可以通过 Windows 操作系统自带的 netstat 命令（Linux 也有该命令）查看端口，而且该命令还提供了丰富的操作方式，使用起来更为方便。本任务就是使用 netstat 命令来查看端口。

2. 任务目的

掌握 Windows 操作系统的 netstat 命令的使用方法。

3. 实训环境

（1）一台安装 Windows XP 及以上版本操作系统的计算机。

（2）网络环境为计算机可以访问互联网。

4. 任务实施

netstat 命令是一个监控 TCP/IP 网络的非常有用的工具，用于显示计算机上网时与其他计算机之间详细的连接情况和统计信息，如与 IP、TCP、UDP 和 ICMP 相关的统计数据，一般用于检验本机各端口的网络连接情况。它可以显示路由表、实际的网络连接以及每一个网络接口设备的状态信息。netstat 命令的常用选项主要有以下几项。

（1）选项 a：netstat -a，显示所有连接和监听端口，如图 11-20 所示，包括已建立的连接（ESTABLISHED）、监听连接请求（LISTENING）的连接等，使用该命令可以发现和预防木马，也可知道机器所显示的服务信息。

（2）选项 b：netstat -b，显示在创建网络连接和监听端口时所涉及的可执行程序。在某些情况下，已知可执行组件拥有多个独立组件，在这些情况下，显示创建连接或监听端口时涉及的组件序列。此情况下，可执行程序的名称位于底部方括号[]中，它调用的组件位于顶部，直至达到 TCP/IP。注意此项可能很耗时，并且在没有足够的权限时可能失败。

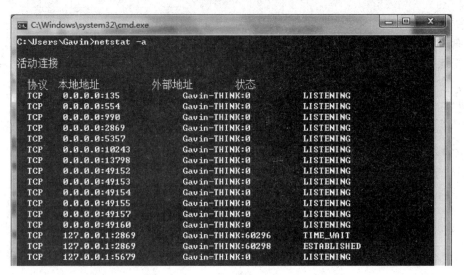

图 11-20　netstat 命令使用选项 a 的运行结果

图 11-21　netstat 命令使用选项 e 的运行结果

（3）选项 e：netstat -e，显示以太网的统计数据，包括传送数据报的总字节数、错误数、删除数，包括发送和接收量（如发送和接收的字节数、数据包数），或广播的数量，用来统计一些基本的网络流量，如图 11-21 所示。

（4）选项 r：netstat -r，显示路由表的信息，类似于 route print 命令，显示本机的网关、子网掩码等信息，如图 11-22 所示。除了显示有效路由外，还显示当前有效的连接。

图 11-22　netstat 命令使用选项 r 的运行结果

（5）选项 s：netstat -s，按照各个协议分别显示其统计数据。默认情况下显示 IP、IPv6、ICMP、ICMPv6、TCP、TCPv6、UDP、UDPv6 的统计信息，如图 11-23 所示。

(6) 选项 p：netstat -p proto，显示 proto 指定的协议连接，proto 可以是 TCP、TCPv6、UDP 或 UDPv6，可与选项 s 一起使用，可以显示按协议统计的信息。

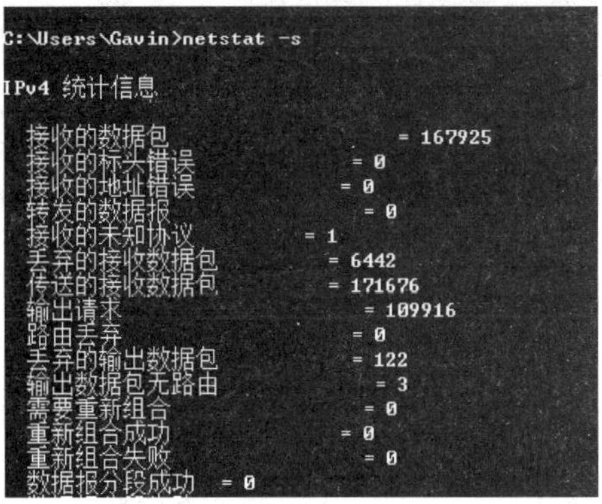

5. 任务拓展

（1）通过网络查询 netstat 命令的相关知识，进一步了解其功能及其他使用方法。

（2）通过网络搜索专业的端口监控软件并尝试使用。

图 11-23 netstat 命令使用选项 s 的运行结果

11.5.5　任务 5：Windows 防火墙配置

1. 任务导入

防火墙是一个位于内网和外网之间、专用网与公共网之间的网络安全系统，是按照一定的安全策略建立起来软件、硬件或者硬件与软件的有机组合，用于将内部网络与互联网隔离，使内网免受非法用户的入侵，从而保护其安全运行。防火墙是一种隔离控制技术，通过对计算机通信请求以及传输的数据进行监控，阻止有可能对计算机造成威胁的访问，有效避免非法用户的入侵或者其他病毒的攻击。防火墙只允许经过用户许可的网络通信，而阻断其他任何形式的网络访问。硬件防火墙可以安装在一台单独的路由器中，用来过滤不想要的数据包；也可以同时安装在路由器和主机中，发挥更大的安全保护作用，保护整个计算机网络系统安全。软件防火墙单独使用软件系统实现防火墙的功能。防火墙软件部署在系统主机上，其安全性较硬件防火墙差，同时占用系统资源。在一定程度上，影响系统性能。

由于硬件防火墙价格昂贵，个人计算机一般使用软件防火墙，如 360 防火墙、瑞星防火墙、天网防火墙等。本任务以 Windows 操作系统自带防火墙为例，简单介绍防火墙的设置方法。

2. 任务目的

（1）了解防火墙的基本概念和工作原理。

（2）掌握 Windows 操作系统自带防火墙的基本设置方法。

3. 实训环境

一台安装 Windows 7 操作系统的计算机。

4. 任务实施

1）打开和关闭 Windows 防火墙

（1）在 Windows 7 操作系统的桌面上，依次选择"开始"→"控制面板"→"Windows 防火墙"命令，打开"Windows 防火墙"窗口，如图 11-24 所示。该窗口中，家庭网络和工作网络同属于专用网络（私有网络），下面还有一个公用网络。Windows 操作系统支持对不同网络类型进行独立配置，而不会相互影响。

（2）在"Windows 防火墙"窗口（见图 11-24）中，单击左侧"打开或关闭防火墙"超链接，

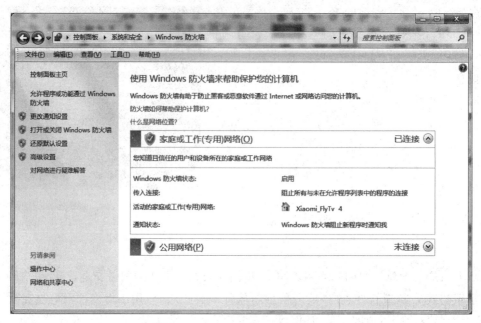

图 11-24 "Windows 防火墙"窗口

打开防火墙的"自定义设置"窗口,如图 11-25 所示。在该窗口中可以选择打开或关闭 Windows 防火墙。为保护本机系统安全,建议不要关闭 Windows 防火墙。

图 11-25 "自定义设置"窗口

2) 允许程序通过 Windows 防火墙的规则配置

(1) 在"Windows 防火墙"窗口(见图 11-24)中,单击左侧"允许程序或功能通过 Windows 防火墙"链接,打开"允许的程序"窗口,如图 11-26 所示。

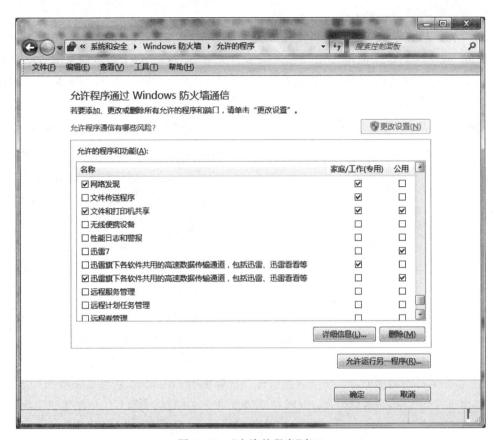

图 11-26 "允许的程序"窗口

（2）在"允许的程序"窗口（见图 11-26）中，可根据需要分别勾选对应程序的复选框。如果希望允许通过的程序和功能不在列表中，可单击"允许运行另一程序"按钮，通过打开的"添加程序"对话框进行添加，如图 11-27 所示。

图 11-27 "添加程序"对话框

3) Windows 防火墙的高级设置

(1) 在"Windows 防火墙"窗口(见图 11-24)中,单击左侧"高级设置"超链接,打开"高级安全 Windows 防火墙"窗口,如图 11-28 所示。在 Windows 7 以上版本的系统防火墙中,高级安全功能支持系统双向保护,即 Windows 系统将防火墙规则分为两个部分:入站规则和出站规则。高级安全 Windows 防火墙默认情况下,对内阻止,对外开放。

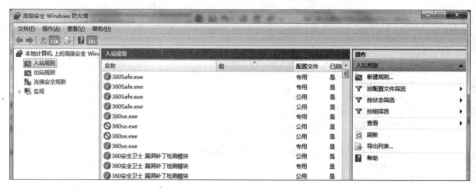

图 11-28 "高级安全 Windows 防火墙"窗口

(2) 入站规则。在 Windows 7 以上版操作系统的高级安全防火墙中,增强了用户对入站数据包的安全控制,外界的主动入站连接将被禁用;并且允许用户自己手动配置入站规则,为系统安全提供了有力的保障。当一个数据包传入计算机时,Windows 防火墙先检查自己的入站规则,如果符合规则,则可以通过;否则,丢弃该数据包,并在防火墙日志中创建相应条目。

在"高级安全 Windows 防火墙"窗口(见图 11-28)中,单击左侧"入站规则",在中间窗格中显示系统当前的入站规则;单击右侧窗格"新建规则",打开"新建入站规则向导"对话框,如图 11-29 所示,可根据向导提示创建新的入站规则。

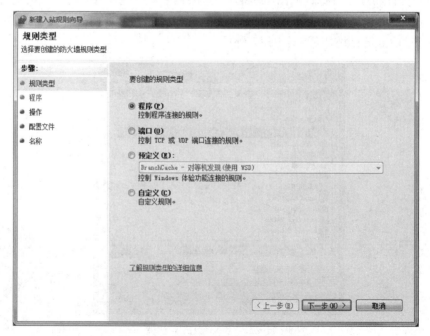

图 11-29 "新建入站规则向导"对话框

（3）出站规则。Windows 7 以上版操作系统的高级安全防火墙默认阻止所有的入站连接，允许所有的出站连接，这可以保障用户在浏览网页、下载文件等出站连接活动不会受到任何影响。但在多用户的公用计算机上，如果需要阻止个人用户使用本机的相关程序访问网络服务（如禁止迅雷下载功能），可以设置出站规则加以限制。

在"高级安全 Windows 防火墙"窗口（见图 11-28）中，单击左侧"出站规则"，再单击右侧窗格"新建规则"，打开"新建出站规则向导"窗口，根据向导提示创建新的出站规则。

4）监视

Windows 7 系统防火墙的监视功能用来监视、查看当前应用的策略、规则以及各种规则的工作状态和安全关联等信息。

在"高级安全 Windows 防火墙"窗口（见图 11-28）中，单击左侧"监视"，可在中间窗格中查看"监视"设置的具体内容，如程序被阻止时会显示通知、本地防火墙规则和本地连接安全规则等信息，如图 11-30 所示。

图 11-30 "Windows 防火墙监视设置"窗口

5）还原 Windows 防火墙的默认设置

在"Windows 防火墙"窗口（见图 11-24）中，单击左侧"还原默认设置"链接，打开"还原默认设置"窗口，如图 11-31 所示；单击"还原默认设置"按钮，删除用户已经配置的所有防火墙设置。

5. 任务拓展

（1）通过网络下载安装 360 防火墙软件并尝试使用。

（2）通过网络访问主要网络安全设备企业的官网（如 Cisco、H3C、Juniper 等），查阅相关资料和产品手册，了解防火墙或安全网关产品的功能特点及安全和部署方法。

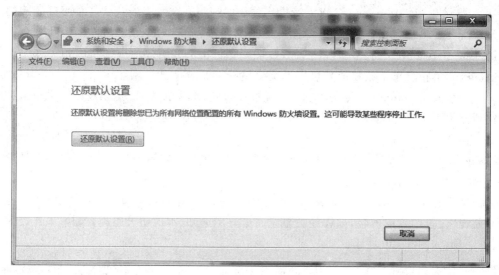

图 11-31 "还原默认设置"窗口

本章小结

1. 网络安全是指网络系统的硬件、软件及其系统中的数据受到保护，不会由于偶然的或者恶意的原因而遭受到破坏、更改、泄露，系统可以连续、可靠、正常地运行，网络服务不会中断。网络安全从其本质上来讲就是网络上的信息安全。网络安全的目标主要是系统的可靠性、可用性、保密性、完整性、不可抵赖性、可控性等方面。

2. 一般黑客的攻击可分为3个阶段：①确定目标与收集相关信息；②获得对系统的访问权力；③隐藏踪迹。

3. 计算机病毒指编制或者在计算机程序中插入的破坏计算机功能或者毁坏数据、影响计算机使用，并能自我复制的一组计算机指令或者程序代码。计算机病毒具有传染性、潜伏性、触发性和破坏性、可执行性、隐蔽性、寄生性、针对性和衍生性等特征。

4. 防火墙(fire wall)是指一种将两个网络(如外网与内网，LAN 的不同子网、专用网与公共网)分开的方法，它实际上是一种建立在现代通信网络技术和信息安全技术基础上的访问控制技术、隔离技术；它用于加强两个网络之间访问控制，限制被保护的网络与互联网络及其他网络之间进行的信息存取、传递等操作；它可以由软件、硬件或者是软件与硬件的结合体组成。根据防火墙所采用的技术，可以分为包过滤型防火墙、代理型防火墙、NAT 防火墙和状态检测型防火墙等。

5. 常见的网络安全技术主要有入侵检测技术、入侵防御技术、虚拟专用网技术等。

本章习题

1. 简述网络安全的目标及特点。
2. 简述黑客攻击的一般步骤，并列举黑客攻击的常用方法。

3. 计算机病毒的特征有哪些？
4. 简述宏病毒的作用机制及防范措施。
5. 简述蠕虫病毒的危害及防范措施。
6. 简述特洛伊木马的传播方式及防范措施。
7. 简述网页病毒的特点及防范措施。
8. 简述防火墙的作用和局限性。
9. 简述入侵检测的功能及过程。
10. 简述 IPS 与 IDS 的区别。
11. 简述虚拟专用网的特点及分类。
12. 简述蜜罐技术的含义。

第12章

应用安全技术

学习目标
(1) 了解 Web 应用的安全现状;
(2) 了解网上银行账户的安全常识;
(3) 了解电子商务的安全常识;
(4) 了解电子邮件加密和防垃圾邮件技术;
(5) 掌握相关应用的安全使用技术。

目前,全球互联网用户已达几十亿人,中国互联网用户已达几亿人。人们在享受网络带来的便捷的同时,网络环境也变得越来越危险,比如网上钓鱼、垃圾邮件、网站被黑、账户密码被窃取/盗用、个人隐私数据被窃取等时常发生。因此,对于每一个使用网络的用户来说,掌握一些应用安全技术方面的知识是很有必要的。本章主要介绍 Web 应用安全、网上银行账户、电子邮件等应用安全常识和技术。

12.1 Web 应用安全技术

全球互联网技术的飞速发展和广泛普及,促使基于网络环境的各种 Web 应用服务随之迅猛增长,如网上购物、线上银行转账、网络聊天、软件下载等,受到广大网络用户的极大欢迎,它们改变了人们工作和生活的方式。Web 2.0 相关技术和应用的发展使得在线协作、共享更加方便。它更注重用户的交互作用,用户既是网站内容的浏览者,也是网站内容的制造者。Web 2.0 技术主要包括博客(Blog)、RSS、百科全书(Wiki)、网摘、社会网络(SNS)、P2P、即时信息(IM)等。

网络在给人们带来便捷的同时,也变得越来越危险。近年来,以逐利为目的的 Web 威胁已成为当前网络威胁最突出的代表。类似 Melissa、I love you 等全球性的扩散"大"病毒已不多,取而代之的是无声无息的 Web 威胁,它们的主要目的是窃取数据并加以贩卖。中国比较有代表性的区域性病毒,有熊猫烧香、灰鸽子和 ANI 蠕虫等。在 Google 搜索结果的前几页,有 1.3% 的网站被 Google 检查出了恶意软件,中国的恶意站点占到了总数的 67%,根据调查结果,恶意站点有逐步上升的势头。

据统计,目前约 40% 的病毒会自我加密或采用特殊程序压缩,90% 的病毒以 HTTP 为传播途径,60% 的病毒以 SMTP 为传播途径,50% 的病毒会利用开机自动执行或自动连上恶意网站下载病毒。这些数据表明,威胁正向定向、复合式攻击方向发展。一种攻击可能会包括多种威胁,如病毒、蠕虫、特洛伊、间谍软件、僵尸、网络钓鱼电子邮件、漏洞利用、下载程序、黑客等,造成拒绝服务服务劫持、信息泄露或篡改等危害。另外,复合攻击也加大了收集所有"样本"的难度,造成的损害也是多方面的,潜伏期难以预测,甚至可以远程可控地发作。

由于新一代的 Web 威胁具有混合型、定向攻击和区域性爆发等特点,所以传统防护效果越来越差,很难防范这些 Web 威胁。因此,浏览网页的普通操作都变成了一件带有极大安全风险的事情。Web 威胁可以在用户完全没有察觉的情况下入侵网络,盗取、篡改或破坏数据,从而对公司数据资产、行业信誉和关键业务构成极大威胁。据专业机构统计,企业由于定向攻击遭受的损失将是其他事件造成的损失的至少 5 倍。面对 Web 威胁,传统的安全防护手段已经不能满足保护网络的要求了。

随着多形态攻击的数量增多,传统防护手段的安全效果也越来越差,总是处于预防威胁、检测威胁、处理威胁、策略执行的循环之中。面对层出不穷的新型 Web 威胁,传统的防护模式已经过于陈旧。面对目前通过 Web 传播的复合式攻击,无论是代码比对、行为分析、内容过滤,还是端口封闭统计分析,都表现得无能为力。单一的安全产品在对付复合攻击时也明显地力不从心。

12.1.1　Web 应用安全技术概述

Web(world wide web,全球广域网),也称为万维网,它是一种基于超文本和超媒体的、全球性的、动态交互的、跨平台的分布式图形信息系统。它是建立在互联网上的一种网络服务,为浏览者在互联网上查找和浏览信息提供了图形化的、易于访问的直观界面,其中的文档及超级链接将互联网上的信息节点组织成一个互为关联的网状结构。Web 服务通过 HTTP 提供服务,采用 B/S 架构(brower/server),这种结构也称为 Web 架构。

1. Web 服务器

Web 服务器一般指网站服务器,是指驻留于互联网上某种类型计算机(服务器)的软件,它汇集了大量的信息,可以向发出请求的浏览器等 Web 客户端提供文档。Web 服务器的作用就是管理这些文档,按用户的要求返回信息。服务器结构中规定了服务器的传输设定、信息传输格式及服务器本身的基本开放结构。目前最常用的 Web 服务器有 Apache 和 IIS。

Apache 是世界上使用最多的 Web 服务器,目前所占市场份额最大,世界上很多著名的网站都建立在 Apache 平台之上。它的优势主要在于源代码免费开放、有一支强大的开发团队、支持跨平台的应用(可以运行在几乎所有的 UNIX、Linux、Windows、Solaris 等系统平台上)、支持大多数语言以及可移植性等方面。一般情况下,Apache 与其他的 Web 服务器整合使用,功能非常强大,尤其在静态页面处理速度上表现优异。

IIS(Internet information services)是微软的 Windows 操作系统自带的一种免费的 Web 服务器,是目前最流行的 Web 服务器产品之一,很多著名的网站都是建立在 IIS 的平台上。IIS 是允许在公共 Intranet 或 Internet 上发布信息的 Web 服务器。IIS 安装配置简单,提供了一个图形界面的管理工具,可用于监视配置和控制互联网服务。IIS 是一种 Web 服务组件,其中包括 Web 服务器、FTP 服务器、NNTP 服务器和 SMTP 服务器等,分别用于网页浏览、文件传输、新闻服务和邮件发送等方面,它使得在网络(包括互联网和局域网)上发布信息变得很简单。一般 IIS 可以跟 Apache 整合起来使用,这种服务在配置过程中需要注意权限的问题。

UNIX、Linux 系统中的 Web 服务器多采用 Apache 服务器软件，Windows 系统中的 Web 服务器多采用 IIS 服务器软件。

2. Web 浏览器

Web 浏览器是网络访问时使用最多的应用软件，它是互联网时代的产物。随着计算机的普及、互联网的全球连接及人们对信息需求的爆炸式增长，为浏览器的诞生和兴起提供了强大的动力，同时它也标志着互联网时代的来临。Web 浏览器用于向服务器发送资源索取请求，并将接收到的信息进行解码和显示。Web 浏览器从 Web 服务器下载和获取文件，翻译下载文件中的 HTML 代码，进行格式化，根据 HTML 中的内容在屏幕上显示信息。如果文件中包含图像以及其他格式的文件（如音频、视频、Flash 动画等），Web 浏览器会做相应的处理或依据所支持的插件进行显示。常见的 Web 浏览器有 IE、Firefox、Chrome 等。

3. JavaScript 语言

JavaScript 是一种面向对象的解释型脚本语言，可以用于开发互联网客户端的应用程序。脚本程序是嵌入在 HTML 文档中的程序，它可以创建动态页面，大大提高交互性。整个 JavaScript 系统是一个对象的集合，灵活恰当使用 JavaScript 可以为网页提供更多丰富的交互功能。

例如，建立一个名为 test_js.html 的文件，内容如下：

```
<HTML>
  <HEAD>
    <TITLE>JavaScript 示例</TITLE>
  </HEAD>
  <BODY>
    <P>大家好！这是 JavaScript 示例！</p>
    <SCRIPT LANGUAGE="JavaScript">
      document.write("这是 JavaScript 的对象生成的内容:HELLO!");
    </SCRIPT>
  </BODY>
</HTML>
```

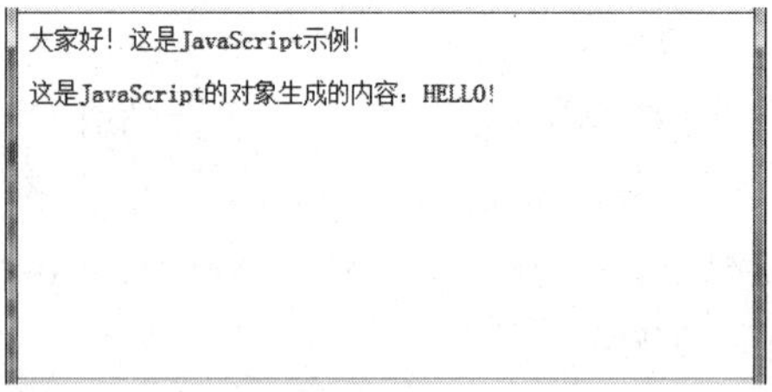

通过浏览器（如 IE 浏览器）打开 test_js.html 文件，显示效果如图 12-1 所示。

图 12-1 浏览器中 test_js.html 文件的显示效果

在文件 test_js.html 中，< script >和</script >之间的内容是 JavaScript 代码。支持 JavaScript 的浏览器会自动解释 JavaScript 代码。标记< script >中可以指定脚本语言，如< script language = "JavaScript">。IE 和 Firefox 浏览器的默认脚本语言是 JavaScript。IE 浏览器中还支持 VBScript，但必须指定在标记< script >中指定（language="VBScript"）。文件中的 document 对象，是 JavaScript 中最重要的对象之一。write 是 document 对象的一个方法，用于在浏览器中输出字符串。

修改 test_js.html 的文件内容如下：

```
<HTML>
 <HEAD>
  <TITLE>JavaScript 示例</TITLE>
 </HEAD>
 <BODY>
  <P>大家好!这是 JavaScript 示例!</p>
  <SCRIPT LANGUAGE="JavaScript">
    function x_alert(){
     var x="这是 JavaScript 变量";
     window.alert(x);
    }
    document.write("这是 JavaScript 的对象生成的内容:HELLO! ");
  </SCRIPT>
  <INPUT TYPE="BUTTON" VALUE="调用 JS 函数" ONCLICK="x_alert()">
 </BODY>
</HTML>
```

在 JavaScript 脚本中,定义了一个函数 x_alert()。在网页中,用标记< input >加入一个按钮对象。当单击该按钮时,将调用(执行)相应的 JavaScript 函数 x_alert()。通过浏览器打开修改后的 test_js.html 文件,显示效果如图 12-2 所示。

图 12-2　修改后的 test_js.html 文件在浏览器中的显示效果

4. CGI

CGI(common gateway interface,公共网关接口)是外部扩展应用程序与 Web 服务器交互的一个标准接口,运行在服务器端。根据 CGI 标准,编写外部扩展应用程序,可以对客户端浏览器输入的数据进行处理,完成客户端与服务器的交互操作。CGI 规范定义了 Web 服务器如何向扩展应用程序发送消息,在收到扩展应用程序的信息后又如何进行处理等内容。对于许多静态的 HTML 网页无法实现的功能,通过 CGI 可以实现,比如表单的处理、对数据库的访问、搜索引擎、基于 Web 的数据库访问等交互功能。绝大多数 CGI 程序被用来解释处理来自客户端浏览器表单的输入信息,并在服务器产生相应的处理,或将相应的信息反馈给浏览器。CGI 程序使网页具有交互功能。

几乎所有服务器都支持 CGI,可用任何一种语言编写 CGI,只要这种语言具有标准输入、输出和环境变量,包括流行的 C、C++、Java、Visual Basic 和 Delphi 等。CGI 分为标准CGI 和间接 CGI 两种。标准 CGI 使用命令行参数或环境变量表示服务器的详细请求,服务器与浏览器通信采用标准输入/输出方式。间接CGI又称缓冲CGI,在CGI程序和CGI接口之间插入一个缓冲程序,缓冲程序与CGI接口间用标准输入/输出进行通信。

5. Webshell

Webshell具有可以管理Web、修改主页内容的权限,如果要修改别人的主页,一般都需要这个权限,上传漏洞要得到的也是这个权限。如果某个服务器的权限设置得不好,那么通过Webshell可以得到该服务器的最高权限。

Web是指在Web服务器上,shell指用脚本语言编写的脚本程序,以取得对服务器某种程度上的操作权限。Webshell就是Web的一个管理工具,具有对Web服务器进行操作的权限。Webshell一般是网站管理员用于网站管理、服务器管理等,但是由于Webshell的功能比较强大,可以上传下载文件,查看数据库,甚至可以调用一些服务器上系统的相关命令(比如创建用户,修改删除文件之类的),通常被黑客利用。黑客通过一些方式,上传漏洞要获得这个权限。如果某个服务器的权限设置得不好,那么就通过Webshell可以得到该服务器的最高权限。

6. 上传漏洞

在网站的运行过程中,不可避免的对网站的某些页面或者内容进行更新,这时便需要使用网站的文件上传功能。如果不对被上传的文件进行限制或者限制被绕过,该功能便有可能被利用上传可执行文件、脚本到服务器上,进而进一步导致服务器沦陷。在浏览器地址栏中网址的后面加上"/upfile.asp"(或与此含义相近的名字),如果显示"上传格式不正确"等类似的提示,说明存在上传漏洞,可以用上传工具得到Webshell。

7. 暴库

暴库漏洞现在已经很少见了,但是还有一些站点存在这个漏洞可以利用。暴库就是通过一些技术手段或者程序漏洞得到数据库文件所在的路径,并将其非法下载,得到该文件后就可以破解该网站的用户密码了。比如,在Firefox浏览器地址栏中输入"http://localhost/bbsxp/database/bbsxp2008.mdb",可以将此网站的数据库文件下载。

8. 旁注

旁注是一种入侵方法,在字面上解释就是"从旁注入",利用同一主机上面不同网站的漏洞得到Webshell,从而利用主机上的程序或者是服务所暴露的用户所在的物理路径进行入侵。当入侵A网站时发现这个网站无懈可击,此时可从与A网站在同一服务器的B网站入手,入侵B网站后,利用B网站得到服务器的管理员权限,从而获得了对A网站的控制权。

9. Web系统架构

Web系统的一般架构如图12-3所示。客户端通过网络与Web服务器连接,使用Web浏览器向服务器发出请求,服务器根据请求的URL,找到对应的网页文件,并发送给用户。网页文件是HTML/XML格式的文本文件。Web浏览器使用解释器,将网页文本转换成Web浏览器中显示的网页。

客户端访问的网页文件一般存放在Web服务器的某个目录下,通过网页的超链接可以获得网站上的其他网页,这是静态网页,只能单向地给用户展示信息。而动态网页就是为使网页能提供双向交互功能(如身份认证)而产生的概念。动态网页利用Flash、JavaScript、VBScript等技术,在网页中嵌入一些可执行的小程序,Web浏览器在解释页面时,读到这些小程序就会执行它们。这种双向交互的能力使Web服务模式也可以像传统软件一样可以进行各种事务处理,如编辑文件、提交表单等。小程序也可以是嵌入网页文件中的PHP、JSP、ASP等代码,或者以文件的形式单独存放在Web服务器的目录里.php、.jsp、.asp文件等,客户端无法看到这些代码,因此服务的安全性大大提高。这样功能的小程序越来越多,形成常用的工具包,单独管理,开发Web程序时直接拿来使用即可,这就是中间件服务器,它实际上是Web服务器处理能力的扩展。

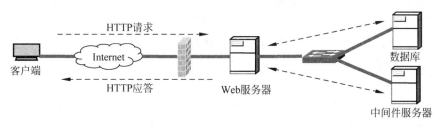

图12-3 Web系统架构

静态网页与小程序是事前设计好的,一般不经常改动,但网站上有很多内容需要经常更新,如新闻、博客、邮箱等,这些变动的数据放在数据库里,可以随时更新。当用户请求页面时,如果涉及数据库里的数据,小程序利用SQL,从数据库中读取数据,生成完整网页文件,发送给客户端,如股市行情曲线就是由一个小程序控制的,它可以不断地用新数据刷新页面。

用户的一些状态、属性信息也需要临时记录,每个用户的这些信息并不相同,Web通过会话跟踪技术来跟踪用户的整个会话。常用的会话跟踪技术是Cookie与Session。Cookie将用户的访问信息(用户名、密码等)记录在客户端的临时文件中,用户再次访问该网站时,这些信息一同送给服务器。Session将用户的访问信息记录在服务器的内存中,或写在服务器的硬盘文件中。

10. Web系统架构安全分析

由于Web技术可以对本地硬盘进行操作,因此浏览器可能给用户计算机带来安全问题,如将木马、病毒放到客户端计算机上。

针对Web服务器的威胁更多,入侵者可以用多种方式入侵Web服务器。

(1)通过服务器系统漏洞入侵。Web服务器是一个通用服务器,系统自身都不可避免地带有系统漏洞。通过这些漏洞入侵,可以获得服务器的高级权限,这样就可以随意控制服务器上运行的Web服务。

(2)通过Web服务应用漏洞入侵。相对于系统级的软件漏洞,Web应用软件的漏洞数量上更多。其原因在于Web服务开发简单,开发的团队参差不齐,编程不规范,安全意识不强,因开发时间紧张而简化测试等。最为常见的SQL注入就是在应用编程过程中产生的漏洞。

(3)通过密码暴力破解入侵。成功入侵Web系统后,入侵者可以篡改网页、篡改数据挂木马等。

12.1.2 Web应用安全基础

1. 网页防篡改系统

网页防篡改系统用于保护网站安全,防止黑客入侵、篡改网站网页。它可以实时监控

Web站点,当Web站点文件受到破坏时,能迅速恢复被破坏的文件,并及时将报告提交给系统管理员,从而保护Web网站数据安全。

2. 网页内容过滤技术

网页内容过滤系统通过对网络信息流中的内容进行过滤和分析,实现对网络用户浏览或传送非法、黄色、反动等敏感信息进行监控和封杀;同时通过强大的用户管理功能,实现对用户的分组管理、分时管理和分内容管理。

3. 实时信息过滤

实时信息过滤系统通过对企业内部网络状况的监控,对企业内部的即时短消息(如MSN)的通信和点对点的软件通信进行多方式的管理。

4. 广告软件

广告软件(Adware)是指未经用户允许而下载并安装,与其他软件捆绑并通过弹出式广告或以其他形式进行商业广告宣传的程序。安装广告软件之后,往往造成系统运行缓慢或系统异常。

5. 间谍软件

间谍软件(Spyware)是指能够在使用者不知情的情况下,在用户计算机上安装后门程序的软件。用户的隐私数据和重要信息会被那些后门程序捕获。黑客还可以利用这些后门程序远程操纵用户的计算机。

6. 浏览器劫持

浏览器劫持是一种恶意程序,通过DLL插件、BHO(浏览器辅助对象)、Winsock LSP等形式对用户的浏览器进行篡改,使用户浏览器出现访问正常网站时被转向到恶意网页、IE浏览器主页/搜索页等被修改为劫持软件指定的网站地址、经常莫名弹出广告网页等异常情况。浏览器劫持分为多种不同的方式,从最简单的修改IE默认搜索页到最复杂的通过病毒修改系统设置并设置病毒守护进程、劫持浏览器等,都有人采用。

7. 恶意共享软件

恶意共享软件是指采用不正当的捆绑或不透明的方式强制安装在用户的计算机上,并且利用一些病毒常用的技术手段造成软件很难被卸载,或采用一些非法手段强制用户购买的免费、共享软件。

为防止广告软件、间谍软件和浏览器被劫持,应采用安全性比较高的网络浏览器,并注意修补系统漏洞,可根据自己的需要对浏览器进行相应的安全设置。如果给浏览器安装插件,尽量从浏览器提供商的官方网站下载。不要轻易浏览不良网站,不要轻易安装共享软件或"免费软件",这些软件往往含有广告程序、间谍软件等不良软件,可能带来安全风险。

12.2　网上银行账户安全

随着互联网的普及,网上购物以及电子支付已发展成为人们日常生活的一部分。网上银行便捷、高效的支付方式,低成本的交易形式,逐渐成为银行的主要业务形式。但以互联网为载体的网上银行交易系统,由于互联网的开放性,而容易受到黑客、木马、病毒的攻击,因此网上银行交易系统也会给银行及其客户带来很大的风险。

12.2.1　网上银行账户安全概述

网上银行又称网络银行、在线银行或电子银行,它利用互联网通信技术,通过互联网向客户提供金融信息发布和金融交易服务,如开户、销户、查询、对账、行内转账、跨行转账、代理缴费、信贷、网上证券、投资理财、基金托管、资金清算等服务项目,使客户足不出户就能够安全、便捷地管理活期和定期存款、支票、信用卡及个人投资等。网上银行是传统银行业务在互联网上的延伸,是各银行在互联网中设立的虚拟柜台,网上银行提供3A式服务,即它能够在任何时间(anytime)、任何地点(anywhere)、以任何方式(anyhow)为客户提供金融服务。

12.2.2　网上银行面临和存在的安全问题

1. 网上银行面临的安全问题

基于互联网的网上银行可以弥补银行网点设置的不足,为客户提供便捷、丰富的银行服务,因此使它成为银行发展的重点之一。但是,由于网上银行中涉及资金的交易,很容易吸引一些犯罪分子,他们利用系统和网络安全的漏洞来从事违法犯罪活动,如盗窃银行账号和密码、非法资金转移等。因此,网上银行面临着非常严重的安全问题。

中国人民银行颁布的《网上银行业务管理暂行办法》规定:"银行应采用合适的加密技术和措施,以确认网上银行业务用户身份和授权,保证网上交易数据传输的保密性真实性,保证通过网络传输信息的完整性和交易的不可否认性。"由以上叙述可知网上银行面临的安全问题主要是信息安全的问题。

2. 网上银行存在的安全问题

目前网上银行存在的安全问题主要表现在以下三个方面。

(1) 网上银行网站的安全问题。在网上银行中,非法人员可以采用软件或假冒站点等方式窃取密码,这就存在非法资金转移的可能性。

(2) 网上交易的安全问题。借助基于互联网的网上银行进行交易时,建立交易双方的信任机制和安全感是非常困难的,从而带来网上资金划拨的安全性问题。

(3) 网上银行用户的安全问题。网上银行用户的安全意识薄弱,不注意密码保密或密码设置简单易猜测。一旦密码泄露或被猜出,则用户账号可能被盗用,从而造成损失,而银行的技术手段对此也无能为力。因此,网上银行用户的安全意识是影响网上银行安全交易的重要因素。

3. 网上银行的安全防范

网上银行的安全防范主要包括两个方面的保障措施:技术保障、法律与规范。技术保障主要有网络层安全防范和PKI技术两种防范措施。网上银行安全防范在网络层实施安全防范措施是安全防范的重点之一,主要有设置过滤功能的安全路由器、设置IDS、设置防黑客软件系统等。PKI是目前网上银行最佳的防范措施。法律与规范方面,国家在2005年4月1日颁布并执行了中国"电子签名法",人民银行发布了"电子支付指引",这是网上银行的法律依据。目前,各银行的网上银行都具备符合标准和法律法规的安全系统及措施,网上银行采取了许多具体的安全防范措施,如附加码校验、U盾、电子密码器等,以确保客户权益能得到充分保障。

12.3 电子商务安全

12.3.1 电子商务安全概述

随着互联网的不断发展与普及,网络已经渗透至我们生活、工作的各个方面。互联网的应用使我们的交易行为逐渐从线下转至线上,营销方式的转型也直接带动着中国电子商务的迅猛发展。

1. 什么是电子商务

联合国国际贸易程序简化工作组对电子商务的定义是:采用电子形式开展商务活动,它包括在供应商、客户、政府及其他参与方之间通过任何电子工具,如 EDI、Web 技术、电子邮件等共享非结构化商务信息,并管理和完成在商务活动、管理活动和消费活动中的各种交易。电子商务是一种新型的商业运营模式,它以网络为基础,以 C/S 为应用方式,以电子化方式为手段,以商务活动为主体,实现了传统商业活动各环节的电子化、网络化和数字化。

2. 电子商务安全要求

电子商务的安全要求主要包括以下四个方面。

(1) 保密性。电子商务交易中的商务信息是有保密要求的,即保证在公网上传送的数据不被第三方窃取。例如,信用卡的账号和用户名被人窃取,就可能被盗用,订货和付款的信息被竞争对手窃取,就可能丧失商机。因此,在电子商务的信息传播中,一般均有加密的要求。

(2) 完整性。电子商务交易中的文件是不可被修改的,即信息在传输过程中不被篡改,以保障交易的严肃和公正,如其交易文件内容被改动,那么交易本身便是不可靠的,客户或商家可能会因此而蒙受损失。完整性是通过采用安全的散列函数和数字签名技术来实现的。

(3) 身份认证。电子商务交易中的交易者身要经过身份认证,能够方便而可靠地确认对方身份是交易的前提。由于网上交易中通信双方互不见面,要使交易成功,必须在交易时(交换敏感信息时)确认对方的真实身份;在涉及支付时,还需要确认对方的账户信息是否真实有效。身份认证可以通过口令字技术、公开密钥技术、数字签名技术和数字证书等技术来实现。

(4) 不可否认性。由于商情的千变万化,交易一旦达成是不能被否认的,否则必然会损害一方的利益。网上交易的各方在进行数据传输时,必须带有自身特有的、无法被别人复制的信息,以保证交易发生纠纷时有所对证。不可否认性可以通过数字签名和数字证书等技术来实现。

3. 电子商务安全交易协议

电子商务交易运行一套完整的安全协议。比较成熟的协议有 S-HTTP、SSL、STT、SET 等。

(1) 安全超文本传输协议(secure HTTP,S-HTTP)。S-HTTP 是一种结合 HTTP 而设计的消息的安全通信协议。它是基于 HTTP 开发,依靠密钥对加密,保证在客户端和服务器之间交易信息传输的安全性。S-HTTP 使用安全套接字层(SSL)进行信息交换,简单来说,它是 HTTP 的安全版,是使用 TLS/SSL 加密的 HTTP 协议。HTTP 协议采用明文传输信息,存在信息窃听、信息篡改和信息劫持的风险。而协议 TLS/SSL 具有身份验证、信息加密和完整性校验的功能,可以保障 Web 站点间的交易信息传输的安全性。

(2) 安全套接层协议(secure socket layer,SSL 协议)。SSL 是一种安全通信协议,在传输层与应用层之间对网络连接进行加密。它对计算机之间整个会话进行加密,提供加密认证服务和报文完整性,可确保数据在网络传输过程中不会被截取及窃听。SSL 被广泛应用于 Web 浏览器与服务器之间的身份认证和加密数据传输,能够对信用卡和个人信息提供较强的保护,从而保障交易的安全性。在 SSL 中,采用了公开密钥和私有密钥两种加密方法。

(3) 安全交易技术协议(secure transaction technology,STT 协议)。STT 由 Microsoft 公司提出,在 IE 浏览器中采用这一技术,它将认证和解密在浏览器中分离开,用以提高安全控制能力。

(4) 安全电子交易协议(secure electronic transaction,SET 协议)。SET 是一种基于消息流的安全电子交易协议,主要是为了解决用户、商家和银行之间通过信用卡支付的交易而设计的。它用于划分与界定电子商务活动中消费者、网上商家、交易双方银行、信用卡组织之间的权利义务关系,给定一套电子交易信息传送的过程规范,以保证支付信息的保密性、支付过程的完整性、商户及持卡人的合法身份认证及可操作性。SET 的核心技术主要有公开密匙加密、电子数字签名、电子信封、电子安全证书等。

12.3.2 电子商务交易的安全技术

实现电子商务安全的关键是要保证商务活动过程中系统的安全性,目前主要采用数据加密和身份认证等技术,各种技术手段常常结合在一起使用,从而构成比较全面的安全电子交易体系。

1. 加密技术

加密技术是电子商务采取的基本安全措施,交易双方可根据需要在信息交换的阶段使用。在电子商务中,采用的加密技术主要有两种:对称加密和非对称加密。

2. 数字签名

数字签名也称电子签名,如同传统的书面手写签名一样,能起到电子文件认证、核准和生效的作用。数字签名用于防止电子信息因易被修改而有人作伪,或冒用别人名义发送信息,或发出(收到)信件后又加以否认等情况发生。

3. 数字时间戳

在书面合同中,文件签署的日期和签名一样都是十分重要的防止文件被伪造和篡改的关键性内容。在电子交易中,数字时间戳服务(digital time stamp service,DTS)就是对交易文件的日期和时间信息采取的安全技术措施,它能提供电子文件发表时间的安全保护。

数字时间戳服务是网上安全服务项目,由专门的机构提供。时间戳是一个经加密后形成的凭证文档,包括需加时间戳的文件的摘要、DTS 收到文件的日期和时间、DTS 的数字签名三个部分。时间戳也可作为科学家的科学发明文献的时间认证。

4. 数字证书

数字证书从本质上来说是一种电子文档,是由电子商务认证中心(CA)所颁发的一种较为权威与公正的证书,对电子商务活动有重要影响。数字证书用电子手段来证实一个用户的身份和对网络资源的访问的权限。数字证书可用于电子邮件、电子商务、群邮件、电子基金转移等各种用途。

5. 认证中心(certification authority,CA)

在数字时间戳和数字证书的应用过程中认证中心(certification authority,CA)具有关键性的作用。认证中心就是承担网上安全电子交易认证服务、能签发数字证书,并能确认用户身份的服务机构。认证中心通常是企业性的服务机构,主要任务是受理数字凭证的申请签发及对数字凭证的管理。目前,我国认证中心的从业资格是由国家工业与信息化部所颁发,全国范围内只有约30家企业具有数字认证的从业资格。

12.4 电子邮件安全

电子邮件是一种用电子手段提供信息交换的通信方式,是互联网应用最广、最受欢迎的应用之一。通过电子邮件系统,用户可以以低廉的价格(只需负担网费)、快速的方式,与世界上任何一个角落的网络用户联系。电子邮件的存在极大地方便了人与人之间的沟通与交流,促进了社会的发展。但由于网络的开放性,以及网络、系统和软件漏洞的存在,使得信息在传输过程中极易受到攻击。电子邮件同样面临着多种安全问题,如电子邮件易遭到攻击者获取或篡改邮件、病毒邮件、垃圾邮件、邮件炸弹等,它们都严重危及电子邮件的正常使用,甚至对计算机及网络造成严重的破坏。因此,保证电子邮件的安全性也显得尤为重要。

12.4.1 电子邮件加密

电子邮件在被广泛使用的同时,也面临着信息泄露、信息欺骗、病毒侵扰、垃圾邮件等诸多安全问题的困扰。人们对电子邮件系统和服务的要求日渐提高,其中安全需求尤为突出。保护邮件安全最常用的方法就是加密,这样即使攻击者截获了电子邮件,他也只能面对一堆没有任何意义的乱码。

最常用的加密软件是PGP,它是互联网上一个著名的共享加密软件。PGP是一个基于RSA公钥加密体系的邮件加密软件,它提出了公钥加密和数字签名。假设A寄信给B,他们知道对方的公钥,A可以用B的公钥加密邮件寄出,B收到后用自己的私钥解密出A的原文,这样就保证了邮件的安全,以防非授权者阅读;还能对邮件进行数字签名,从而使收信人确信邮件是由你发出的。PGP可独立提供数据加密、数字签名,密钥管理等功能,适用于电子邮件内容的加密和文件内容的加密;也可作为安全工具嵌入应用系统之中。目前使用PGP进行电子信息加密已经是事实上的应用标准,IETF在安全领域有一个专门的工作组负责进行PGP的标准化工作。许多大的公司、机构,包括很多安全部门在内,都拥有自己的PGP密码。

12.4.2 防垃圾邮件

2003年2月26日,中国互联网协会颁布的《中国互联网协会反垃圾邮件规范》中的第三条明确指出,包括下述属性的电子邮件称为垃圾邮件:①收件人事先没有提出要求或者同意接收的广告、电子刊物、各种形式的宣传品等宣传性的电子邮件;②收件人无法拒收的电子邮件;③隐藏发件人身份、地址、标题等信息的电子邮件;④含有虚假的信息源、发件人、路由等信息的电子邮件。

1．垃圾邮件的主要危害

垃圾邮件是仅次于病毒的互联网公害,但由于无法可依或者说有不完善的法律可依,再加上其本身的复杂性,已成为各国电子邮件用户一个很头疼的事情。垃圾邮件的危害性主要表现在以下几个方面。

(1) 占用大量网络带宽,浪费存储空间,造成邮件服务器拥堵,降低网络性能,严重影响正常的邮件服务。

(2) 垃圾信息导致电子邮件使用率降低。最新统计显示,超过60%的人由于垃圾信息的泛滥而减少了电子邮件的使用次数。

(3) 垃圾邮件以其数量多、反复性、强制性、欺骗性、不健康性和传播速度快等特点,严重干扰用户的正常生活,侵犯收件人的隐私权和信箱空间,并耗费收件人的时间、精力和金钱。而且有些垃圾邮件还盗用他人的电子邮件地址作为发信地址,这也严重损害了他人/企业的信誉。

(4) 垃圾邮件成为病毒、木马程序的载体,影响计算机的正常使用。

(5) 被黑客利用,采用邮件炸弹的手段对网络进行攻击。

(6) 垃圾邮件的内容大多是各种广告及非法言论,妖言惑众,骗人钱财,传播色情、反动等内容的垃圾邮件,已对现实社会造成严重危害。

2．预防垃圾邮件的方法

(1) 不轻易留下电子邮件地址。可以通过拥有两个电子邮箱地址,一个是私人邮箱地址,不要将该邮箱地址到处传播;另一个是公共邮箱地址,用于一些公共论坛、聊天室注册等。如果私人邮箱地址被垃圾邮件制造者知道,建议再申请一个新邮箱。

(2) 不要回应垃圾邮件。

(3) 不要单击来自可疑网站的订阅链接。

(4) 使用电子邮件的过滤功能。大多数电子邮件应用程序都有过滤功能,能够封锁指定地址的邮件。

12.5 项目实训 常用应用安全技术

随着互联网的发展和普及,人们的工作和生活越来越离不开网络。但是,目前的网络应用环境隐藏着各种威胁,如网上钓鱼、垃圾邮件、账户密码被窃取/盗用、个人隐私数据被窃取等,这使得人们越来越重视网络应用的安全性。本项目主要介绍几个常用网络应用的安全常识和配置方法,以提高大家安全使用网络应用的意识和操作技能。

12.5.1 任务1:XSS跨站攻击技术

1．任务导入

XSS又称CSS(cross site scrip),即跨站脚本攻击,它是指恶意攻击者利用网页开发时留下的漏洞,将恶意代码插入Web页面里,当用户浏览该页面时,嵌入Web里面的恶意代码会被加载并执行,从而达到攻击者的恶意攻击目的,XSS属于被动式的攻击。攻击者可以使客户端浏览器中执行其预定义的恶意代码,编写这些恶意代码的语言通常是

JavaScript，但实际上也可以包括 VBScript、Java、ActiveX、Flash 等。攻击成功后，攻击者可能得到包括但不限于更高的权限（如执行一些操作）、私密网页内容、会话和 cookie 等各种内容，其导致的危害有劫持用户会话、插入恶意内容、重定向用户、使用恶意软件劫持用户浏览器、繁殖 XSS 蠕虫、甚至破坏网站、修改路由器配置信息等。

XSS 跨站攻击的基本原理是：HTML 是一种超文本标记语言，通过一些特殊字符来区别文本和标记。例如，小于号字符"<"被看作是 HTML 标签的开始，如< title >与</title >之间的字符是页面的标题等。当动态页面中插入的内容含有这些特殊字符（如"<"）时，浏览器会将其误认为是插入了 HTML 标签，当这些 HTML 标签引入一段 JavaScript 脚本时，这些脚本代码将会在客户端浏览器中执行。所以，当这些特殊字符不能被动态页面检查或检查出现失误时，就将会产生 XSS 漏洞。攻击者就是利用这种漏洞来实现 XSS 跨站攻击。

本任务通过一个简单的 XSS 跨站攻击示例，使大家理解 XSS 跨站攻击技术的原理，以提高在使用 Web 服务时的安全防范意识。

2．任务目的

（1）理解 XSS 跨站攻击技术的基本原理。

（2）掌握简单 XSS 跨站攻击技术。

（3）了解 XSS 跨站攻击的触发条件。

3．实训环境

一台安装 Windows XP 以上版本的操作系统的计算机。

4．任务实施

1）XSS 跨站攻击的基本原理

（1）建立一个简单的 HTML 网页文件。建立一个名为 test_xss.html 的网页文件，内容如下：

```
<HTML>
  <HEAD>
    <TITLE>XSS 示例</TITLE>
  </HEAD>
  <BODY>
    <P>大家好!这是 XSS 示例!</p>
    <A HREF="HTTP://WWW.BAIDU.COM">百度</A>
  </BODY>
</HTML>
```

在浏览器中打开 test_xss.html 的网页文件，显示效果如图 12-4 所示。

（2）修改 test_xss.html 的网页文件，内容如下：

```
<HTML>
  <HEAD>
    <TITLE>XSS 示例</TITLE>
  </HEAD>
  <BODY>
    <P>大家好!这是 XSS 示例!</p>
    <A HREF=""><SCRIPT>alert('XSS 攻击示例');</SCRIPT><"">百度</A>
  </BODY>
</HTML>
```

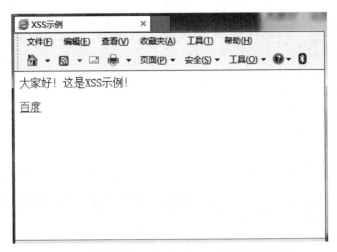

图 12-4　浏览器中 test_xss.html 文件的显示效果

在浏览器中打开修改后的 test_xss.html 的网页文件,显示效果如图 12-5 所示。

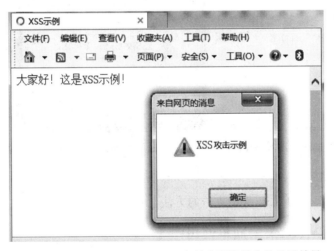

图 12-5　修改后的 test_xss.html 文件在浏览器中的显示效果

2) XSS 跨站脚本的触发条件

根据修改后的 test_xss.html 网页文件内容及其显示效果,分析 XSS 跨站脚本的触发条件。

(1) 完整的脚本标记。如在某个表单提交内容时,可以构造特殊的值闭合标记来构造完整无错的脚本标记,提交的内容类似 test_xss.html 网页文件中修改的内容:"><SCRIPT>alert('xss 攻击示例');</SCRIPT><"。

(2) 触发事件。触发事件是指只有达到某个条件才会引发的事件。如<img>标记有一个可以利用的 onerror() 事件,当 img 标记含有 onerror() 事件并且图片没有正常输出时便会触发该事件,该事件中可以加入任意的脚本代码。例如,再次修改 test_xss.html 的网页文件,内容如下:

```
<HTML>
 <HEAD>
  <TITLE>XSS 示例</TITLE>
 </HEAD>
 <BODY>
  <P>大家好!这是 XSS 示例!</p>
  <IMG SRC="HTTP://X.X.X" ONERROR=alert('XSS 攻击示例—事件触发')>
 </BODY>
</HTML>
```

在浏览器中打开再次修改后的 test_xss.html 的网页文件,显示效果如图 12-6 所示。

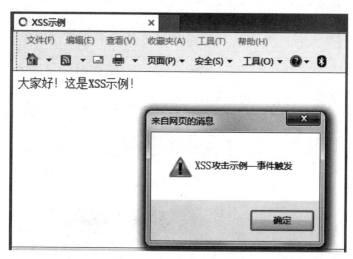

图 12-6　再次修改后的 test_xss.html 文件在浏览器中的显示效果

5. 任务拓展

通过互联网了解防御 XSS 跨站攻击的方法。

12.5.2　任务 2：WinHex 的简单使用

1. 任务导入

WinHex 是一款以通用的 16 进制编辑器为核心的强大工具软件,集成了磁盘编辑器、Hex 转换器和 RAM 编辑工具,能帮助实现计算机调查取证、文件及磁盘数据恢复、磁盘底层数据处理、密码分析、软件注册等信息安全功能,可用于检查和编辑各种文件、从磁盘驱动器中恢复已删除文件或丢失数据,支持 USBDisk 和数码相机存储卡,还能够方便的调用系统常用工具,如计算器,记事本,浏览器等。Winhex 使用简单,功能强大,可以方便程序调试、文本编辑、科学计算和系统管理。WinHex 软件的主要功能包括：磁盘编辑器,可分析硬盘、软盘、CD-ROM、DVD、USBdisk、存储卡等；支持 FAT、NTFS、CDFS、UDF 等；支持 RAID 系统和动态磁盘组；具有多种数据恢复技术；RAM 编辑器,能提供编辑物理 RAM 和其他进程的虚拟内存的方法；灵活地查找及替换功能,可实现文本、十六进制数据等形式的查找；磁盘克隆；对安全性 256 位的 AES 加密、检验、CRC32、哈希算法等方法提供支持；具有安全擦除个人隐私文件功能,可实现全盘数据清理等。

本任务通过学习 WinHex 软件的几项基本功能,如编辑、加密文件等,使大家能够初步了解该软件的功能及使用方法。

2. 任务目的

(1) 了解 WinHex 软件的功能。

(2) 掌握 WinHex 软件的简单使用方法。

3. 实训环境

一台安装 Windows XP 以上版本操作系统的计算机。

4. 任务实施

1) 建立一个文本文件

在桌面建立一个文本文件,文件名为 test.txt,内容为"大家好! Winhex 实训练习"。

2) 安装 WinHex 软件

通过网络下载 WinHex 15.9 软件压缩包,解压并运行 WinHex.exe,将打开如图 12-7 所示的对话框;一定要选择 Computer forensics interface 复选框,否则部分功能不能使用;单击 OK 按钮,将打开 WinHex 主界面,如图 12-8 所示;其中 Case Data 区域,用于进行磁盘数据分析和文件恢复。

图 12-7　选择 Computer forensics interface 复选框

3) 编辑文件

(1) 设置编辑模式。在图 12-8 中,依次选择 Options→Edit Mode,打开 Select Mode 对话框,如图 12-9 所示;选择 Default Edit Mode (=editable),单击 OK 按钮。

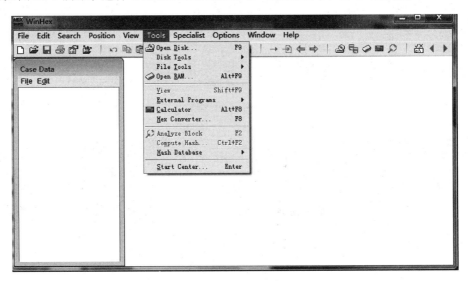

图 12-8　WinHex 主界面

(2) 打开文件。在图 12-9 中,依次选择 File→Open,选择并打开文件 test.txt,如图 12-10 所示。

(3) 修改文件内容。修改第 8～10 三个字节,如图 12-11 所示,单击"保存"按钮,保存修改后的文件。用记事本打开 test.txt 文件,内容变为"大家好! ABChex 实训练习"。

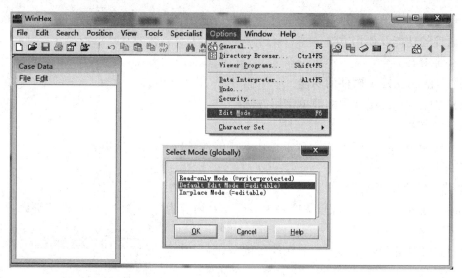

图 12-9　Select Mode 对话框

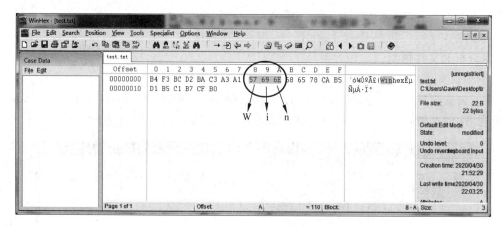

图 12-10　打开文件

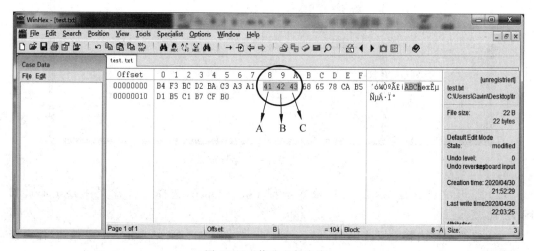

图 12-11　修改文件内容

4)加密文件

依次选择 Edit→Modify Data,打开 Modify Block Data 对话框,如图 12-12 所示;选择 XOR,输入 20,单击 OK 按钮,即可实现对文件内容进行加密变换;保存文件。通过记事本打开加密后的文件,会发现文件内容由加密前的"大家好!ABChex 实训练习",变为加密后的"斢溶氥儶 abcHEX 陼驳釦餡"。解密时执行同样的操作即可还原文件内容。

5. 任务拓展

(1) 通过互联网了解更多 WinHex 软件的功能,并在实际中尝试应用。

(2) X-Ways Forensics 与 WinHex 出于同一公司,该软件包含 WinHex 的所有功能,且具有更强大的数据分析、取证能力,请通过网络了解其功能,尝试安装并练习使用其常用功能。

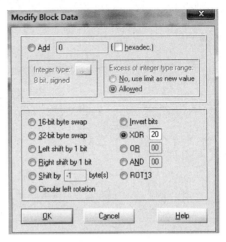

图 12-12　Modify Block Data 对话框

本章小结

1. 由于 Web 技术可以对本地硬盘进行操作,因此浏览器可能给用户计算机带来安全问题。Web 应用安全技术常用的有网页防篡改系统、网页内容过滤技术、实时信息过滤等。

2. 网上银行利用互联网通信技术,通过互联网向客户提供金融信息发布和金融交易服务。网上银行也面临和存在着安全问题,其安全防范措施主要包括技术保障、法律与规范两个方面。

3. 电子商务的安全要求主要包括保密性、完整性、身份认证、不可否认性四个方面。实现电子商务安全的关键是要保证商务活动过程中系统的安全性,主要采用数据加密和身份认证等技术。

4. 基于开放的互联网的电子邮件同样面临信息泄露、信息欺骗、病毒侵扰、垃圾邮件等诸多安全问题的困扰。保护邮件安全最常用的方法就是加密,要学会识别和预防垃圾邮件。

本章习题

1. 简述 Web 相关技术及安全分析。
2. 简述网上银行面临和存在的安全问题。
3. 电子商务的安全要求主要包括哪几个方面?
4. 简述垃圾邮件的危害性。

第三篇 安防网络综合应用

第13章

IP 数字监控系统中的网络技术

学习目标

(1) 熟悉 IP 数字监控网络中常用的接入方式及相关技术;
(2) 理解组播技术的工作原理;
(3) 了解组播相关协议及应用;
(4) 了解 IP 数字监控网络的流量模型及组网方案。

IP 数字监控系统以 IP 网络为承载,监控应用的成功部署和成熟高效的 IP 网络技术息息相关,其中网络接入技术、VLAN 技术、路由技术、NAT 技术以及组播技术对监控业务的影响尤为重要。

基于成熟 IP 网络的 IP 数字监控系统,相对于传统监控系统,其规模更大、范围更广、扩展性更好。一个完整的监控网络在设计时,需要考虑接入带宽的大小、流量的突发情况、接入方式的多样性以及承载网络的稳定性;同样的在某些特定的网络场景时,则需要考虑网络在远距离传输时的影响,以及网络安全的因素等。监控网络在网络技术的应用上也有其特点,如采用组播技术降低视频监控流量压力、采用 EPON 方式接入前端设备增加带宽和增强安全、采用 POE 方式对 IPC 设备供电来增加接入方式的多样性。

IP 数字监控系统所需要的网络基础知识及技术大部分都已在"第一篇 计算机网络技术基础"中作了详细介绍。本章将以 Unview(宇视)公司的视频监控设备为例,主要介绍网络接入和组播等网络技术,以及监控网络的流量模型和组网方案等内容。

13.1 接入技术

网络的互联互通是实现 IP 监控的基础。监控网络的互联主要指前端设备(也称为终端设备)、中心管理平台以及存储设备的网络接入,前端设备主要包括编解码器以及 IPC,中心平台包含视频管理平台、视频管理客户端、数据管理平台和媒体交换服务器。

视频监控前端设备有多种接入方式，传统模式的模拟视频监控系统受制于模拟信号的传输方式，大多以同轴电缆或光纤的方式传输。IP 数字视频监控系统支持丰富多样的接入方式，如图 13-1 所示。

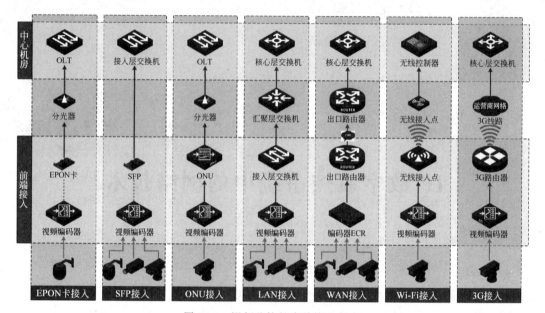

图 13-1　视频监控的多种接入方式

（1）常见的有 LAN 接入方式，使用普通网线，传输距离在 100m 以内，若支持长距以太网 LRE（long trans ethernet，长距以太网）技术，最长可支持 300m 距离传输。

（2）园区里使用光纤接入或 EPON（ethernet passive optical network，以太网无源光网络）接入的方式较多。光纤传输一般分为单模光纤与多模光纤，多模光纤传输距离不超过 2km，更远的距离要采用单模光纤的方式。EPON 基于以太网的 PON 技术，采用点到多点结构、无源光纤传输，在以太网上提供数据传输业务。它综合了 PON 技术和以太网技术的优点：低成本、高带宽、扩展性强、与现有以太网兼容、方便管理等。EPON 接入有 EPON 子卡及 ONU 两种不同的接入方式，EPON 子卡方式接入安全性更高。

（3）长距离有 WAN 的方式接入，通过运营商线路，使用路由器接入，这种接入方式可以实现超远距离传输，成本较高。若采用 Internet 线路传输数据，则服务质量无法保证。

（4）无线接入方式有 WiFi、3G/4G 接入，采用 WiFi 接入方式较多，线路成本也较低，多应用在部署线缆不方便的地方。

13.1.1　前端单元单链路接入

视频监控系统前端单元主要包括 IPC 和编码器。模拟摄像头采用视频线缆直接和编码器的视频输入端口连接，由于摄像头可能处于各种监控场所，所以编码器以及 IPC 可能有多种网络接入方式，包括 LAN 接入、EPON 接入、ADSL 接入、RRPP 接入、无线接入等方式，其中最常用的是 LAN 接入。

LAN 接入包括电口接入和光口接入两种方式，如图 13-2 所示。在实际监控应用中，可以根据需求以及网络端设备提供的接口类型选择合适的接入方式。

（1）电口接入方式：使用编码器的电口，通过网线上连至交换机的电口。这种方式通用、廉价、随处可得，带宽可以达到10/100Mb/s，但是连接距离较短，通常在100m之内。

（2）光口接入方式：使用编码器的光口，通过光纤上连至交换机的100M光口。这种方式采用SFP接入，抗干扰能力强，带宽可以达到100M，传输距离较远，可以达到80km。

图13-2　前端单元单链路接入之单链路LAN接入

13.1.2　前端单元环网接入

1. RRPP技术概述

RRPP（rapid ring protection protocol，快速环网保护协议）是一个专门应用于以太网环网的链路层拓扑控制协议。它在以太网环完整时能够迅速阻断冗余链路，防止数据环路引起的广播风暴，而当以太网环上一条链路断开时能实现50ms的保护倒换，迅速切换到备份链路，以恢复环网上各个节点之间的通信通路，保护业务快速恢复，收敛时间与环网上节点数无关的显著优势，具备较高的收敛速度，主要应用于园区、公路、楼宇等小规模监控点的场景，如图13-3所示。

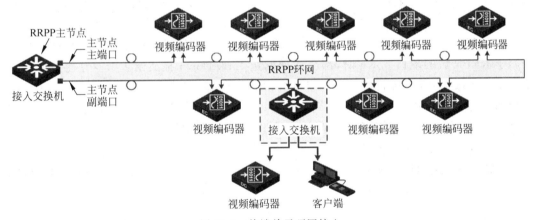

图13-3　前端单元环网接入

城域网和企业网大多采用环网来构建以提供高可靠性，但环上任意一个节点发生故障都会影响业务。环网采用的技术一般是RPR或以太网环。RPR需要专用硬件，因此成本较高。而以太网环技术日趋成熟且成本低廉，城域网和企业网采用以太网环的趋势越来越明显。

目前，解决二层网络环路问题的技术有STP和RRPP。STP应用比较成熟，但收敛时间在秒级。RRPP是专门应用于以太网环的链路层协议，具有比STP更快的收敛速度。并且RRPP的收敛时间与环网上节点数无关，可应用于网络直径较大的网络。

2. RRPP运作机制

Uniview的监控设备对RRPP的支持目前有特定的几款设备，如EC1504HF-E/W。EC1504HF-E/W可以支持电口和光口的方式接入RRPP环网。多个编码器可以和交换机一起组成一个RRPP环，由交换机充当主节点，编码器为传输节点。

进行 RRPP 配置时，首先在交换机上完成 RRPP 域和环 ID、控制 VLAN、主端口、副端口的配置，并将交换机指定为 RRPP 环上的主节点；对于编码器只需要在其 Web 界面的管理配置中，进行 RRPP 的配置，参数需要和交换机所配置的参数保持一致。

RRPP 运作机制如图 13-4 所示，主要有轮询机制和链路 down 告警机制两种。

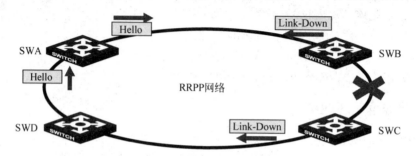

图 13-4　RRPP 运行机制

（1）轮询机制。轮询机制是 RRPP 环的主节点主动检测环网健康状态的机制。主节点周期性地从其主端口发送 Hello 报文，依次经过各传输节点在环上传播。如果环路是健康的，主节点的副端口将在定时器超时前收到 Hello 报文，主节点将保持副端口的阻塞状态。如果环路是断裂的，主节点的副端口在定时器超时前无法收到 Hello 报文，主节点将解除数据 VLAN 在副端口的阻塞状态，同时发送 Common-Flush-FDB 报文通知所有传输节点，使其更新各自的 MAC 表项和 ARP/ND 表项。

（2）链路 down 告警机制。当传输节点、边缘节点或者辅助边缘节点发现自己任何一个属于 RRPP 域的端口 down 时，都会立刻发送 Link-Down 报文给主节点。主节点收到 Link-Down 报文后立刻解除数据 VLAN 在其副端口的阻塞状态，并发送 Common-Flush-FDB 报文通知所有传输节点、边缘节点和辅助边缘节点，使其更新各自的 MAC 表项和 ARP/ND 表项。各节点更新表项后，数据流则切换到正常的链路上。

3. RRPP 典型组网

RRPP 的正常运行依赖于用户正确的配置。通常的组网方式有单环、相切环、相交环、双归属环等，如图 13-5 所示。

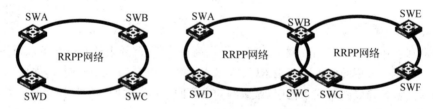

图 13-5　RRPP 的典型组网

RRPP 单环指网络拓扑中只有一个环，此时只需定义一个 RRPP 域和一个 RRPP 环。这种组网的特征是拓扑改变时反应速度快，收敛时间短，能够满足网中只有一个环时的应用。

RRPP 相切环指网络拓扑中有两个及以上的环。但是各个环之间只有一个公共节点。此时要求每个环属于不同的 RRPP 域。网络规模较大，同级网络需要分区域管理时，可以采用这种组网。

13.1.3 长距离以太网 LRE 接入

LRE(long range ethernet,长距离以太网),不同于常见的 xDSL 技术,是一种标准的芯片级以太网技术。运用芯片可以实现与现有以太网设备的无缝升级和对接;通过在发送、接收端同时使用该芯片或有该芯片的设备,LRE 可以将 10M 以太网在超五类线上传输距离扩展到 1300m,100M 扩展到 260m。LRE 长距离以太网转换器的传输距离如表 13-1 所示。

表 13-1 LRE 长距离以太网转换器的传输距离

传输距离	4 对线/100Mbps	4 对线/10Mbps	1 对线/100Mbps	1 对线/10Mbps
五类双绞线	500m	800m	250m	800m

LRE 组网一般采用使用"5 类线+LRE 交换机"方式,不同的以太网线序有不同的传输距离,同时可以配合 PoE 技术接入前端 IPC 设备,在楼宇监控方案中应用较多,如图 13-6 所示;此外还可以采用"电话线+LRE 交换机"方案,有利于运营商在现有电话网络上的应用,节省布线的成本。

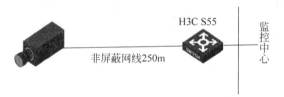

图 13-6 长距离以太网 LRE 接入

13.1.4 前端单元 EPON 接入

1. EPON 技术概述

光纤接入从技术上可分为两大类:有源光网络(active optical network,AON)和无源光网络(passive optical network,PON)。1983 年,BT 实验室首先发明了 PON 技术;PON 是一种纯介质网络,由于消除了局端与客户端之间的有源设备,它能避免外部设备的电磁干扰和雷电影响,减少线路和外部设备的故障率,提高系统可靠性,同时可节省维护成本,是电信维护部门长期期待的技术。PON 的业务透明性较好,原则上可适用于任何制式和速率的信号。PON(passive optical network,无源光网络)是关于第一公里(或最后一公里)的光纤传输技术,以太网在高速接入方面的能力非常好,但维持高速的传输距离较短。PON 技术(特别是 EPON 技术),完美地解决了以太网传输距离短的问题,同时能以较少的投入和较高的可靠性来提供千兆级的带宽。

目前基于 PON 的实用技术主要有 APON/BPON、EPON/GEPON、GPON 等几种,其主要差异在于采用了不同的二层技术。

为更好适应 IP 业务,第一公里以太网联盟(EFMA)在 2001 年初提出了在二层用以太网取代 ATM 的 EPON 技术,IEEE 802.3ah 工作小组对其进行了标准化,EPON 可以支持 1.25Gbps 对称速率,随着光器件的进一步成熟,将来速率还能升级到 10Gbps。由于其将以太网技术与 PON 技术完美结合,因此成为非常适合 IP 业务的宽带接入技术。对于 Gbps

速率的 EPON 系统也常被称为 GEPON。100M 的 EPON 与 1G 的 EPON 的不同在速率上的差异，在其中所包含的原理和技术，是一致的，目前业界主要推广的是 GEPON，百兆位的 EPON 也有不多的一些应用。在后面提到的 EPON，如果没有特别说明，都是指千兆位的 GEPON。

EPON 基于以太网技术，协议简单而高效，是几种最佳的技术和网络结构的结合。EPON 采用点到多点结构，无源光纤传输方式，在以太网上提供多种业务。目前，IP/Ethernet 应用占到整个局域网通信的 95% 以上，EPON 由于在使用上经济而高效的结构，从而成为连接接入网最终用户的一种最有效的通信方法。10Gbps 以太网主干和城域环网的出现也将使 EPON 成为未来全光网中最佳的最后一公里的解决方案。

在一个 EPON 中，不需任何复杂的协议，光信号就能准确地传送到最终用户，来自最终用户的数据也能被集中传送到中心网络。在物理层，EPON 使用 1000BASE 的以太 PHY，同时在 PON 的传输机制上，通过新增加的 MAC 控制命令来控制和优化各光网络单元(ONU)与光线路终端(OLT)之间突发性数据通信和实时的 TDM 通信，在协议的第二层，EPON 采用成熟的全双工以太技术，使用 TDM，由于 ONU 在自己的时隙内发送数据报，因此没有碰撞，不需 CSMA/CD，从而充分利用带宽。另外，EPON 通过在 MAC 层中实现 802.1p 来提供与 APON/GPON 类似的 QoS。

2. EPON 系统组成

EPON(ethernet passive optical network)以太网无源光网络，通过单纤双向传输方式，实现视频、语音和数据等业务的综合接入，为解决接入技术中的"最后一公里问题"而生。

一个典型的 EPON 系统主要由 OLT、ONU、POS 组成，如图 13-7 所示。OLT(optical line terminal，光线路终端)位于中心机房，ONU(optical network unit，光网络单元)位于用户设备端附近或与其合为一体。POS(passive optical splitter，无源分光器)是无源光纤分支器，是一个连接 OLT 和 ONU 的无源设备，它的功能是分发下行数据，并集中上行数据。EPON 中使用单芯光纤，在一根芯上转送上下行两个波(上行波长：1310nm，下行波长：1490nm，另外还可以在这个芯上下行叠加 1550nm 的波长，来传递模拟电视信号)。

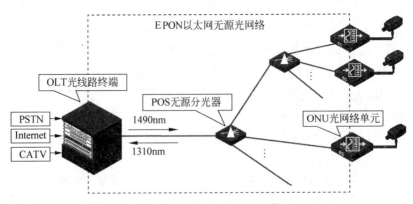

图 13-7　长距离以太网 LRE 接入

中心端设备 OLT 既是一个交换机或路由器，又是一个多业务提供平台，它提供面向无源光纤网络的光纤接口(PON 接口)。OLT 与多个接入端设备 ONU(optical network unit，光网络单元)通过 POS(passive optical splitter，无源分光器)连接，POS 是一个简单设备，它不需要电源,可以置于相对宽松的环境中,一般一个 POS 的分光比为 2、4、8、16、32,并可以多级连接。在 EPON 中系统,OLT 到 ONU 间的距离最大可达 20km。EPON 采用 WDM(波分复用技术,属多路复用的一种)技术和 TDM(时分复用技术),上下行采用不同的波长传输数据,上行波长为 1310nm,下行波长为 1490nm。

3. EPON 技术的优势

EPON 适合于监控组网中的编码器、IPC 远距离接入。EPON 技术的主要优点如下。

(1) 节省大量光纤和光收发器,较传统光纤接入方案成本低。

(2) 大量使用无源设备,可靠性高,显著降低维护费用。

(3) 网络扁平化,结构简单更利于运营商对网络的管理。

(4) 最高 20km 的接入距离,使运营商局端部署更加灵活。

(5) 组网模型不受限制,可以灵活组建树型、星型拓扑网络。

(6) 提供非常高的带宽。EPON 目前可以提供上下行对称的 1Gbps 的带宽,并且随着以太网技术的发展可以升级到 10Gbps。

(7) 应用广泛,不仅仅是运营商宽带接入,也可作为广电视频的传输网络,视频监控的图像传输网络。现阶段十分适合我国 FTTB 网络的建设以及广电的 HFC 双向改造,以及运营商的大客户宽带接入。

4. EPON 接入方式

EPON 接入方式是编码器、IPC 外插一个 ONU 子卡,与分光器的分支光纤相连,或通过以太网口上行接 ONU 设备来接入 EPON 网络。

采用 ONU 子卡的方式,OLT 设备绑定了 ONU 子卡的 MAC 地址,如更换其他设备,则 MAC 地址与绑定的不一致将无法接入。采用 ONU 设备的方式,OLT 设备绑定的是 ONU 设备的 MAC 地址,而 ONU 设备可以接入多台计算机,所以 ONU 子卡的方式安全性更好。

13.1.5　前端单元其他接入方式

1. ADSL 接入方式

ADSL 接入方式如图 13-8 所示。ADSL 适合偏远地区或者对图像质量要求不高的场合。ADSL 上行带宽通常为 512K,下行带宽为 1M/2M,距离可以达到 1~5km。采用 ADSL 接入方式时,可以直接进行 ADSL 拨号接入网络,也可以通过网线上联至接前端的 ADSL 接入设备(如路由器)的电口,前端接入设备再外接 ADSL Modem。目前这种接入方式市场上较为少见。

图 13-8　ADSL 接入方式

2. WLAN

WLAN 接入方式如图 13-9 所示。WLAN(无线局域网)方式应用于不方便布线,且传输路径中无遮挡物的场所。目前,WLAN 带宽可以达到 540M,使用 AP 时距离可以达到五六百米,使用无线网桥时可以达到二三十千米。采用 WLAN 方式接入时,编码器需要使用电口,通过网线上联至无线网桥的电口,无线网桥再以无线的方式连接对端的无线网桥,对端的无线网桥通过电口连接至接入交换机,从而接入IP网络。

图 13-9　WLAN 接入方式

3. 3G

3G 接入方式如图 13-10 所示。在某些特殊的场合还可以通过 3G 链路承载监控业务,通过 3G 方式可以大大扩宽无线监控的距离,不受 AP 覆盖范围影响。但是 3G 方式上行带宽有限且信号覆盖有限,通常只能满足一路视频图像传输的需求。

图 13-10　3G 接入方式

13.1.6　POE 供电模式

1. POE 技术概述

在传统的网络建设中,所有的终端设备都采用电力网络直接供电,成本高昂线缆的部署安装变得复杂,桌面脏乱;为了解决这种状况,POE 技术应运而生。

POE(power over ethernet,以太网供电)也被称为基于局域网的供电系统(power over LAN,PoL)或有源以太网(Active Ethernet),它是在现有的以太网 Cat.5 布线基础架构不作任何改动的情况下,在为一些基于 IP 的终端(如 IP 电话机、无线局域网接入点 AP、网络摄像机等)传输数据信号的同时,还能为此类设备提供直流供电的技术,即通过以太网电口,利用双绞线对外接 PD(powered device,受电设备)进行远程供电。POE 技术能在确保现有结构化布线安全的同时保证现有网络的正常运作,最大限度地降低成本。

目前 POE 供电模式有两个通用标准:IEEE 802.3af 和 IEEE 802.3at,两者对比见表 13-2。

表 13-2　IEEE 802.3af 和 IEEE 802.3at 标准对比

项　目	802.3af(POE)	802.3at(POE＋)
最大电流	350mA	600mA
PSE 输出电压	44～57V DC	50～57V DC
PSE 输出功率	≤15.4W	≤30W
PD 输入电压	36～57V DC	42.5～57V DC
PD 最大功率	12.95W	25.5W

IEEE 802.3af 标准是基于以太网供电系统 POE 的新标准,它在 IEEE 802.3 的基础上

增加了通过以太网双绞线供电的相关标准,是现有以太网标准的扩展,也是第一个关于电源分配的国际标准。802.3af 标准的最大供电功率为不超过 15.4W。

IEEE 802.3at(POE Plus)应大功率供电终端的需求而诞生,在兼容 802.3af 的基础上,提供更大的供电功率,满足新的需求。802.3at 标准的最大供电功率为不超过 30W。

图 13-11 是一个早期的 POE 供电示意图,POE 早期只有空闲对供电模式;目前,POE 可以采用空闲对供电和数据对供电两种模式。

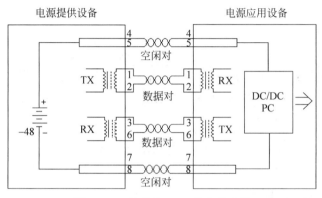

图 13-11　早期的 POE 供电示意图

2. POE 在监控组网中的作用

在监控系统组网工程中,对供电接线的要求主要有以下几个方面。

(1) 供电可靠性。供电可靠性是指供电系统不间断供电的可靠程度。应根据负荷等级来保证其不同的可靠性。在设计时,不考虑双重事故。

(2) 操作方便、运行安全灵活。供电系统的接线应保证在正常运行和发生事故时操作和检修方便、运行维护安全可靠。为此,应简化接线,减少供电层次和操作程序。

(3) 经济合理。接线方式在满足生产要求和保证供电质量的前提下应力求简单,以减少投资和运行费用,并应提高供电安全性。

(4) 具有发展的可能性。接线方式应保证便于将来发展,同时能适应分期建设的需要。

POE 技术解决了需要布放电源线问题,网络终端不需外接电源,只使用一根网线完成数据、电源一线传输。采用 POE 模式供电,电源集中供电,备份方便,连接简捷,节约建设成本,减少故障点。它的应用前景广泛,可以用于 IP 电话、无线 AP、便携设备充电器、刷卡机、网络摄像头、数据采集等。

13.1.7　接入方式选择

1. 解码器和视频管理客户端接入

当解码器和视频管理客户端通过单播接收实时视频图像时,只需要将解码器和视频管理客户端连接至交换机,同时保证视频码流带宽满足要求。

当解码器和视频管理客户端需要组播接收实时视频图像时,监控网络中的交换机必须支持组播功能。三层交换机需要支持 IGMP、PIM-SM 协议,二层交换机需要支持 IGMP Snooping 以及未知组播丢弃,防止组播报文在二层广播发送。

2. IP SAN 接入

IP SAN 通常使用单千兆链路或双千兆链路聚合方式与网络相连,以满足实时存储和点播对高带宽的需求。

3. 数据管理服务器和媒体服务器接入

数据管理服务器负责存储流的转发,而媒体服务器负责实时流的转发,对带宽要求较高,需要通过千兆网口接入网络。

4. 视频管理服务器接入

由于视频管理服务器只负责设备的管理,而不进行媒体流的转发,所以视频管理服务器对带宽的要求较低,可以采用 10/100M 以太网口接入。

设备接入的带宽选择是根据服务器转发流量的大小来判断接入所需要的带宽,一般而言,服务器参与视频流的转发、存储,均需要千兆网口接入。

13.2 组播技术

13.2.1 组播技术工作原理

作为一种与单播和广播并列的通信方式,组播技术能够有效地解决单点发送、多点接收的问题,从而实现了网络中点到多点的高效数据传送,能够节约大量网络带宽、降低网络负载。利用组播技术可以方便地提供一些新的增值业务,包括在线直播、网络电视、远程教育、远程医疗、网络电台、实时视频会议等对带宽和数据交互的实时性要求较高的信息服务。

单播可以通过建立多个点对点的连接来达到点对多点的传输效果。如果编码器需要将一路视频图像发送给多个视频管理客户端和解码器,则编码器需要将视频图像编码压缩,并为每一个接收者封装一份 IP 报文并发送,IP 报文的目的 IP 地址为各个接收者。当接收者数量较多时,编码器会成为视频监控系统性能的瓶颈,同时还在网络中造成大量流量,增加网络负载。

广播属于点对所有点的通信。如果采用广播方式发送视频图像,编码器只需要发送一份 IP 报文,由于报文目的 IP 地址为广播地址,所以网络中的接收者都可以收到视频图像,与此同时,一些不需要接收视频图像的设备也会收到该视频。广播报文过多会造成网络带宽的浪费甚至会影响中心平台的运行。

组播介于单播和广播之间,当编码器采用组播方式发送视频图像时,只需要发送一份 IP 报文,报文在网络中传送时,只有在需要复制分发的地方才会被复制,每一个网段只会保留一份报文,而只有加入组播组的接收者才会收到报文,这样可以减轻编码器的负担,同时节省网络带宽。

组播的实现机制较单播复杂,要实现组播,首先需要解决如下几个问题。

(1) 组播的接收者是数目不定的一组接收者,无法像单播一样使用主机 IP 地址来进行标识,所以首先要解决如何在网络中标识一组接收者。

(2) 如果实现了对组的标识,还需要解决接收者如何加入和离开这个组,路由设备又如何维护组成员信息。

(3) 组播接收者可能分散在网络中的任何角落,那么组播源和组播接收者之间的转发路径基于什么模型？组播数据如何在路径上转发？组播数据转发路径如何建立和维护？

上述技术需求通过组播架构中的一些重要机制来实现,包括：组播地址、组播组管理协议、组播分发树模型、组播转发机制和组播路由协议。

13.2.2 组播地址和端口

1. 组播地址

组播可以实现将报文发送给一组接收者,这是因为组播报文的目的 IP 地址使用了一种特殊的 IP 地址—组播 IP 地址。IANA(internet assigned numbers authority,互联网编号分配委员会)将 IPv4 地址中的 D 类地址空间分配给组播使用,范围从 224.0.0.0 到 239.255.255.255,IP 组播地址前四位均为 1110。

(1) 224.0.0.0～224.0.0.255 段为预留的组播地址(永久组地址),除 224.0.0.0 保留不做分配外,其他地址供路由协议、拓扑查找和协议维护等用网络协议使用。例如,224.0.0.1 所有主机的地址(包括所有路由器地址),224.0.0.2 所有组播路由器的地址全多播路由器组,224.0.0.4 所有 DVMRP 路由器的地址,224.0.0.5 所有 OSPF 路由器的地址,224.0.0.13 所有 PIM 路由器的地址。在这一范围的多播包不会被转发出本地网络,也不会考虑多播包的 TTL 值。

(2) 224.0.1.0～224.0.1.255 段为公用组播地址,可以用于 Internet。

(3) 224.0.2.0～238.255.255.255 段为用户组地址,可以在编码器通道上配置,全网范围内有效。包含两种特定的组地址：232.0.0.0/8 段为 SSM 组地址,233.0.0.0/8 段为 GLOP 组地址。

(4) 239.0.0.0～239.255.255.255 段为本地管理组地址,仅在本地管理域内有效。使用本地管理组地址可以灵活定义组播域的范围,以实现不同组播域之间的地址隔离,从而有助于在不同组播域内重复使用相同组播地址而不会引起冲突。

在以太网中,单播 IP 报文转发时,需要将 IP 地址映射为一一对应的 MAC 地址,再通过 MAC 地址查找报文的出接口,从而实现 IP 报文的转发。在组播转发中,组播 IP 地址也需要对应组播 MAC 地址,实现组播报文的二层转发。

IANA 规定,组播 MAC 地址的高 24 位为 0x01005E,第 25 位为 0x0,低 23 位为组播 IP 地址的低 23 位,如图 4-16 所示。由于 IP 组播地址的高 4 位是 1110,代表组播报文,而低 28 位中只有 23 位被映射到 IP 组播 MAC 地址,这样 IP 组播地址中就有 5 位信息丢失。这样就有 32 个 IP 组播地址映射到了同一个 IP 组播 MAC 地址上,因此在二层处理过程中,设备可能要接收一些本 IP 组播组以外的组播数据,而这些多余的组播数据就需要设备的上层进行过滤了。

2. 组播端口

IMOS(IP multimedia operation system-IP 多媒体操作系统)平台对组播端口范围进行了限制范围为 10002 与 32766 之间的偶数端口号。此外需要注意的是地址协议分配组播 IP 与组播 MAC 时有一个 32:1 的映射关系,因此组播地址的后两位尽量有所区分从而减轻上层设备区别组播 IP 时的性能压力。

13.2.3 组播协议

组播协议分为三层组播协议和二层组播协议,而三层组播协议又可以分为接收主机和网关路由器之间运行的组播组管理协议以及路由器和路由器之间运行的组播路由协议两种类型。

（1）组播组管理协议：在主机和与其直接相连的三层组播设备之间通常采用组播组管理协议 IGMP(internet group management protocol，因特网组管理协议)，该协议规定了主机与三层组播设备之间建立和维护组播组成员关系的机制。

（2）组播路由协议：运行在三层组播设备之间，用于建立和维护组播路由，并正确、高效地转发组播数据包。组播路由建立了从一个数据源端到多个接收端的无环(loop-free)数据传输路径，即组播分发树。组播路由协议中 PIM(protocol independent multicast，协议无关组播)协议最为常用，包括 PIM SM、PIM DM、PIM SSM 三种模式。

（3）二层组播协议：通常使用 IGMP snooping(internet group management protocol snooping，因特网组管理协议侦听)。IGMP snooping 是运行在二层设备上的组播约束机制，通过侦听和分析主机与三层组播设备之间交互的 IGMP 报文来管理和控制组播组，从而可以有效抑制组播数据在二层网络中的洪泛。

13.2.4 组播的典型应用

组播应用大致可以分为以下三类。

1. 点对多点应用

点对多点应用是指一个发送者，多个接收者的应用形式，这是最常见的组播应用形式。典型的应用如下。

（1）媒体广播：如演讲、演示、会议等按日程进行的事件。其传统媒体分发手段通常采用电视和广播。这一类应用通常需要一个或多个恒定速率的数据流，当采用多个数据流(如语音和视频)时，往往它们之间需要同步，并且相互之间有不同的优先级。它们往往要求较高的带宽、较小的延时抖动，但是对绝对延时的要求不是很高。

（2）状态监视：如股票价格、传感设备、安全系统、生产信息或其他实时信息。这类带宽要求根据采样周期和精度有所不同，可能会有恒定速率带宽或突发带宽要求，通常对带宽和延时的要求一般。

（3）视频监控：如摄像机的实况画面，当多个人同时观看同一路摄像机图像。它们对带宽要求比较高，较小的延时抖动。

2. 多点对点应用

多点对点应用是指多个发送者，一个接收者的应用形式。通常是双向请求响应应用，任何一端(多点或点)都有可能发起请求。典型应用如下。

（1）资源查找：如服务定位，它要求的带宽较低，对时延的要求一般。

（2）数据收集：它是点对多点应用中状态监视应用的反向过程。它可能由多个传感设备把数据发回给一个数据收集主机。带宽要求根据采样周期和精度有所不同，可能会有恒定速率带宽或突发带宽要求，通常这类应用对带宽和延时的要求一般。

3. 多点对多点应用

多点对多点应用是指多个发送者和多个接收者的应用形式。通常，每个接收者可以接收多个发送者发送的数据，同时，每个发送者可以把数据发送给多个接收者。典型应用如下。

（1）多点会议：通常音/视频和白板应用构成多点会议应用。在多点会议中，不同的数据流拥有不同的优先级。传统的多点会议采用专门的多点控制单元来协调和分配它们，采用组播可以直接由任何一个发送者向所有接收者发送，多点控制单元用来控制当前发言权。这类应用对带宽和延时要求都比较高。

（2）多人游戏：一种带讨论组能力的简单分布式交互模拟。它对带宽和时延的要求都比较高。

13.3 监控网络的流量模型

根据监控组网的规模的不同，我们把它分为小型监控网络，中型监控网络和大型监控网络三种类型。本节将以小型监控网络为例，介绍安防监控网络的流量模型。

1. 小型监控网络组网的监控设备

小型监控组网主要涉及的监控设备有：IPC(IP camera，网络摄像机)、NVR(network video recorder，网络硬盘录像机)、网络交换机和监控客户端等。

- IPC：将拍摄到的视频信号进行数字化后由高效压缩芯片压缩，通过网络总线传送。
- NVR：通过网络接收 IPC 设备传输的数字视频码流，并进行存储、管理。
- 网络交换机：通过以太网相关技术，负责在 IP 网络中传送相关的数据。
- 监控客户端：实现对网络监控设备的实时监控，让您能够随时随地的观看监控视频。

这些不同功能的设备，只有组合在一起，才能称为监控网络，这时我们才可以查看视频图像，那么怎么将它们组合起来，让监控能正常使用呢？

2. 小型监控网络的组网模型

1）模型一

小型监控网络组网模型一如图 13-12 所示。NVR 产品具有以太网口，可直接连接 IPC。此类型组网是 IPC 和监控客户端与 NVR 相连来完成组网。这是我们监控系统中最小的组网单元。主要应用在超市、别墅、小型门店等。

2）模型二

小型监控网络组网模型二如图 13-13 所示。视频管理存储一体机/NVR、摄像机、监控客户端，通过交换机来完成组网。当监控系统达到一定规模，NVR 不能满足接入要求，所以引入交换机。降低了数据包在网络传输中的碰撞，提升整体网络的效率。

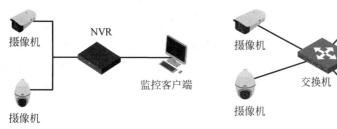

图 13-12　小型监控网络组网模型一

图 13-13　小型监控网络组网模型二

3. 小型监控网络的流量模型

小型监控网络的流量模型如图 13-14 所示。

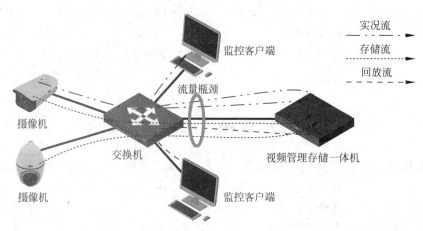

图 13-14　小型监控网络的流量模型

（1）实况流。在客户端侧实况画面时，由摄像机发往客户端或解码器的视频码流。

（2）回放流。在客户端侧点播回放时，由存储设备发往客户端或解码器的视频码流。

（3）存储流。在摄像机配置了存储计划后，由摄像机发往存储设备的视频码流。

实况流和回放流都要经 NVR 后，再由 NVR 发送；而存储流的终点就是 NVR，所以交换机与 NVR 相连的接口流量最大，端口转发性能及单端口吞吐量不足的话，这里就会出现流量瓶颈。同时监控系统建设时，需注意流量模型，以免由于人为原因导致流量瓶颈，从而导致视频监控系统不稳定。流量瓶颈一旦出现，将导致监控网络中很多的问题：视频卡顿、设备掉线、黑屏等。

13.4　IP 数字监控系统中组网方案

IP 视频监控系统的网络流量模型为接入层网络上行数据流量较大，下行数据流量较小；汇聚/核心层到服务器区的下行流量较大。在承载 IP 视频监控系统的网络中，要关注流量汇聚点的带宽，预估好同时发送的视频流及存储流占用带宽的大小，避免由于网络带宽不足造成拥塞，引起监控视频质量差。必要时可采用链路聚合、策略路由等网络技术来确保有充足的带宽传输视频数据。

1. 园区网络拓扑结构设计

一个大规模的网络系统往往被分为几个较小的部分，它们之间既相对独立又互相关联，这种化整为零的做法是分层进行的。通常园区网络拓扑的分层结构包括三个层次，即核心层、分布层和接入层，如图 13-15 所示。核心层负责处理高速数据流，其主要任务是数据包的交换；汇聚层负责聚合路由路径，收敛数据流量；接入层将流量接入网络，执行网络访问控制，并且提供相关边缘服务。

网络分层模型设计要点如下。

图 13-15　网络分层模型

1）核心层

网络核心层的主要工作是交换数据包，核心层的设计应该注意以下两点。

（1）不要在核心层执行网络策略。所谓策略就是一些设备支持的标准或系统管理员定制的规划。例如，一般路由器根据最终目的地的地址发送数据包，但在某些情况下，希望路由器基于源地址、流量类型或其他标准做出主动的决定，这些基于某一标准或由系统管理员配置的规则的主动决定称为基于策略的路由。核心层的任务是交换数据包，应尽量避免增加核心层路由器配置的复杂程度，因为一旦核心层执行策略出错将导致整个网络瘫痪。网络策略的执行一般由接入层设备完成，在某些情况下，策略放在接入层与分布层的边界上执行。

（2）核心层的所有设备应具有充分的可到达性。可到达性是指核心层设备具有足够的路由信息来智能地交换发往网络中任意目的地的数据包。在具体的设计中，当网络很小时，通常核心层只包含一个路由器，该路由器与分布层上所有的路由器相连。如果网络更小的话，核心层路由器可以直接与接入层路由器连接，分层结构中的分布层就被压缩掉了。显然，这样设计的网络易于配置和管理，但是其扩展性不好，容错能力差。

2）汇聚层

汇聚层将大量低速的链接（与接入层设备的链接）通过少量宽带的链接接入核心层，以实现通信量的收敛，提高网络中聚合点的效率。同时减少核心层设备路由路径的数量。汇聚层的主要设计目标包括：隔离拓扑结构的变化、控制路由表的大小、收敛网络流量。实现分布层设计目标的方法有：路径聚合、使核心层与分布层的连接最小化。

3）接入层

接入层的设计目标是将流量馈入网络，为确保将接入层流量接入网络，要做到以下几点。

（1）接入层路由器所接收的链接数不要超出其与分布层之间允许的链接数。

（2）如果不是转发到局域网外主机的流量，就不要通过接入层的设备进行转发。

（3）不要将接入层设备作为两个分布层路由器之间的连接点，即不要将一个接入层路由器同时连接两分布层路由器。

2．常见网络的拓扑选择

网络拓扑结构是指用传输媒体互连各种设备的物理布局，就是用什么方式把网络中的计算机等设备连接起来。拓扑图给出网络服务器、工作站的网络配置和相互间的连接，它的结构主要有星型结构、环型结构、网状结构等。详细介绍见"第 2 章　计算机网络体系结构"。

1）星型拓扑结构

星型拓扑结构便于集中控制，因为端用户之间的通信必须经过中心站。由于这一特点，也带来了易于维护和安全等优点。端用户设备因为故障而停机时也不会影响其他端用户间的通信。同时星型拓扑结构的网络延迟时间较小，系统的可靠性较高。

2）环型拓扑结构

环型拓扑结构在 LAN 中使用较多。这种结构中的传输媒体从一个端用户到另一个端用户，直到将所有的端用户连成环型。数据在环路中沿着一个方向在各个节点间传输，信息从一个节点传到另一个节点。这种结构显而易见消除了端用户通信时对中心系统的依赖性。

3）网状拓扑结构

网状拓扑结构具有较高的可靠性，但其结构复杂，实现起来费用较高，不易管理和维护。根据组网硬件不同，主要有三种网状拓扑：网状网、主干网和星状相连网。

（1）网状网。在一个大的区域内，用无线电通信链路连接一个大型网络时，网状网是最好的拓扑结构。通过路由器与路由器相连，可让网络选择一条最快的路径传送数据。

（2）主干网。通过交换机与路由器把不同的子网或 LAN 连接起来形成单个总线或环型拓扑结构，这种网通常采用光纤做主干线。

（3）星状相连网。利用一些交换机将网络连接起来，由于星状结构的特点，网络中任一处的故障都可容易查找并修复。

在网络中，为了保证整个网络系统的可靠性也会采用核心网状结构（见图 13-16（a））或双星型拓扑结构（见图 13-16（b））。每一对设备直接连接必然使线路投资费用增加。但是这种拓扑结构核心/汇聚层都至少与其他两个节点相连，所以具有较高的可靠性。在客户对 IP 视频监控系统可靠性要求较高时，相应的网络系统应设计为核心网状结构或双星型拓扑结构。

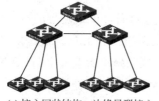
(a) 核心网状结构、边缘星型接入

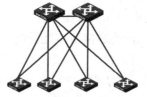
(b) 双星型拓扑结构

图 13-16　核心网状结构或双星型拓扑结构

在承载网络拓扑设计中，要根据 IP 视频监控系统的流量模型进行规划，尤其是媒体分发服务器、存储服务器等大业务流程设备的网络位置，需要评估满业务负荷时，网络中可能存在带宽瓶颈。

本章小结

1. IP 数字视频监控系统支持丰富多样的接入方式：LAN 接入、长距离以太网 LRE 接入、光纤接入或 EPON 接入、WAN 接入、无线接入等。

2. LAN 接入包括电口接入和光口接入两种方式。

3. RRPP（快速环网保护协议）是一个专门应用于以太网环网的链路层拓扑控制协议。

4. 光纤接入从技术上可分为两大类：有源光网络（AON）和无源光网络（PON）。基于 PON 的实用技术主要有 APON/BPON、EPON/GEPON、GPON 等几种。EPON 基于以太网技术，协议简单而高效，成本方面相比 APON、GPON 具有明显的优势。目前从技术上对比 GPON、EPON 各有优缺点，两者在 FTTH 领域各有市场。EPON 适合于监控组网中的编码器、IPC 远距离接入。一个典型的 EPON 系统主要由 OLT、ONU、POS 组成。

5. POE（以太网供电）是通过以太网电口，利用双绞线对外接 PD（受电设备）进行远程供电。它有两个通用标准：IEEE 802.3af 和 IEEE 802.3at。

6. 组播技术能有效地解决单点发送、多点接收的问题，从而实现了网络中点到多点的高效数据传送。IANA 将 IPv4 地址中的 D 类地址空间分配给组播使用。组播相关协议主要有 IGMP、IGMP Snooping、PIM 等。组播应用大致可以分为三类：点对多点应用，多点对点应用和多点对多点应用。

7. 视频监控系统通常会分多级监控中心，在进行多级（如三级）监控中心组播网络规划时，可以部署三级监控中心的三层交换机或路由器充当本地组播组的 C-RP，而一级监控中心的核心交换机或路由器充当 BSR。网络只支持单播时，可以使用媒体服务器进行媒体流组播到单播的转发。

8. 小型监控网络的流量模型包括实况流、回放流、存储流。

9. IP 数字监控系统组网中，网络拓扑的分层结构包括三个层次：核心层、分布层和接入层。网络拓扑结构主要有星型结构、环型结构、网状结构等。根据组网硬件不同，网状拓扑结构主要有三种：网状网、主干网和星状相连网。

本章习题

1. 列举 IP 数字监控系统常用的接入方式。
2. EPON 是什么技术？在监控组网中，EPON 有哪些优势？
3. POE 是什么技术？其通用标准有哪些？
4. 简述组播技术的工作原理，并列举其常用的协议。
5. 简述视频监控系统中组播的设计及其典型应用。
6. IP 数字监控系统组网中，网络拓扑的分层结构包括哪几个层次？

第14章 安防监控网络设计与实现

学习目标
(1) 了解视频监控方案基本需求;
(2) 掌握视频监控系统基本的设计原理;
(3) 能够根据需求设计简单的监控方案并进行组网。

随着经济和信息技术的发展,视频监控在各行业都被广泛应用,如平安城市、企事业园区、连锁商场、写字楼、学校等,在治安监控、安防监控、工业生产等各种应用中发挥的作用越来越大。面对庞大的监控市场、多样化的业务需求、如何利用数以万计的安防产品,设计一个满足用户需求、经济合理的安防视频监控系统是非常重要的。

本章以 Unview(宇视)公司的视频监控设备为例,首先对安防视频监控系统的业务需求进行分析得出了系统设计要素,然后针对几个关键的要素分别进行选型设计介绍,并结合视频监控系统的规模对典型组网进行介绍,最后通过实训介绍安防监控系统的组网方法。

14.1 监控系统业务需求分析

14.1.1 监控系统业务需求总览

监控应用在各行各业、各个领域,有共同的需求;但又由于其自身的特点,决定了各种监控系统多样化的业务需求。

平安工程是城域化、智能化的大规模治安监控,覆盖主要路口、重点单位、公共场所,要求实时的现场视频监控,高清接入;高效可靠的存储策略,录像、图片随时调用、管理及回放;针对公安业务的多种实用功能,通过网闸实现安全的隔离;与 GIS 系统、接处警系统对接集成等。

园区和楼宇安防监控要求出入口、楼道、车间等区域概况的实时监控;与门禁、报警、消防等子系统对接联动;录像可靠存储及调阅等。

商场、连锁店铺监控要求出入口、柜台等重点区域的实时监控;总店对各分店的统一联网监控管理;录像取证等。校园监控要求出入口、公共区域人员动态、考场纪律等的实时监控;远程联网监考;录像调阅等。

公路、轨道交通监控要求对道路交通状况、收费站或站台情况实时监控;告警快速上报或联动;事故录像调阅取证等。

14.1.2 监控系统基本需求分析

1. 监控系统基本需求分析——"看"

"看得更清晰"是视频监控始终不变的追求。看,要求视频实时性好,图像清晰度高。图像效果能达到动态图像清晰流畅、静态图像清晰鲜明。监控质量主要用清晰度衡量,影响监控质量的关键指标是:图像采集清晰度、图像编码分辨率、显示分辨率。

2. 监控系统基本需求分析——"控""管"

控制是多方面的,一方面是对实时图像的切换和控制,要求控制灵活、响应迅速。另一方面是对异常情况的快速告警或联动反应。由于现在摄像机的规模越来越大,存储数据量越来越大,还要求系统操作、管理数据、获取有效信息上的便捷性。

管,即系统的运维管理,包括配置和业务操作、故障维护、信息查找等方面的内容。系统运维管理要求操作简单、自动化程度高,同时兼顾系统信息数据安全。

控制和管理各方面的要求,主要取决于管理平台的性能、功能。若使用终端控制台,如PC 机远程操作、控制,由于解码图像将大量消耗 CPU 资源,则终端控制台的硬件配置高低也会对整体的操作体验有一定的影响。

3. 监控系统基本需求分析——"存""查"

存、查,即视频录像的存储和查询回放。视频的存储要求能够实现对视频数据的可靠存储,在必要的时候,能够实现对录像的可靠备份;视频录像的查询要求能够方便快速地查询到精确的结果;视频录像的回放要求回放录像清晰流畅。

清晰的录像,需要清晰的视频采集源、视频编码分辨率来保障。存储作为事后取证的重要依据,对其可靠性的要求不言而喻,存储可靠性主要取决于存储磁盘、阵列、存储控制器的性能和可靠性。对于大容量的存储,流畅的回放录像还需要提供充足、稳定的传输带宽。

14.1.3 监控系统设计要素

视频监控系统的设计来源于需求,需求是多种多样、千变万化的,但是都可以归纳为五个设计要素,包括前端设计、传输设计、显示设计、控制设计和存储设计。

(1) 前端设计:主要涉及视频采集设备的选型,如摄像机类型、分辨率、接口形式等的选择;编码器分辨率、接口形式、路数的选择。

(2) 传输设计:主要是传输设备的选型、传输方案的设计,如光端机、交换机的选择;传输线缆、传输协议的选择。

(3) 显示设计:主要是视频输出方式的选择、显示设备的选型,如显示设备类型、色彩、大小、分辨率的选择。

(4) 控制设计:主要是对中心管理控制设备的选型。如 DVR、NVR、管理服务器的选择。

(5) 存储设计:主要是对视音频存储方式选择、存储设备的选型,如存储容量、阵列的选择。

14.2 IP监控系统设计

14.2.1 前端设备选型及设计

前端采集设备的选型,一般可以根据实际的使用环境、视野需求、清晰度、业务应用等方面去选择。

(1) 一般环境:可以选择通用型摄像机。高温、严寒等恶劣环境,需要根据现场具体温差范围选择温度适应范围更宽的摄像机,或选择防护罩调温控制、防雨、防雪、防沙尘等。在空旷,尤其是山区地形,需要考虑防雷接地。

(2) 强反光环境:需要选择具有宽动态或背光补偿功能的摄像机;安装在道路上的摄像机,受车辆大灯影响,需要考虑具有强光抑制功能;夜间没有灯的环境下,需要考虑安装红外或白光补光灯,其中红外补光灯需要和日夜型镜头配合使用才能达到比较好的效果。

(3) 需要多角度、全方位监控的场景:如广场、大厅,一般使用球机或云台摄像机配合固定焦距的枪机或筒形机,来满足大视野的需求。固定小场景监控场景,如走廊、道路、出入口等,一般使用枪式或半球型摄像机。

(4) 重要监控场所:如柜台、出入口等需要重点关注人员或事物特征,一般需要使用高清摄像机。选择高清摄像机时需要注意,摄像机的分辨率是否与编码器(若是数字型摄像机需考虑,网络型摄像机不需要考虑)、解码器、显示器相匹配,只有整个系统都支持高清的制式,才能够呈现高清的效果。对清晰度要求较低的普通场景可选用标清摄像机。

(5) 一些特殊场合:如出入口、重点监控地点等,可以根据业务的需要部署人脸识别、人数统计、智能跟踪等摄像机,减轻人工压力。

摄像机是监控系统的重要组成部分,摄像机之间的用途、形态、性能和功能有很大的差异,在选型时,除了基本的形态外,还有很多需要注意的地方。

(1) 摄像机按照传输信号的不同,可以分为模拟摄像机、数字摄像机和网络摄像机,前端视频采集系统与后端解码系统要一致,否则会无法正常解码。模拟摄像机通过同轴线缆配合DVR(数字硬盘录像机)使用;数字摄像机通过同轴线缆接入高清编码器配合NVR(网络硬盘录像机)或监控平台;网络摄像机直接通过网线连入NVR或监控平台,目前市场上这三种组网方式较为常见。

(2) 摄像机按照形态划分,可以分为球型摄像机、半球摄像机、枪式摄像机、筒型摄像机、一体化摄像机、针孔摄像机、卡片摄像机等,可根据摄像机安装的环境选择合适形态的摄像机。不同形态摄像机,需要注意室内外的区别,室外型摄像机的防护等级更高,至少应该达到IP65以上,若是枪型摄像机则要选择室外型护罩。室外型设备可以在室内使用,但室内型设备不能在室外使用。根据摄像机监视的区域,还要选择合适焦距、光圈的镜头以及考虑夜间补光。

(3) 摄像机按照分辨率划分,有标清D1分辨率,常见的高清有720P、1080P等分辨率,还有更高的300万像素、500万像素、800万像素的摄像机,理论上,像素点越多的摄像机清晰度越高,同时占用的带宽和存储资源就越多。

14.2.2 传输网络分析及设计

1. 视频监控网络分析

1) 视频监控的高带宽及流量突发需求

视频监控的流量具有突发性。视频码流微观上看不是均匀的；接入交换机下的多个前端设备容易造成上行口拥塞；在考虑接入交换机的带宽时，需要同时考虑 24 小时存储流，正常的实况流以及是否会有突发的实况流；汇聚层交换机需要考虑接入层交换机的总带宽。

由于单路视频的分辨率逐渐由标清向高清转变，对于传输的码率要求也逐渐在提高，普通的标清 SD 图像一般需要 1~2Mbps 码率承载传输，高清 HD 图像一般需要 2~8Mbps 承载，并且随着接入的前端图像数量越来越多，对于交换机的接入背板带宽需要与之相对应地有所增大；同时对于多媒体数据来说，当图像中运动景象较多时，编码后数据量会突发较大，因此对于一个接入交换机来说还需要考虑码率突发对接入缓存的影响。一般来说，一个普通的百兆接入交换机在接入摄像机路数的时候不能按满载接入进行设计。

容易产生网络拥塞的地方在接入交换机和汇聚交换机的上行口、解码设备接入交换机的上行口、交换机之间互连用百兆接口，存储设备、数据管理服务器及媒体分发服务器用百兆接口接入，这些都是容易造成网络瓶颈，在设计的时候尤为注意。

2) 视频监控的可靠性需求

监控系统对 IP 网络的传输质量要求较高。视频实时数据报文经过编码压缩后在网络上传输，若网络丢包造成数据报文的丢失，会带来大量的原始视频信息丢失，在还原视频图像时，用户就能感觉到明显的质量损伤。视频存储数据一般又要求可查证、可追溯，对可靠性要求高，网络的震荡、故障乃至中断都对业务可用性、数据可靠性造成威胁。视频业务的这种特点对 IP 承载网络提出了高可靠性要求，IP 承载网络需要在报文传输保障、故障恢复时间的保障上有更高的标准。

根据公安部标准 T.669 要求，监控传输网络对网络延时、抖动值、丢包率以及误包率都有一个行业的监控应用标准。基于交换机的硬件交换，可以控制数据包的转发速率、丢包率以及码率传输的误码率在较低的范围，能够满足监控业务的使用。但是出于目前网络中业务应用复杂性以及本身网络的安全方面因素考虑，监控网络的故障要求能够迅速恢复，则需要结合网络中比较成熟的高可靠性冗余备份技术进行保障，比如交换网络中的 Monitor Link&Smart Link 等。

网络传输对视频质量的影响，主要有以下几个方面。

(1) 停帧/跳帧：由于关键视频数据报文(I帧报文)丢失而造成的损伤，表现为图像停滞或跳跃。

(2) 噪声：由于传输和随机噪声造成的损伤，表现为图像有雪花状。

(3) 块化：由于严重的持续数据包丢失而造成视频质量的下降，表现为图像出现马赛克、(画面的分格化、色块以及色彩过渡不均)、画面帧出现整列的扯动。

(4) 抖动：由于数据包发送和接收顺序不一致而引起错序或错误而造成的损伤，表现为画面帧不完整，出现马赛克现象，并且前后画面有叠加/重合现象。

网络质量对视频图像的质量有致命的影响，通常传输实况采用 UDP 协议，在丢包率低的情况下,可以尝试改用 TCP 协议传输实时视频,通过 TCP 协议重传机制,减少丢包造成的影响。

3) 视频数据流量模型

IP 视频监控系统容易发生由于网络拥塞造成的图像卡顿等异常,所以在设计视频监控系统时需要了解清楚视频数据流量模型,视频数据的汇聚点在哪里,规划好带宽,避免出现网络瓶颈。

如图 14-1 所示,摄像机 24 小时发送一路存储流,在有需要的时候至少发送一路实况流,如果有媒体分发服务器,则由媒体分发服务器进行实况流的复制分发。存储设备用于接收前端的存储码流,是一个数据的汇聚点,需要用千兆接入;监控中心的 Web 客户端(软解码)及硬解码用于接收实况码流,尤其是 Web 客户端(软解码),每一个窗格就是一路实况码流,假设实况采用 4M,那么 16 个窗格解码就会产生 64M 码流的流量,所以需要考虑解码时所需要的最大带宽。

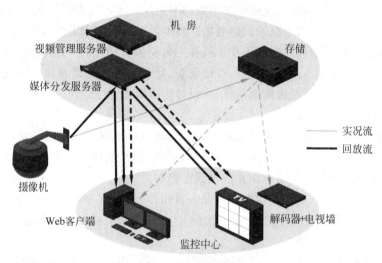

图 14-1 视频数据流量模型

在设计网络时,需要注意前端摄像机接入交换机的汇聚节点,存储、存储管理服务器、媒体分发服务器的汇聚节点,软硬解码的汇聚节点,这三个地方都容易产生网络拥塞。

2. 视频监控网络设计

1) 层次化网络设计模型

应用和需求推动网络层次的变化,图 13-15 给出了一个层次化的网络模型(详细介绍参见 13.4),由核心层、汇聚层、接入层三个层次表示。

(1) 核心层:主要功能是数据流量的高速交换,充分考虑链路备份和流量的负载分担。

(2) 汇聚层:主要功能是完成接入层数据流量的汇聚,实现三层和多层的交换。

(3) 接入层:主要功能是提供独立的网络带宽,划分广播域,基于 MAC 层的访问控制和过滤。在监控网络中,摄像机等终端设备通常和接入层设备连接,所以接入层需要实现尽可能高的带宽和端口。

2) 小型监控网络设计

小型简单视频监控网络的典型设计方案如图 14-2 所示,它采用"接入+汇聚"的两层拓扑结构,通过百兆接入、千兆汇聚来实现。

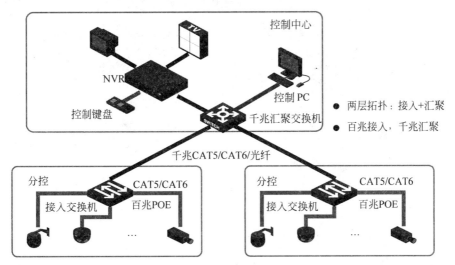

图14-2 小型监控网络的典型拓扑设计

(1) 接入层交换机的选择。接入层交换机主要下联前端网络高清摄像机,上联汇聚交换机。以1080P网络摄像机4M码流计算,一台百兆口接入交换机最大可以接入几路1080P网络摄像机呢?

常用的交换机的实际带宽是理论值的50%~70%,所以一个百兆口的实际带宽在50~70Mb/s。4Mb/s×12=48Mb/s,因此建议一台百兆接入交换机最大接入12路1080P网络摄像机。同时考虑目前网络监控采用动态编码方式,摄像机码流峰值可能会超过4Mb/s带宽,同时考虑带宽冗余设计,因此一台百兆口接入交换机控制在8路以内时最好的,超过8路建议采用千兆口。

(2) 汇聚/核心层交换机的选择。小型监控组网中,汇聚与核心层合并在一起,汇聚层交换机性能比接入交换机要求要高,主要下连接入层交换机,上联监控中心视频监控平台、存储服务器,数字矩阵等设备,是整个高清网络监控系统的核心。在选择核心交换机时必须考虑整个系统的带宽容量及带宽分配,否则会导致视频画面无法流畅显示。因此监控中心建议选择全千兆口核心交换机。如点位较多,需划分VLAN,还应选择三层全千兆口核心交换机,摄像机数量超过150台大型监控系统应考虑三层万兆交换机。

3) 中大型监控网络设计

承载平安城市系统的是标准三层大中型数据通信网络,如图14-3所示。除了传统的接入层、汇聚层、核心层三层网络设计外,结合视频监控系统流量模型,需要考虑接入带宽需求;接入方式多样性需求;接入流量突发需求;组播需求;核心网络冗余备份需求。

大型视频监控系统的承载网络,重点要满足汇聚接入层接入方式,常见的有电口、光纤、EPON、WIFI等,其次是接入层交换机的带宽需求,上行带宽能够满足存储及并发实况的需求,在设计汇聚层网络时,要有冗余带宽,避免产生网络瓶颈。在汇聚层与核心层,可以综合考虑视频监控系统的重要性,设计双机或双核心双链路备份。

在网络带宽成本高的情况下,尤其是监控范围很广的情况下,可以考虑采用组播的方式接入前端,选择交换机时需要选择拥有组播功能的设备,并且是所有涉及交换机。

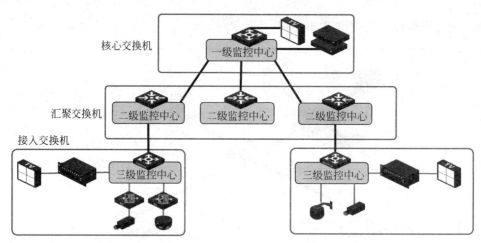

图 14-3　标准中大型监控网络的典型拓扑设计
注：百兆接入，千兆汇聚，千兆万兆核心。

核心层网络关注的重点在高性能和高可靠性，实现视频监控系统服务器、存储设备的高速接入，构建统一的数据交换中心、安全控制中心与网络管理中心。核心层网络设备，一般选择千兆或万兆核心的交换机，主要看承载的视频监控系统的规模大小。

3. 视频监控网络设备选型设计

1) 汇聚或核心设备的选择

汇聚或核心设备选型的基本原则是：支持丰富的特性、支持丰富的线路类型（LAN、EPON 等）、高性能和高稳定性等，在中大型视频监控网络中一般为三层交换机。

汇聚或核心层选择交换机时，首先确定是否需要使用组播，若使用组播组网，则所有涉及组播数据转发的网络设备均需要支持组播路由协议：PIM SM 和 IGMP V2 版本的协议，汇聚设备的型号必须满足组播组数量的要求；若不使用组播协议，则需要考虑高性能交换机，满足并发视频流的转发，并留有余量。

2) 接入设备的选择

接入层设备选型的基本原则是：支持传输的线路类型，能满足环境对设备的要求（尤其在室外的时候）。

接入层交换机形态丰富，可以是 L2/L3 交换机、路由器、ONU 设备、WLAN 设备。

接入层交换机若使用组播组网时，需要支持 IGMP Snooping 协议；普通单播时，可以根据现场环境需要，采用 EPON、光纤、WIFI、4G 等接入技术灵活组网。

需要注意的是，由于视频的码流较大，同时可能存在一定的码流突发，所以选择接入层交换机时，尽量采用工业级可网管交换机，避免使用家用级非网管交换机。

3) 解码器/视频客户端接入

当解码器和视频管理客户端通过单播接收实时视频图像时，只需要将解码器和视频管理客户端连接全交换机，同时保证视频码流带宽满足要求。

当解码器和视频管理客户端需要组播接收实时视频图像时，监控网络中的交换机必须支持组播功能。三层交换机需要支持 IGMP、PIM-SM 协议，二层交换机需要支持 IGMP Snooping 以及未知组播丢弃，防止组播报文在二层广播发送。

4）存储 NVR 接入

存储通常使用单千兆链路或双千兆链路聚合方式与网络相连，以满足实时存储和点播对高带宽的需求。

5）服务器接入

数据管理服务器若需要转发流量，对带宽要求较高，通过千兆网口接入网络。若只是负责管理，如视频管理服务器，对带宽的要求较低，可以采用 10/100M 以太网口接入。

视频监控系统中，接入视频/图片码流转发的服务器，都建议采用千兆端口接入，避免产生网络瓶颈。

4. 视频监控网络的接入技术选择

在商店、超市等超小型局点，一般采用以太网、POE、WIFI 无线接入，这类局点对价格敏感度高，点位数量相对较少，所需要监控的面积相对也较小，采用 POE 技术接入可以简化布线。

在楼宇、园区这类中小型局点，除了以太网、POE、WIFI 等，超过 100m 还可以考虑使用多模光纤或是 EPON 技术接入。在园区里，使用 EPON 接入技术，是相对性价比较高的一种方式。

在城域范围内搭建的视频监控系统，以电口接入为主，辅助采用光纤、EPON 接入方式，若要考虑数据安全，则采用 EPON 技术是比较好的选择。

跨城域的视频监控系统承载网，线路成本是不可忽视的因素，所以采用因特网传输数据的方式比较多见，但是通过公网传输，一方面传输质量无法保证，会导致观看实况出现卡顿等情况；另一方面数据的安全性无法保证，视频图像可能会被人窃取。跨广域网络视频监控系统多用于平台与平台之间的对接，需要在设计时考虑实况、调用录像时所需要的带宽。

1）局域网接入

（1）局域网接入技术——EPON（ethernet passive optical network，无源光网络）。EPON 通过单纤双向传输方式，实现视频、语音和数据等业务的综合接入。EPON 采用非对称式点到多点结构，EPON 系统主要由 OLT、ONU、POS 组成。EPON 接入技术详细介绍参见 13.1.4。

EPON 消除了局端与用户端之间的有源设备，因而避免了外部设备的电磁干扰和雷电影响，减少了线路和外部设备的故障率，提高了系统的可靠性，同时节省了维护成本。EPON 技术采用点到多点的用户网络拓扑结构，大量减少了光纤及光收发器数量。EPON 目前可以提供上下行对称的 1Gbps 的带宽，并且随着以太技术的发展可以升级到 10Gbps，保证了高清视频监控的高带宽需求。EPON 提供端到端的安全保障机制，杜绝了外界的非法入侵和攻击。在园区监控、路监控环境中 EPON 接入被广泛采用。

（2）局域网接入技术——IP 组播技术。组播技术详细介绍参见 13.2。组播介于单播和广播之间，组播是 IP 监控系统相较于传统监控系统的重要优势之一。使用组播技术可以实现单点发送、多点接收：终端只需发送一份 IP 报文，报文在网络中传送时，只有在需要复制分发的地方才会被复制，每一个网段只会保留一份报文，而只有加入组播组的接收者才会收到报文。这样有效地减轻了终端以及网络的负载。

利用组播特性，把路由、复制、分发的工作完全由 3 层设备实现，减少监控源、转发服务器和网络带宽的瓶颈。每一个数据流形成一个组播树，加入这个组播组的客户端均可接收到这个源的视频数据。简单高效,没有系统瓶颈,适合网络内大量用户的大量点播业务。

组播技术相对于单播而言,在网络设备上的配置复杂一些,同时需要全网的网络设备都支持组播,并且规划好组播地址,比较适合与视频监控系统一起新建的网络,若是已建好的网络上重新规划组播,则要了解清楚网络中所有的网络设备,相对较为麻烦。

(3)局域网接入链路可靠性技术。IP监控在大规模网络应用中,往往出现网络访问流量过大,导致服务器性能不足,资源被耗尽的情况。因此,参考许多商业网站上的服务器集群技术等的一些成熟应用案例,IP监控的服务器可以基于负载均衡的模式进行流量以及性能的均摊;同时,对服务器的高可靠性保障技术,也可以使用服务器的双机服务来迅速切换服务器的业务应用,确保服务器业务不停止。

在网络链路的灾难备份、冗余恢复方面,IP监控与其他网络应用一样,可以采用一些链路高可靠性技术进行保障,比如 Monitor Link & Smart Link 技术。通过设置 Smart link 组,对网络设备进行双上行链路方式接入,保证设备在链路单点故障时迅速切换,同时引入生成树协议中的 MSTP 实例方式,还可以实现 Smart Link 双链路的负载均衡;设置 Monitor Link 组,通过监控网络设备的上行端口的状态,实现网络中下行链路状态的快速切换。

2)广域网接入

监控的应用逐渐由孤立的小局域网向广域网联网监控发展,如教育行业联网视频监控、加盟连锁店铺联网监控。联网监控一般有如下特点。

- 两级架构:场所分控、中心监管。
- 场所分控:录像前端存储(DVR/NVR)。
- 中心监管:业务监管,业务以实况、录像调阅和告警联动为主。
- 弱管理:数据在本地场所局域网内集中,网间流量小。
- 场所众多:各场所自建联网终端,同时有访问因特网或者 OA 办公需求。
- 网络低廉:成本控制紧,基于广域网构建承载网络。
- 双 NAT 穿越:集团数据中心 NAT,场所 NAT。

广域场所联网中的集团数据中心和监控中心对安全有较高的要求,不可能将服务器直接暴露在公网上。通常使用 NAT 技术构建安全的企业内网,通过防火墙与广域网隔离,并使用专线的方式接入广域网。联网的各个场所通常使用 ADSL、VDSL、FTTx 等方式接入广域网,本地部署 NAT 实现多台设备、PC 同时上网。

NAT 技术的优势主要表现在以下几个方面。

- NAT 通过改变 IP 报文中的源或目的 IP/端口来实现,解决了 IP 地址不足的问题,隐藏并保护网络内部的计算机,有效避免来自网络外部的攻击。
- NAT 技术劣势与限制。
- NAT 使 IP 会话的保持时效变短,依赖于 NAT 网关对会话的保活时间要求。
- NAT 将多个内部主机发出的连接复用到 个 IP 上,使依赖 IP 进行主机跟踪的机制都失效。
- NAT 破坏了 IP 端到端模型,对应用层数据载荷中的字段无能为力,使跨内外网通信的端口协商、地址协商,以及外网发起的通信困难。所有数据面与控制面分离的通信协议都会面临这个问题:FTP、SIP、RTSP、H323 等。

- NAT 工作机制依赖于修改 IP 包头的信息,这会妨碍一些安全协议的工作。

(1) 广域网接入方案——NAT 端口映射。在广域网接入方案中,通常最先想到的就是基本的 NAT 端口映射,即在私有网络地址和外部网络地址之间建立"地址+端口"映射关系,通过开放信令端口、业务端口的方式实现穿越防火墙的互联互通。

但 NAT 端口映射存在很多限制,在复杂组网,如多重 NAT 组网环境下,就可能无法实现正常的监控业务。而且监控业务涉及端口众多,使得维护工作量大,容易出错,不易用;严重降低了 NAT 防火墙转发性能。采用 NAT 端口映射方式,通常视频联网需要使用独立的广域网接入,会增加租用成本。

(2) 广域网接入方案——DDNS 技术。随着监控行业的不断发展,家庭、中小企业用户的广域网监控需求日益增加,用户通过手机或者 PC 便捷地远程访问监控设备、查看实时监控画面成了新的趋势。

一般地,DVR、NVR 或 IPC 等设备本身支持 PPPoE,可直接自动拨号接入公网。即支持 PPPoE 自动拨号功能的设备拨号获取公网 IP 地址,但通过这种方式获得的 IP 地址是动态的。

另外,DVR、NVR 或 IPC 等设备也常通过路由器接入公网。设备接路由器,路由器通过拨号或别的方式获取公网 IP,需要在路由器中做端口映射,此种方式下获取到的公网 IP 可能是动态的。

以上两种方式接入广域网获取到动态 IP 地址,对设备的访问带来了很大的困扰。动态域名服务 DDNS 为用户提供域名与设备动态公网 IP 地址的映射服务,使用户可以通过域名获取对应的动态 IP 地址。用户设备每次连接公网时,设备上的 DDNS 客户端程序就会将自身的动态 IP 地址注册给 DDNS 服务提供商的服务器,DDNS 服务器负责提供 DNS 服务并实现动态域名解析。目前业界有很多 DDNS 的服务提供商,比如花生壳、金万维等,通常是收费服务。

由于 DDNS 服务提供商通常采用收费服务,用户使用的成本较高;即使存在免费服务,其服务的质量也很难得到保证。鉴于此,宇视科技推出了自己的免费 DDNS 服务 EZCloud,如图 14-4 所示。用户可以通过浏览器或手机客户端随时访问已注册 EZCloud 服务的宇视设备(DVR、NVR 和 IPC 等设备)。用户无须注册使用第三方域名,即可方便、快捷地访问广域网中的设备。EZCloud 系统通过将监控设备如 IPC、DVR\NVR 注册到 EZCloud 网站,当客户端或移动客户端需要访问时,通过 EZCloud 获取的地址,进行数据交换,解决在公网中 NAT 转换的问题。

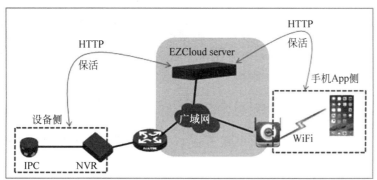

图 14-4 宇视 EZCloud 解决方案

14.2.3 存储设备选型及设计

事后查阅、取证是监控系统的一个重要业务功能,所以视频监控系统需要高性能、高可靠性、易用性的存储设备。同时监控系统还需要考虑到前端摄像机点位的扩容,所以存储的可扩展性也是需要的。

随着监控行业对视频清晰度要求的提升,高清摄像机接入越来越多,因而码流带宽也逐渐增大,高清 720P、1080P 的带宽需求在 2~8Mb/s。终端多路高码流的接入存储,要求存储设备与终端之间充足的带宽保障,要求存储设备本身具有高带宽处理能力。

监控系统的录像存储通常都是 24 小时不间断地顺序写入的,而读取,如录像回放相对应用是要少很多,所以具有写多读少的特点。在这种高强度的运行模式下,要求存储设备具有多路数高效的处理能力、高可靠性。

监控存储可靠性体现在硬盘、阵列的可靠性上。对于重要的存储数据,通常要求单个的硬盘故障不会影响正常存储业务,这就要存储设备的冗余阵列来实现。

1. 存储模式的选择

目前视频存储主要使用的两种存储模式,即基于文件的存储、基于块的存储。

(1) 基于文件的存储模式。文件系统对文件的存储分为两部分,元数据和数据,如图 14-5(a)所示。这两部分数据在磁盘上的划分就是不连续的,加上元数据都是小数据块(如 NTFS 中每个 MFT 项的大小为 1k),这样最终在存储资源上出现了小块随机读写;并且文件系统对数据存储是按数据块来分配的,这样就有可能导致数据也不是存储在物理地址连续的数据块上,这种不连续又会产生随机读写的流量模型。

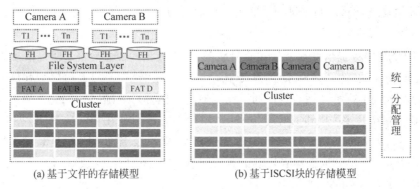

(a) 基于文件的存储模型　　(b) 基于ISCSI块的存储模型

图 14-5　视频存储模式

(2) 基于块的存储模式。即裸数据块直存方式,是根据业务自有的数据结构存放在物理磁盘上,如果业务的数据结构是顺序的,则它最终在物理资源上就是顺序读写流量模型;如果它的业务本身数据结构不是顺序的,例如数据库(在某个表空间的某个表中修改表中某几条数据或是读取某个表中的几条数据),则它最终在物理资源上就是随机读写流量模型。图 14-5(b) 所示为基于 ISCSI 块的存储模型。

文件存储方式便于复制转存,但裸数据块存储方式不行。文件存储方式查询缓慢,当前文件不可靠,无法立刻调阅;裸数据块比文件系统更具安全性,裸数据块的存储方式不会因为服务器的突然掉电导致文件系统损坏导致数据丢失。基于块的存储方式的存储效率高,没有文件系统的瓶颈问题,可以支持各种文件系统,查询快,容量可以管理,数据随存随看。

2. 存储阵列的选择

RAID(redundant array of independent disks),中文简称为独立磁盘冗余磁盘阵列。简单地说,RAID 是一种把多块独立的硬盘(物理硬盘)按不同的方式组合起来形成一个硬盘组(逻辑硬盘),从而提供比单个硬盘更高的存储性能和提供数据备份技术。在用户看起来,组成的磁盘组就像是一个硬盘,用户可以对它进行分区、格式化等。总之,对磁盘阵列的操作与单个硬盘一模一样。不同的是,磁盘阵列的存储速度要比单个硬盘高很多,而且可以提供自动数据备份。数据备份的功能是在用户数据一旦发生损坏后,利用备份信息可以使损坏数据得以恢复,从而保障了用户数据的安全性。

RAID 技术分为几种不同的等级,分别可以提供不同的速度、安全性和性价比。根据实际情况选择适当的 RAID 级别可以满足用户对存储系统可用性、性能和容量的要求。常用的 RAID 级别有以下几种:JBOD、RAID 0、RAID 1、RAID 1+0、RAID 3、RAID 5 等。几种常用阵列性能对比见表 14-1。

表 14-1 镜头的焦距大小的选择

RAID 级别	JBOD	RAID 0	RAID 1	RAID 5
容错	无	无	有	有
有效磁盘数	$N×$硬盘个数	$N×$硬盘个数	$N/2×$硬盘个数	$(N-1)×$硬盘个数
最少硬盘数	1 块	2 块	2 块	3 块
冗余	磁盘串联,无校验	数据条带化,无校验	数据镜像,无校验	数据条带化,校验信息分布式存放
可靠性	较低	较高		
成本	低	高		

存储阵列(磁盘阵列)的选择需要结合实际使用要求。如果主要考虑经济性、对冗余性要求不高的场合,如部分不重要摄像机点位的存储,可以选择使用 JBOD 或 RAID0。这样可以充分利用硬盘的容量,成本低。对冗余性要求高、又考虑到经济性的场合,可以选择使用 RAID5,实现阵列冗余的同时最大程度使用硬盘容量。对于冗余性要求很高、不考虑经济性的场合,推荐使用 RAID1,通过一半硬盘的容量,来实现 1∶1 高度的冗余。

硬盘有效数量计算是监控存储设计的重要环节,关系到存储设备的选型。硬盘数量的计算需要主要考虑:接入摄像机的码流大小、接入摄像机的路数、存储时长、硬盘本身的有效容量、阵列有效硬盘数量、冗余(码流波动)、热备盘等。

有效存储磁盘数量计算方法如下:

$$1T \text{ 硬盘个数} = A×B×T×1.1×3600×24/8/1024/930$$
$$2T \text{ 硬盘个数} = A×B×T×1.1×3600×24/8/1024/1860$$
$$3T \text{ 硬盘个数} = A×B×T×1.1×3600×24/8/1024/2790$$

其中,A 为前端接入路数,B 为单路码流大小(以 M 为单位),T 为前端存储时间(以"天"为单位),1.1 表示码率波动系数,1T SATA 硬盘有效容量 930GB,2T 硬盘有效容量 1860GB,3T 硬盘有效容量 2790GB。

注:以上计算方法未包含阵列有效磁盘数和热备盘。

以 70 路 7M 码流存一个月为例:硬盘个数=70 路×7M×30 天×1.1(码流波动正负 10%)×3600 秒×24 小时/8(换算成 Byte)/1024(换算成 GB)/2790GB,即硬盘个数=

62块。

3. 存储设备选型

存储设备的选型,一般根据存储规模来选择。

(1) 在小规模,几路、十几路、几十路摄像机集中接入的小型监控应用中,可以直接使用(混合式)DVR 或经济型的 NVR 产品进行单机存储,一体化设备,具有人机操作功能,部署简单、使用方便。

(2) 在中小规模组网中,几十路、上百路摄像机的集中接入,可选用中、高端一体式 NVR 进行存储,管理与存储一体化,支持人机操作,继承 DVR 的使用习惯,功能精简、可操作性强。也可以通过 PC 端的 Web UI 进行统一管理,功能多样、操作灵活。

(3) 在大规模组网中,几百路、上千路摄像机的接入,推荐选用管理平台与网络存储设备分离的分体式 NVR 或专业 IP SAN 设备,将存储与信令处理、媒体转发处理相分离,通过分布式部署,提高了系统的性能和可靠性。因其具有丰富的 RAID 和其他保护机制,具有高可靠、高性能、强扩展、多功能的特点。

4. 集中式存储和分布式存储的选择

(1) 集中式存储。视频监控系统中的集中式存储解决方案如图 14-6 所示,其主要特点有:管理维护方便、存储上行流量压力大、存储设备性能压力大、存储设备异常会影响所有接入点的录像等。集中式存储适合于监控点集中、监控点上行带宽充足的场所。集中式存储也是目前视频监控系统中最常见的存储架构,在线路成本不高的园区、楼宇、平安城市等场景,多采用集中式。

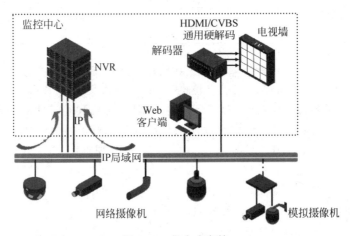

图 14-6 集中式存储

(2) 分布式存储。视频监控系统中的分布式存储解决方案如图 14-7 所示,其主要特点有:无稳定性瓶颈、分担平台压力、单台设备故障不影响其他设备、服务器故障不影响录像。适合于监控点分散、分控中心需求多、网络带宽较低的场所。分布式相对集中式最大的好处在于受到网络的影响较小。当网络中断时,集中式存储无法继续使用,而分布式可以自动先将录像存储在前端,受网络故障概率要远低于集中式存储。分布式存储相对而言维护起来麻烦,尤其是监控系统的硬盘对工作环境要求较高,分布在不同地方的存储设备也容易因为震动、意外损坏等情况造成故障。

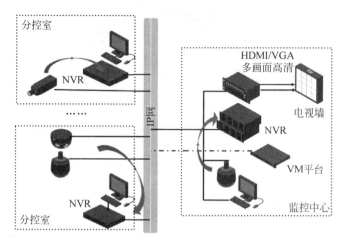

图 14-7　分布式存储

5. 存储系统可靠性设计——异地备份

存储设备本身可以通过设备主控制单元备份、BIOS 备份、电源备份、风扇备份、电池备份、磁盘备份、冗余阵列等方式来提高整体的可靠性。但监控网络中的故障点还是不可避免的，比如 IPC 到 NVR 之间的网络出现了中断，或者 NVR 设备的外部供电设备出现故障使得这台 NVR 无法正常工作了，那在这些情况下该如何去保障 IPC 的录像？

为了确保录像的安全，就需要有备份的机制：把录像保存为两份，分别存放在不同的地方，一份存储在本地，另一份通过网络存储到远端。这样就能在很大程度上提升录像的可靠性，IPC 到本地 NVR 或到远端存储设备中任何一处的网络中断都不会影响录像的正常存储；本地 NVR 故障也不会影响到 IPC 继续进行远端的存储。若要实现所有摄像机存储的备份，需要投入双倍的存储空间，会大量增加存储成本，所以通常情况下可以选择一些重要监控点的接入摄像机进行远端备份存储，保障重要数据的安全性。

存储的备份方案通常分为以下两种。

（1）双直存方式，是指终端的 IPC 同时发出两路存储码流，一路码流直接往本地的 NVR 上进行存储；另一路码流往远端的第二录像存储盘阵上进行存储。在双直存的方案中，本地和远端的存储都是同时进行的，对网络的带宽要求比较高。

（2）录像转存备份方式，是指终端 IPC 只发一路存储码流，直接存储在本地 ECR/NVR 中，再通过备份计划把本地 ECR/NVR 中的录像以全帧或抽帧的形式备份到远端的第二录像存储盘阵中。备份开始时间可以设置，一般选择网络整体负载较小的时间段进行备份。在录像转存备份方案中，只是对已存储的录像进行备份，且录像的远端备份和本地存储不是实时同步进行的，所以对网络的带宽影响较小。

14.2.4　系统规模分析及方案选型

1. DVR/NVR 单机组网方案

宇视 DVR/NVR 单机组网方案，如图 14-8（a）和（b）所示，适用于小规模场所，DVR/NVR 直接连接显示器呈现人机界面，通过接入摄像机、报警输入输出设备，使用鼠标进行本地人机操作,实现实况观看、云台控制、录像回放、告警联动等业务功能。

POE NVR 单机组网方案,如图 14-8(c)所示,其特点是:POE NVR 可通过 POE 网口,可直接向 POE IPC 供电,节约了网络设备、简化了布线。NVR 与 IPC 组成小型局域网,免受外部网络的干扰,保证录像不间断的存储。NVR 可以与报警探头、语音对讲、音箱等对接,用于向监控中心报警。

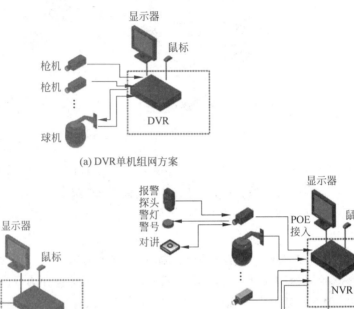

(a) DVR 单机组网方案

(b) NVR 单机组网方案

(c) POE NVR 单机组网方案

图 14-8　单机组网方案

2. N+1 热备组网方案

N+1 热备组网方案,即 NVR 备份组网方案,如图 14-9 所示,可以为 N 台 NVR 工作机配备一台 NVR 备机,当有一台工作机出现宕机时,备机可以在一定时间内接管该工作机的实况、存储业务,实现监控基础业务的自动切换;在宕机的工作机恢复正常后,备机可以将期间存储的录像回迁至原宕机工作机上,做到录像不丢失,从而提高存储的可靠性。

N+1 热备组网模式,通过备机的投入,为日常监控基础业务提供了更高的安全性,主要应用于对录像安全性要求较高的场所,比如银行,监狱等。

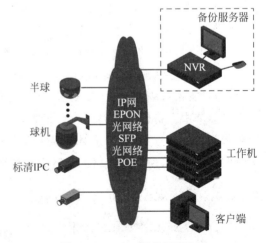

图 14-9　N+1 热备组网方案

3. 集中控制组网方案

宇视集中控制组网方案，如图 14-10 所示。该方案中，NVR 分布式部署，可通过本地人机进行日常操控。监控中心部署专业监控平台 VM 及解码配套设备，实现强管理。该方案的特点是：自顶向下的建设模式可通过 VM 管理服务器集中完成配置下发；自下而上建设模式可由 NVR 将既有配置推送至中心，无须重复配置，适用于较大规模的联网监控应用。

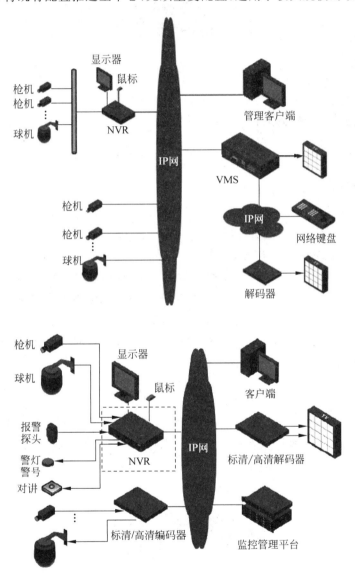

图 14-10　集中控制组网方案

4. 广域网远程监控解决方案

宇视广域网远程监控解决方案，如图 14-11 所示，提供 EzCloud 服务，宇视 IPC、DVR 或 NVR 接入广域网，用户端使用手机客户端、浏览器等远程访问已注册到宇视 EzCloud 服务的设备，通过域名方便、快捷地访问广域网中的设备。该方案应用需求广泛，且用户投入成本低，适合于家庭、门店等远程访问监控场景。

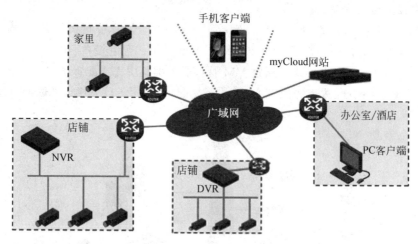

图 14-11　广域网远程监控解决方案

5. 广域网商业场所联网方案

随着各行业跨部门、跨地域的业务发展，用户对信息共享的需求不断提升，广域网联网监控应用也越来越广泛，如连锁机构、教育联网监控。

宇视广域网商业场所联网方案，如图 14-12 所示，在集团监控中心部署 VM 集成管理服务器、DC 解码器、终端 PC 客户端、大屏显示器等；各分控点采用 DVR/NVR 分布式部署，分控点通过广域网接入方式接入。该方案中的各分控点通过本地人机进行日常的管理操作，监控中心通过 Web 客户端实现对各分控点实况浏览、云台控制、上墙、录像调取回放等操作。该方案采用各分控点本地存储方式，主要是以各分控点的本地管理、使用为主；监控中心进行简单管理、访问，对分控点的并发访问量少。

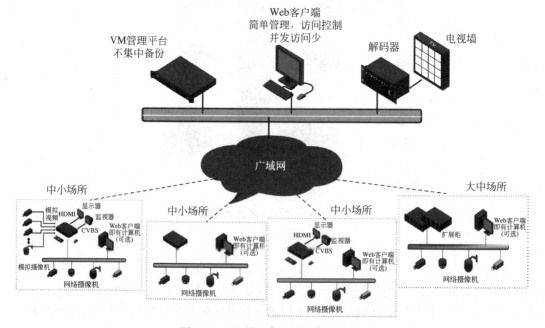

图 14-12　广域网商业场所联网方案

6. 广域网专业场所联网方案

宇视广域网专业场所联网方案，如图 14-13 所示，在集团监控中心部署 VM 管理服务器、DM 数据管理服务器、MS 媒体转发服务器、VX 系列存储设备、DC 解码器、终端 PC 客户端、大屏显示器等；各分控点采用 ECR/NVR 分布式部署，分控点通过广域网接入方式接入。该方案采用各分控点本地存储，同时对部分重要监控点的录像备份存储到监控中心；各分控点以本地管理、使用为主；监控中心对分控点进行完整的管理、访问，对分控点的并发访问量大。

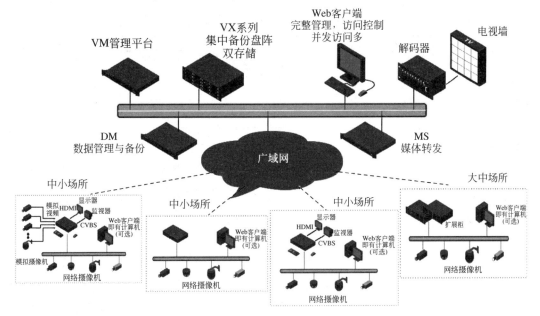

图 14-13 广域网专业场所联网方案

14.3 项目实训 安防监控组网综合实训

随着人们对安全需求的不断增强，也随着视频监控的不断突破，监控已经成为我们生活中的一部分。监控不仅在大街小巷中密布，还在我们的生活周围一直默默地守护。你获取到的城市实景、你从手机看到幼儿园宝贝可爱的笑脸，都是从视频监控中获取的图像；再如"海燕"和平安城市等，这些都是视频监控的应用。

根据监控组网的规模的不同，我们把它分为三种类型：小型监控网络、中型监控网络和大型监控网络。本节项目实训中将以 Unview（宇视）公司的视频监控设备为例，学习监控网络组网方法和相关网络技术的应用。

1. 项目导入

本项目将构建如图 14-14 所示小型监控网络。

该小型监控网络的系统规划见表 14-2。

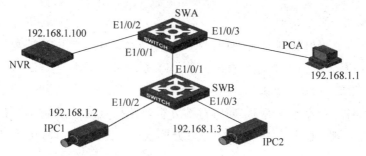

图 14-14 小型监控基本实训组网图

表 14-2 系统规划列表（IP 地址规划）

设　　备	单播地址/掩码
S3600	—
IPC1	192.168.1.2/24
IPC2	192.168.1.3/24
PC	192.168.1.1/24
NVR	192.168.1.100/24

2．项目目的

（1）掌握网线制作方法。

（2）了解 POE 使用方法。

（3）掌握端口协商方法。

3．实训环境

本项目的主要实训设备见表 14-3。

表 14-3 实训设备列表

设备或软件名称	描　　述	数　　量
IPC	IP 网络摄像机	2 台
NVR	NVR301-04E-DT	1 台
PC	高性能 PC	1 台
交换机	S3600 交换机	2 台
网线/水晶头	—	若干
网线制作工具	网线钳、测线仪等	1 套

4．项目实施

1）任务 1：网线制作

参考"3.5 项目实训：双绞线跳线的制作"制作若干根直通网线（网线两端线序均为 T568B）。

2）任务 2：启用 POE

在 SWB 上启用交换机 POE 功能（E1/0/2、E1/0/3），操作如下。

<uniview-SWB>
<uniview-SWB>system

[uniview-SWB]interface e1/0/2

```
[uniview-SWB-Ethernet1/0/2]poe enable
[uniview-SWB-Ethernet1/0/2]
#Jan  1 06:17:59:225 2010 uniview-SWC POE/1/PSE_PORT_ON_OFF_CHANGE:
Trap 1.3.6.1.2.1.105.0.1<pethPsePortOnOffNotification>: PSE ID 4, IfIndex
9371649, Detection Status 3.

%Jan  1 06:17:59:796 2010 uniview-SWC IFNET/3/LINK_UPDOWN: Ethernet1/0/2 link
status is UP.

[uniview-SWB-Ethernet1/0/1]interface e1/0/3
[uniview-SWB-Ethernet1/0/3]poe enable
[uniview-SWB-Ethernet1/0/3]
#Jan  1 06:17:59:225 2010 uniview-SWC POE/1/PSE_PORT_ON_OFF_CHANGE:
Trap 1.3.6.1.2.1.105.0.1<pethPsePortOnOffNotification>: PSE ID 4, IfIndex
9371649, Detection Status 3.

%Jan  1 06:17:59:796 2010 uniview-SWC IFNET/3/LINK_UPDOWN: Ethernet1/0/3 link
status is UP.
```

根据显示信息判断 IPC 所连的 Ethernet1/0/2、Ethernet1/0/3 接口 UP 了,以太网供电配置成功。需要注意的是,宇视公司提供的半球 IPC/筒形机通常均都支持 PoE 供电功能,具体型号是否支持,请登录宇视科技官方网站 www.uniview.com 进行查询。

3) 子任务 3:端口协商

(1) NVR 上添加 IPC(8M 1080P),观察在线情况及实况。

① 参考系统规划(见表 14-2)设置 IPC、NVR 的 IP 地址等网络参数,如图 14-15 所示。

(a) 配置IPC网络参数　　　　　　　　　　(b) 配置NVR网络参数

图 14-15　配置 IPC、NVR 的网络参数

② 在 NVR 界面添加 IPC1 和 IPC2，采用参数见表 14-4。

表 14-4　NVR 中添加 IPC1 和 IPC2 的参数

设 备 名 称	码　　流	分 辨 率	帧　　率
IPC1	8M	1080P	25
IPC2	8M	1080P	25

③ 在 NVR 实况界面同时启动 IPC1 和 IPC2 的实况，此时实况正常，无丢包卡顿。

（2）SWA 设置端口速率（E1/0/1 10M 半双工），SWB 不做配置，操作如下。

```
[uniview-SWA]interface e1/0/1
[uniview-SWA-Ethernet1/0/1]speed 10
[uniview-SWA-Ethernet1/0/1]duplex half
```

（3）观察在线情况及实况。在 NVR 实况界面同时启动 IPC1 和 IPC2 的实况。此时因为采用半双工，实际可用网络带宽低于 IPC 码流，引起网络拥塞导致丢包，故观察到两台 IPC 的实况均存在卡顿现象。

本章小结

1. 视频监控系统的基本需求分析主要从"看""控""管""存""查"等几个方面进行分析。视频监控系统的设计要素包括前端设计、传输设计、显示设计、控制设计和存储设计。

2. 前端采集设备的选型，一般可以根据实际的使用环境、视野需求、清晰度、业务应用等方面去选择。

3. 视频监控网络的流量具有突发性，对网络的传输质量要求较高。在设计网络时，需要注意前端摄像机接入交换机的汇聚节点，存储、存储管理服务器、媒体分发服务器的汇聚节点，软硬解码的汇聚节点，这三个地方都容易产生网络拥塞。小型监控网络设计可采用"接入＋汇聚"的两层拓扑结构来实现，中大型监控网络可采用"接入＋汇聚＋核心"的三层拓扑结构来实现。

4. 局域网接入技术主要涉及 EPON 技术、组播技术、链路可靠性技术等，广域网接入主要涉及 NAT 技术、DDNS 技术等。

5. 视频监控系统要求存储设备与终端之间充足的带宽保障，要求存储设备本身具有高带宽处理能力、具有多路数高效的处理能力和高可靠性。监控存储可靠性体现在硬盘、阵列的可靠性上。

6. IP 数字视频监控网络的典型解决方案有：DVR/NVR 单机组网方案、N＋1 热备组网方案、集中控制组网方案、广域网远程监控解决方案、广域网商业场所联网方案、广域网专业场所联网方案等。

7. IP 数字视频监控系统在组网过程中，需要掌握网线制作、POE 技术、端口协商等相关网络技术应用技能。

本章习题

1. 视频监控网络的需求分析从哪几个方面进行?
2. 视频监控系统设计过程中,如何进行前端设备选型设计? 如何进行传输网络设计? 如何进行存储设备选型及设计?
3. 小型监控组网用到哪些基础网络知识?
4. 如何判断监控使用中的网络问题?
5. 小型监控系统如何组网?

参考文献

[1] 谢希仁. 计算机网络基础[M]. 8版. 北京：电子工业出版社，2021.
[2] 张建忠，徐敬东，等. 计算机网络技术与应用[M]. 北京：清华大学出版社，2019.
[3] 蒋翠清，等. 计算机网络技术与应用[M]. 北京：机械工业出版社，2017.
[4] 董宇峰，王亮. 计算机网络技术基础[M]. 2版. 北京：清华大学出版社，2016.
[5] 丁喜纲. 计算机网络技术基础实训教程[M]. 北京：清华大学出版社，2016.
[6] 刘永华，张秀洁. 局域网组建、管理与维护[M]. 3版. 北京：清华大学出版社，2018.
[7] 朱麟，刘源. H3C路由与交换实践教程[M]. 北京：电子工业出版社，2018.
[8] 刘丹宁，田果，韩士良. 路由与交换技术[M]. 北京：人民邮电出版社，2017.
[9] 新华三大学. 路由交换技术详解与实践第1卷[M]. 下册. 北京：清华大学出版社，2017.
[10] Behrouz A. Forouzan, et al. 数据通信与网络[M]. 4版. 北京：机械工业出版社，2007.
[11] 石淑华，池瑞楠. 计算机网络安全技术[M]. 4版. 北京：人民邮电出版社，2021.
[12] 李拴保. 网络安全技术[M]. 2版. 北京：清华大学出版社，2017.
[13] 曹晟，陈峥. 计算机网络安全实验教程[M]. 北京：清华大学出版社，2011.
[14] 汪双顶，钱锋. 网络安全技术[M]. 北京：高等教育出版社，2014.
[15] 鲁先志，唐继勇. 网络安全系统集成[M]. 北京：中国水利水电出版社，2015.
[16] 张同光. 计算机安全技术[M]. 3版. 北京：清华大学出版社，2022.
[17] 宋红. 计算机安全技术[M]. 3版. 北京：中国铁道出版社，2015.
[18] 浙江宇视科技有限公司. 可视智慧物联系统实施与运维：初级[M]. 北京：电子工业出版社，2022.